大学生创新创业系列课程

许福生 主编　董大奎 主审

Occupational Quality and Employment and Entrepreneurship Guidance

职业素养与就业创业指导

本书编委会

主编： 许福生

主审： 董大奎

编委：（以姓氏笔画为序）

方益珍　许云峰　孙　星　张仲铭

吴育红　陈泓旭　梁宇琳　曾喜平

序

1996 年，我在同济大学受命管理刚成立的同济大学高等技术学院的教学工作，从此与高等职业教育结下不解之缘，至今已经迈入第二十五个年头。无论是岗位变动还是职务变化，我都从未离开过这个领域，依然在坚守，依然没有停下执着前行的脚步，只因我对她爱得深沉。

二十多年来，我目睹了高职教育的快速发展，对高职院校人才培养的认识也在不断深化。然而，总有一个问题一直在我的脑中萦绕，高职教育人才培养的核心要素是什么？我试图以自己的人生经历与职业发展来寻找这个答案。

我人生的第一份职业是 18 岁那年开始的三年工厂学徒，我感受到除了学技术、学做事外，更紧要的是学做人。接着，刚刚“满师”的我就一腔热血参军从戎，毅然来到了“天上不飞鸟、地上不长草、风吹石头跑”的渺无人烟的戈壁滩，手握钢枪，保疆卫国，在解放军大熔炉里磨炼意志、锤炼人格，坚定人生发展的信念和追求的目标。这段艰苦的岁月成就了我少年时的梦想，也成为我事业发展的重要基石。在 70 年的人生中，我做的最重要、最成功的一件事就是，在恢复高考后的 1977 年考入上海交通大学，成为时代的幸运儿，开启了人生的重大转折。大学改变命运，没有大学就不会有我的今天。饮水思源，大学不仅仅教授知识，更培养科学的认识论和方法论，教你如何做事、如何做人，如何做成事、如何做真人。这种影响如春风化雨，润物无声，历久弥新，终身受益。当我成为一名传道授业解惑的使者后，面对缤纷多彩的世界、物欲横流的社会，在巨大的诱惑面前，要求自己始终保持一份清醒和坚守，以自己独特的方式教育、引导学生，使他们在漫漫的人生路上能够学做真人，走正道，做正事，成为社会需要的栋梁之材。

若干年前，我在参加一次重要的、高规格的校企合作论坛上，聆听一位来自技术先进、管理规范、社会责任感强的大型企业老总的发言。这个发言深深地触动了我。他说的核心内容是：

（1）一个有责任、有社会担当的企业，从其自身发展的需要出发，高度重视从高校引进毕业生，是把他们当作人才，而不是纯粹把他们当作劳动力；

（2）企业有各种岗位，学生在学校学习的课程有限，不可能完全覆盖或对接企业所有的岗位，因此学生在校期间不可能具备企业所有岗位需要的能力；

（3）我们不要求学校培养的学生是全才，企业对新进员工首要要求是态度，只有态度得到认同，才是一位有潜质的员工；

（4）企业对于职业态度好、有潜质的新员工愿意投入，把他们送出去培养、培训，让他们有更大、更好的发展；

（5）高职院校要高度重视学生职业素养的培养，学生一进校就要做好这项工作，培养讲诚信、有恒心、能担当的职业人。

这番振聋发聩的讲话长久地回荡在我的耳畔。无独有偶，另一位企业家也在《中国教育报》上大声进言："职业院校一定要搞清楚企业到底需要什么样的人才。企业最需要的是具有良好职业精神的人才。职业精神是第一位的。"同声相应，同气相求，这使我更加坚定高职院校的立身之本是立德树人，肩负着培养德智体美劳全面发展的高素质技术技能人才的崇高使命和神圣职责。这也正是我们倾注极大的热情与精力组织编写《职业素养与就业创业指导》的目的与动力所在。

当今社会，用人以德为先。以德为本的职业素养，是人的职业能力的导向与根基，是人在职场安身立命之本，是个人价值与核心竞争力的集中体现。大量的事实表明：职业素养已经成为决定个人成长、成功、成才的关键要素。因此，加强职业素养的培养，是高职院校人才培养最重要的职责与使命。

经过编者近四年的艰辛创作，《职业素养与就业创业指导》终于展现在大家面前了。在这里，我必须特别提及本书的主编许福生副教授，四十余年如一日教书育人，不忘初心。他以一贯的严谨治学态度和求实进取精神组织并带领团队，为编撰本书倾注了巨大的热情，付出了大量的精力与心血。本书的编撰充分体现出他的勤勉、敬业以及高度的责任感，也是我与许老师二十年合作共事结出的一颗璀璨硕果。

本书编写遵循教育教学规律和人才成长规律，依据“以学生为中心，易学、易教、易用”的原则，理论讲解与案例分析相结合，并辅以学习目标、案例导入、导读、拓展阅读及训练与思考等，突出了职业性、实践性和开放性，把知识传授、实践体验和价值引领有机地结合起来。笔者希望编写的不仅是一本教材，更是一本手册。作为教材，能够通过创新教学方法，充分调动学生的学习积极性、主动性和创造性，让教育入心入脑，让学生真学真用；作为手册，能够一直伴随着学生，可随时翻阅，得到指引，受到激励。“舞台可以简陋，演出必须精彩；岗位可以平凡，追求必须崇高。”

全书共十一章，分为三个部分，即职业素养指导、就业指导与创新创业指导，力图回答高职院校学生“如何培养职业素养”“如何适应职场变化”“如何获取职场成功”“如何培养创新意识和创业精神”等问题。这三个部分既相对独立、各有侧重，又总体设计、相互依存。

职业素养指导部分有六章，即职业素养、职业道德、职业意识、职业礼仪、职业能力、职业理想。正如本书所写的：如果把职业素养看作一座冰山，那么冰山浮在水面以上的只有 1/8，它代表职业人的形象、资质、知识、职业行为和职业技能等方面，是人们看得见的显性职业素养；而冰山隐藏在水面以下的部分占整体的 7/8，它代表职业人的职业意识、职业道德、职业作风和职业态度等方面，是人们看不见的隐性职业素养。学生职业素养的培养应该着眼于整座“冰山”，并以培养显性职业素养为基础，以培养隐性职业素养为重点。“天行健，君子以自强不息；地势坤，君子以厚德载物。”

就业指导部分有三章，即大学生职业生涯规划、求职通道、就业与就业权益。大学阶段的就业指导更多的是指导学生在面对机遇时如何选择，用怎样的思维方式去思考职业问题，从什么角度去思考职业发展。通过本书的学习，将有助于学生凭借自身的实力、技巧和方法，推荐自己、展示自己，以获得社会的认可和用人单位的接纳，努力实现个人价值与理想职业的一致性。“长风破浪会有时，直挂云帆济沧海。”

创新创业指导部分有两章，即创业精神、创业与人生发展。深化创新创业教育改革，是国家实施创新驱动发展战略、促进经济提质增效升级的迫切需要，也是推进高等教育综合改革、促进高校毕业生高质量就业创业的重要举措。当今时代，人人可以创新，处处可见创新，时时体现创新成果。虽然创业成功的学生可能只是少数，但通过创新创业教育培养的却是全体学生勇于创新、敢于创业的精神、意识和能力。“天生我材必有用，千金散尽还复来。”

大学之道，在明明德，在亲民，在止于至善。——《大学》

德行啊！你是纯朴的灵魂的崇高科学。——卢梭

我想以此鞭策自己，也作为本序的结束语。

2020 年 10 月 20 日

目　录

第一章
职业素养

◆ **学习目标** ◆

1. 了解职业素养的概念；
2. 熟悉职业素养的特征及构成；
3. 培养良好的职业素养。

◆ 案例导入 ◆

李斌，男，生于1960年5月，曾是上海电气液压气动有限公司液压泵厂数控车间工段长，具有高级工程师、高级技师、总工艺师、上海电气（集团）总公司首席技师等职称，曾获首届上海市十大工人发明家、首届“上海工匠”、上海市市长质量奖、上海市优秀专业技术人才、中华技能大奖、全国知识型职工标兵、中国高技能人才楷模等荣誉称号。他连续五届被评为上海市劳动模范，连续四届被评为全国劳动模范，享受国务院政府特殊津贴。

1980年，技校毕业生李斌进入上海液压泵厂工作，成为一名初级技术工人，工作39年来从未离开过一线岗位。为了更好地为企业发展作贡献，他瞄准需求，不断充电，岗位缺什么他就学什么，企业需要什么他就学什么。他虚心好学，勤奋钻研，精通车、钳、铣、刨、磨全套加工技术。1986年和1988年，他两次被派往德国海卓玛蒂克公司瑞士分公司工作和学习，最终掌握了数控设备的加工、编程、工艺、维修四大技能。他通过自学完成了高中学业，又经过三年业余苦读获得了上海电视大学机械专业大专学历。1998年夏天，他考取了上海第二工业大学机械电子工程专业，取得了大学本科学历和学士学位。

为了振兴中国液压科技，李斌主动提出并承担了“高压轴向柱塞泵/马达国产化关键技术”重点攻关项目。该项目的目标是将最高压力从25兆帕提高到40兆帕，将最高转速从每分钟1500转提高到每分钟6000转，满足高端主机对产品的性能要求。他带领项目组完成了11项工艺创新、技术创新的设计和应用，为产品的关键技术指标达到国际先进水平奠定了基础。上海市经济和信息化委员会对“高压轴向柱塞泵/马达国产化关键技术”的鉴定结论为：该项目总体上达到了国内领先及国际先进水平。该项目获得了国家科学技术进步二等奖和中国机械工业科学技术一等奖。

一棵树是一幅画，一片林才是一道风景。李斌始终认为，个人本领再大，也仅仅是个人的力量，只有培养更多的“智慧工人”，才能有效地推动企业发展和社会进步。由于国内的某些领域（金属材料热处理技术、高精密加工技术等）与国际先进水平相比还存在一定的差距，这就使得我们生产的A6V产品存在早期故障多、加工质量不稳定、零件加工合格率较低等问题。为改变A6V产品存在的这些技术问题，在“高压轴向柱塞泵/马达国产化关键技术”项目取得突破的基础上，李斌工作室进一步开展更为先进的A6V系列变量马达国产化的研制项目。该项目完成后，与此项目有关的变量泵/马达系列产品的年销售收入超过600万元。近十年来，李斌带领团队先后完成新产品开发102项，申报专利192项，完成工艺攻关350项，设计专用工具、夹具550把，为企业节约了高额成本，为我国液压气动行业整体水平的提高作出了重要贡献。

上海电气（集团）总公司成立了全国第一所以普通工人名字命名的学校——上海电气李斌技师学院。在“创新驱动，转型发展”的大背景下，李斌用他的行动改变了中国液压技术尚处世界较低水平和中高端工程机械装备完全依赖进口的现状。从操作型工人到知识型工人，再到专家型工人，这就是李斌的故事，一个自命平凡而人们又称其伟大的工人的故事。

2019年2月21日，李斌因病医治无效，不幸去世。他曾立下诺言，“站着是根柱，横着做根梁”，他以自己的行动实践了这个诺言。

李斌无疑是新时代知识工人的楷模，是伟大工匠精神的化身。他的故事使我们感悟到劳动光荣、知识崇高、人才宝贵和创造伟大。他渴求知识，学以致用，而知识提高了他的能力，改变了他的形象，照亮了他的未来；他钻研技术，勇于创新，而技术为他的发明创造插上了腾飞的翅膀；他爱岗敬业，无私奉献，而这种精神让他达到了一种既让人尊敬又给人启迪的境界。

要成为高素质的技术技能人才，我们就要像李斌那样注重知识、能力、素养的协调发展。知识是能力的基础，而知识和能力又是素养存在和提升的逻辑前提。知识和能力可以解决如何做事，而提高素养可以解决如何做人以及如何把事做得更好。作为一名大学生，要把做事与做人有机地结合起来，把养成良好的素养放在第一位，并夯实专业知识和培养职业技能，使自身得到全面、和谐的发展，从而顺利实现择业与就业，高起点地开始人生的新航程。

本章主要介绍职业素养的概念、特征及其构成，使学生了解职业素养的相关概念和基本要求，熟悉在向职业化转型过程中应具备的职业素养，从而不断提升自己的整体素质，努力实现人生的价值追求。

我们可以平凡，但绝对不可以平庸。——路遥

第一节　职业素养的概念与特征

【导读】

每一条河流都有自己不同的生命曲线，但是每一条河流都有相同的梦想，那就是奔向大海。我们的生命，有的时候会像泥沙，可能慢慢地沉淀下去了，不再为了前进而努力了，但却永远也见不到阳光了。不管你现在的生命是怎样的，都要有水一样的精神，要像水一样不断积蓄力量，不断冲破障碍。当你发现时机不到的时候，就把自己的厚度积累起来；当时机来临时，就能奔腾入海，成就自己的生命。

一、素养的概念

素养是指一个人的修养，与素质同义。“素”和“养”的基本释义分别是“本色、本来的、原有的”和“抚育、教育、训练等”。《辞海（第六版缩印本）》中素养的定义为：1. 经常修习涵养，亦指平日的修养；2. 平素所蒙养。

素养是一个人在品德、知识、才能和体格等方面由先天的条件和后天的学习与锻炼所产生的综合结果。素养包含了思想政治素养、文化素养、业务素养、身心素养等内容。

作为一名大学生，要不断提升人文底蕴、科学精神、学会学习、健康生活、责任担当、实践创新等素养，从而具有适应终身发展和社会发展需要的必备品质和关键能力。

二、职业素养的概念

职业素养由“职业”和“素养”构成。职业素养是指职业人在一定的生理和心理条件基础上，通过教育培训、职业实践、自我修炼等途径形成和发展起来的，在职业活动中起决定性作用的、内在的、相对稳定的基本品质。职业素养也可以理解为职业的内在规范和要求，是职业人的品格、知识和能力在职业过程中的综合体现，包括职业道德、职业理想、职业能力、职业行为、职业作风和职业意识等方面。

由于职业是人生意义和价值的根本所在，职业生涯既是人生历程中的主体部分，又是最具价值的部分，因此职业素养是素养的主体和核心，是职业人在职业过程中表现出来的综合品质。

三、职业素养的特征

（一）职业性

职业素养总是和职业联系在一起，不同职业的职业素养的具体要求与表现形式是不同的。比如广告策划和设计人员应当具备丰富的想象力、较强的创造性、宽广的知识面、良好的绘画能力、熟练的计算机应用能力、较强的语言表达能力和人际沟通能力等；销售人员和市场营销人员应当了解消费者心理，善于捕捉商机，诚实守信，灵活机智，具备公关能力、自我管理能力和人际沟通能力等；物流人员应当掌握现代物流的理论、技术、运营方式和业务模式，具备物流管理、规划、设计等实务运作能力、组织协调能力和异常事故处理能力等。当然，所有的职业人都应具备爱岗、敬业、务实、高效、守正、创新等基本的职业素养。

希波克拉底誓言

《希波克拉底誓言》是古希腊伯利克里时代（相当于中国孔子时代）向医学界发出的行业道德倡议书。几乎所有的学医学的学生，入学第一课就是学习《希波克拉底誓言》，并要求正式宣誓。可以说，医学界的人是没有不知道希波克拉底和《希波克拉底誓言》的。2017 年，该誓言进行了第八次修改，更恰当地反映了当代思考。

新版《希波克拉底誓言》的主要内容：作为一名医疗工作者，我宣誓，把我的一生奉献给人类；我将首先考虑病人的健康和幸福；我将尊重病人的自主权和尊严；我要保持对人类生命的最大尊重；我不会考虑病人的年龄、疾病或残疾、信条、民族起源、性别、国籍、政治信仰、种族、性取向、社会地位或任何其他因素；我将保守病人的秘密，即使病人已经死亡；我将用良知和尊严，按照良好的医疗规范来践行我的职业；我将继承医学职业的荣誉和崇高的传统；我将给予我的老师、同事和学生应有的尊重和感激之情；我将分享我的医学知识、造福患者和推动医疗进步；我将重视自己的健康、生活和能力，以提供最高水准的医疗；我不会用我的医学知识去违反人权和公民自由，即使受到威胁；我庄严地、自主地、光荣地做出这些承诺。

（二）稳定性

一个人的职业素养是在长期的教育培训和职业实践中日积月累形成的，具有相对稳定性，这种稳定性是职业人做好本职工作的基本条件和重要保证。比如一名会计经过几年的工作实践，具备了必要的专业知识和专业技能以及较强的数字反应能力和汇总能力，熟悉国家相关法律、法规、规章和会计制度，做到严谨细致，坚持原则，严守财经纪律，保守财经秘密，于是这种职业素养便保持相对稳定性。当然，受到工作环境和继续深造的影响，职业素养又是与时俱进和不断提升的。

敬业为企，匠心逐梦

金柳，90后，是中铁建电气化局集团南方工程有限公司财务部的一名会计，“忠诚、廉洁、担当、专业”是他的职业信条和文化名片。

2015年大学毕业后，金柳扎根华东片区铁路项目施工一线。恰逢该项目大干期间，资金需求量非常大，为了保证施工生产正常运转，财务人员常常需要加班加点。初出校园，他在项目师傅的“传、帮、带”下，边学边干，逐步找到理论与实际联系的契合点。那段时间，每天的票据有好几百张，为了不影响资金周转，他几乎每天加班到深夜一两点，才能将当天的票据处理完。正是因为如此高强度的工作，才使他磨炼出“德为先、勤为本、和为贵、学在前”的工作作风和行为准则。

2015年下半年，“营改增”试点工作即将在全行业内全面推开，系统、全面地学习“营改增”知识成为公司对各级业务人员的新要求。因此，他每天忙完手头工作后，按照公司要求积极学习“营改增”新知识，与同事共同研讨“营改增”新政策。2015年12月，在中国铁建电气化局集团组织的“营改增”知识竞赛中，他凭借扎实的专业功底获得第二名的好成绩。从2016年起，连续三个季度，他都被公司选派到集团参加决算报表会审工作。作为基层财务工作者，他此前从未接触过决算报表会审工作，因此从零开始学习，从不叫苦，从不喊累，“白加黑”“5+2”成为他的工作常态。2017年初，公司中标乐清湾项目，他被公司委派担任该项目的财务主管。他独自一人平稳有序地推进各项工作：从建章立制到银行开户，再到工程款拨付……

作为一名财务工作者，他对项目负责，对企业负责，每一笔开支都做到心中有数，每一笔资金流出都要求合理合规。工作中，他积极为大家出谋划策，最大程度为职工行方便、为企业保安全，切实履行财务管控在企业发展中的重要职能。

有一次，劳务队负责人前来结算工程款，为了少缴税款，与他商量能否不开发票。他当即否决道："给你行方便倒是不难，可你的税钱是交给国家的，又不是交给我们公司的，将来国家查到你了，给你定个偷税漏税的罪名，那么以后还会有人跟你合作吗？只贪图眼前的一时利益，却为日后的美好生活埋下炸弹，不可取啊！"听完这段话，那名劳务队负责人也不往下说了。

（三）内在性

职业人在长期的职业活动中，通过自身学习、体验和认识，知道怎样做是正确的、怎样做是错误的。这种有意识地内化、积淀和升华的心理品质，就是职业素养的内在性。内在性是职业素养最重要、最本质的特征之一。

职业素养的内在性只有通过职业活动才能表现出来，缺乏职业活动这一外显行为，人的职业素养在日常活动中就很难表现出来。比如一名教师对教育事业的忠诚度，他所具有的广博知识、严谨的治学态度以及为人师表、诲人不倦、严于律己、甘为人梯的精神，只有在教育教学过程中才能充分体现出来，而在衣食住行等日常生活中则很难得到全面体现。

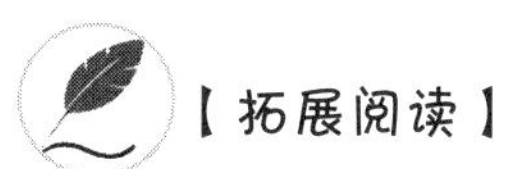
【拓展阅读】

深受学生爱戴的乡村教师

杨聪雁，2005年毕业于甘肃省陇西师范学校英语专业。参加工作以来，他一直扎根农村，在甘肃省定西市通渭县义岗川小学担任英语教学和班主任工作。

作为乡村一线教师，教学任务重，但他从未有过丝毫懈怠：他备课不仅备教材，而且根据学生的实际情况选择最佳的教学方法，教学成绩在全县名列前茅；他一直担任小学班主任，并且全身心地投入这项工作；他关心爱护学生，深入了解他们学习、生活等各方面的情况，用亲近和信任与学生沟通感情，用爱的暖流开启学生的心扉，使之乐于接受教师的教诲；为了培养学生的综合素质，创建良好的班风学风，他摸索出一套适合本校学生特点的班级管理方法，并取得了良好的效果；在日常工作、学习和生活中，他十分注重"师范"作用，衣着整洁大方，言行规范得体，对待任何学生一视同仁，尤其对后进生更是关爱有加。在学生心目中，他既是严父又是慈母。

2011年到2017年，他取得的成绩与荣誉有：2011年所辅导的学生马珂在全国英语竞赛中获得三等奖；2013年9月被通渭县委、县政府评为全县优秀班主任；2014年10月被通渭县教体局评为全县骨干教师；2015至2016学年，他所带的四年级、六年级、五年级英语成绩在全县统测中位列第一名、第二名和第三名；2016 年 6 月至 10 月赴澳大利亚留学培训，被评为优秀学员；2017 年在全国“一师一优课”优质课比赛中获得甘肃省二等奖；2017 年 11 月被评为甘肃省农村骨干教师。

（四）整体性

职业素养包含职业人的知识、能力、品质和修养等方面，这是职业素养的整体性特征。如果某一方面有所欠缺，就会影响整体职业素养水平。

职业人只有具备较高的思想素养、道德素养、科技文化素养、专业技能且身心健康，才可能具备较强的创新学习能力、实践调研能力、解决问题能力、讨论沟通能力、团队协作能力和自我发展能力。一般说来，职业人能否在职场上取得成就，能否实实在在为社会作出贡献，在很大程度上取决于其整体职业素养水平。整体职业素养水平越高的职业人，职场制胜、事业成功的概率就越大。

（五）发展性

经济社会的发展和科学技术的进步，必然会引发社会职业和职业岗位的变化，并产生新的职业素养要求。职业人处在持续发展的社会之中，就必须不断地学习与实践，不断地提升自我，因此职业素养具有发展性。

职业素养的发展性体现在职业人为了更好地适应社会发展和职场变化的需要，不断更新自己的职业素养内涵，逐步提高与完善自己的职业素养。职业人在职业发展过程中，通过不断提升个人的知识、能力和素养，使自己增值，由此建立自己的职业品牌。

中专生成为世界焊接冠军

2018 年 5 月 3 日，刘仔才荣获“中国青年五四奖章”。这已经不是他第一次获得“大奖”了，他是“最美青工”“中央企业技术能手”“中央企业青年岗位能手”“全国劳动模范”。14 年间，他从一名焊工新手成长为一名世界级的“焊工王”，解决了焊接领域的许多世界难题。

刘仔才来自广东省韶关市翁源县的一个贫困村，大山里出生的他从小就要下田干活。初中毕业后，因为焊工专业毕业后比较好找工作，所以他选择去技校读焊工专业。2004 年，从韶关技校毕业的刘仔才进入中国能源建设集团有限公司。18 岁的他终于可以挣钱养家了。在难掩兴奋的同时，他也感到空前的压力。和他一同工作的，很多都是大学生，而他只是一个中专生。工作的前三年，刘仔才一年中有 10 个月在工地上。他“脸皮厚”，经常缠着师傅教他一些绝活。仅仅用了两年时间，刘仔才就从三类普通焊工升到一类高压焊工。2012 年，在由国务院国有资产监督管理委员会主办的“嘉克杯”国际焊接技能大赛中，刘仔才凭借“摇摆焊法”勇夺钨极氩弧焊第一名，获得“中央企业技术能手”“中央企业青年岗位能手”称号。刘仔才说：“我爱动脑筋，别人焊完了一块丢到一边去，我焊完了会仔细分析，这一块焊得怎么样？所以进步特别快。”如今，碳钢、低合金钢、高合金钢、不锈钢、铝材焊接，他都信手拈来；氩弧焊、电焊、氩电联焊、二氧化碳气体保护焊，他无一不精。

这几年，高水平焊工人才流失严重。刘仔才一直在想办法提高焊工的归属感，帮助公司留住人才。其实，刘仔才获得“嘉克杯”国际焊接技能大赛冠军后，就有企业给他开出年薪几十万元的待遇邀请他加入，但他最终还是拒绝了。刘仔才告诉记者：“中国制造业向高端迈进，离不开高素质产业工人。”他看在眼里，急在心上。他是焊工队伍的主心骨和金牌“教头”，如果他走了，整个队伍也就散了。

十多年过去了，刘仔才心中依然有一个大学梦。2015 年，他在广东海洋大学读大专，主修工商行政管理专业。“接下来，我还想上个本科。过去家里穷，没机会上大学，现在要把过去错过的时光补回来。”

【本节提示】

职业素养是职业人在职业活动中起决定性作用的、内在的、相对稳定的基本品质，具有职业性、稳定性、内在性、整体性和发展性。职业素养包含职业人的知识、能力、品质和修养等方面，并通过职业活动表现出来，既相对稳定，又与时俱进。虽然职业素养的具体要求与表现形式因职业不同而异，但所有的职业人都应具备爱岗、敬业、务实、创新等基本的职业素养。

小胜凭智，大胜靠德。——牛根生

第二节　职业素养的构成

【导读】

20 世纪 70 年代，美国著名心理学家戴维·麦克利兰提出了著名的素质冰山模型。他认为，一名员工的素质就像一座冰山，呈现在人们视野中的部分往往只有 1/8，也就是浮出水面的冰山一角，而在水面以下的 7/8 是看不到的。我们能见到的 1/8 是员工的知识、资质、技能和行为，是较易观察和测量的，称为显性素质；见不到的 7/8 则是员工的职业意识、职业道德和职业态度，是难以观察和测量的，称为隐性素质。如果企业中每名员工的显性素质和隐性素质都能得到足够的培养，不仅会对员工素质的提升产生巨大的推动作用，也会对企业的未来发展产生深远的影响，从而极大地增强企业的核心竞争力。

职业素养是职业人对社会职业了解与适应能力的一种综合体现，包括职业兴趣、职业能力、职业个性和职业情况等方面。

本书提出的职业素养主要包括身体素养、心理素养、思想政治素养、道德素养、科技文化素养、审美素养、专业素养、社会交往和适应素养、学习和创新素养。

一、身体素养

身体素养指的是体质和健康等方面的素养，即人体各器官的状态和水平。良好的身体素养是指拥有健康的体魄，如体格强健、动作协调、耐力好等。身体素养是整体职业素养发展的基础，规定了个体素养发展的潜在可能性。个体素养的形成以身体素养为基础，离开这个基础，其他素养也就失去了物质的载体。

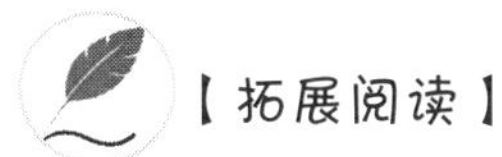

【拓展阅读】

壮志未酬身先死，长使英雄泪满襟

王均瑶，1966 年出生于浙江省温州市苍南县大渔镇。1983 年，他辍学后即刻投身于经济建设的大潮。他心怀实现人生价值的梦想，以敢于创新、勤于创业的精神积极参与社会活动，从一名普通的温州青年成长为经受市场经济洗礼的优秀企业家。2004 年 11 月 7 日，王均瑶因劳累过度而去世。他在病床上曾说："此刻，在病魔面前，我频繁地回忆起我的一生，发现曾经让我感到无限得意的所有社会名誉和财富，在即将到来的死亡面前已全部变得黯淡无光、毫无意义了。"所以，健康的体魄永远是你工作的基础和事业的保证。

二、心理素养

心理素养指的是感知、认知、记忆、想象、情感、意志、态度、个性特征（兴趣、能力、性格、习惯）等方面的素养，即个体心理品质的状态和水平。心理素养是一个人的遗传素养和人类在历史发展过程中所创造的文明成果相互作用及内化的结果，在个体素养中占有独特的地位，是与外部世界相互联系、相互作用的中介。

心理素养水平的高低可以从心理适应能力的强弱、认知潜能的大小、性格品质的优劣、内在动力的大小及指向等方面进行衡量。良好的心理素养是指拥有健全的心理，如健全的能力（包括观察力、记忆力、想象力等一般能力和从事某种专业活动所必需的特殊能力）、健康的情感、坚强的意志等。

职业人要以积极的心态面对人生、家人、朋友和同事，要以感恩的心面对生活中的每一天。当遇到困难时，要善于寻找突破口，在繁重的工作中开辟一条捷径。实际上，无论做什么工作，只要你能秉持良好的心态，全力以赴，它就一定会带给你真正想要的一切——幸福、快乐、成功与荣耀。

心理品质与成败得失

三、思想政治素养

思想政治素养指的是思想认识、思想觉悟、思想方法、政治立场、政治观点、政治信念与信仰等方面的素养。思想政治素养是职业素养的灵魂，对其他素养起着统帅作用，规定了其他素养的性质和方向。

职业人的思想政治素养是其世界观、价值观在工作和生活中的反映。思想政治素养高的人，其工作动力不仅是为了生活和实现自身价值，更是因为责任、义务和理想信念。思想政治素养具体表现为以下六方面：（1）在大是大非面前立场坚定，在科学与谬误面前头脑清醒，在原则问题面前牢守底线，在对错问题面前是非分明；（2）工作思路、策略、措施具有科学性、计划性、前瞻性和可持续性；（3）成功靠真才实学以及艰苦奋斗的精神、光明磊落的作风、豁达的胸怀和高尚的人格魅力；（4）敢于承担责任，对上不推不靠、不等不要，对下勇于担当、提供支撑；（5）能站在大局的角度、工作的角度和利己的角度对待批评，认真反思，有则改之，无则加勉；（6）具有自控能力，谦虚谨慎，不说过头话，不做过头事，不受他人左右，不受环境干扰，牢牢把握人生沉浮与事业成败的关键。

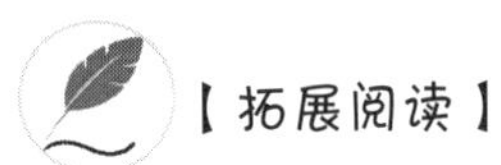
【拓展阅读】

“改革先锋”郭明义

郭明义，鞍钢集团矿业公司齐大山铁矿生产技术室采场公路管理员，被中共中央、国务院授予“改革先锋”称号的当代雷锋，荣获全国道德模范等称号。在鞍钢集团矿业公司工作的三十多年里，他爱岗敬业，创先争优，干一行爱一行，钻一行精一行。担任矿用大型生产汽车司机时，他创造了全矿单车年产最高的新纪录；他苦学英语一年，在矿上引进价值近4亿元的33台超大型矿用电动轮汽车时，成为外方技术人员的翻译专员；担任露天铁矿生产技术室采场公路管理员时，他每天提前2小时上班，风雨无阻，坚持了二十多年。

在生活中，郭明义是助人为乐、无私奉献的道德楷模。他先后资助三百多名特困学生；他无偿献血六万多毫升，相当于自己全身血量的十多倍；他把所有的奖金、奖品都捐给了他认为比他更需要的人；他发起成立了“郭明义爱心团队”，全国各地已有一千多支分队，210万名志愿者加入其中……“不信春风唤不回”，郭明义以亲身实践证明在改革开放和市场经济条件下，“雷锋精神”依然具有强大的生命力、示范力和感召力。正如他本人常说：“心怀善念，相互搀扶，相互激励，人人都可以做雷锋！”

四、道德素养

道德素养指的是道德认识、道德情感、道德意志、道德行为、道德修养、组织纪律等方面的素养。道德是一种社会意识形态，它是人们共同生活及其行为的准则与规范。道德以善恶为标准，并通过社会舆论、内心信念和传统习惯来评价人的行为，调整个人与个人之间以及个人与社会之间的相互关系。

职场用人应当体现以下原则：有德有才，破格重用；有德无才，培养使用；有才无德，限制录用；无德无才，坚决不用。职业人必须遵守职业道德规范，如爱岗敬业、诚实守信、廉洁自律、秉公办事、保护本单位合法利益等，将本职工作做到从完成到优秀，从优秀到卓越。

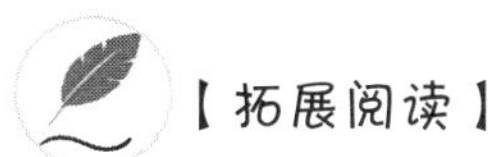【拓展阅读】

做什么事情都要追求完美

二十多年前，蒙牛乳业老总牛根生还是内蒙古伊利实业集团股份有限公司的一名涮瓶工人。牛根生所带领的涮瓶组，把每一个瓶子都涮得干干净净，每次都是全厂第一。因为他清楚知道，玻璃瓶要重复装牛奶，如果瓶内有上次残余的牛奶，就会产生大量的细菌，使装入的牛奶变质。牛根生边工作边钻研，他不论做什么事情都追求完美，最终打造出今天的蒙牛乳业。

五、科技文化素养

科技文化素养指的是科学态度、科学知识与技能、科学方法与能力、科学行为与习惯、科学文化知识等方面的素养。科技文化素养决定了职业人的思维方式和行为方式，是个人综合实力的体现，是实现美好生活的前提，是实施创新创业的基础。职业人应该全面认识科技文化素养与职业生涯发展的关系，增强提高自身科技文化素养的自觉性，树立正确的世界观、人生观、价值观，努力实现个人的全面发展。

职业人应具有强烈的科学精神、求知欲望和创新意识。科学精神，如求实、求真、民主、开放、协作等，只有具备了科学精神，才能在职业活动中锲而不舍、勤于探索和不断进取；求知欲望，如不耻下问、质疑、批判等，只有具备了求知欲望，才能在职业活动中不断发现与解决问题；创新意识，如创新动机、创新兴趣、创新意志等，只有具备了创新意识，才能展现自我能力和实现自身价值，才能为社会多作贡献。

【拓展阅读】

“抓斗大王”包起帆

被誉为“抓斗大王”的上海港务局南浦港务公司工程师包起帆，数十年来本着“在岗位尽责，为事业奉献”的精神，与同事一起，发明创造了多种高效、安全的装卸工具和装卸工艺，为国家和人民创造了大量的财富。

18 岁那年，包起帆成为上海港的一名装卸工，从此踏上了坎坷的发明创造之路。为了实现用抓斗装卸木材的梦想，包起帆如饥似渴地自学物理、数学等基础知识，刻苦钻研业务，生活被浓缩在起重、力学、机械理论和计算之中。经过无数个日夜的努力，尝遍失败、艰辛和磨难，包起帆和他的同事终于创造出木材抓斗，这项革新填补了国际港口装卸工具的一项空白。

包起帆把目光投向更广阔的领域……三十多年间，他刻苦学习科技知识，先后完成七十多项革新发明，其中 8 项获国家专利，9 项获国际发明金奖。他还把自己和同事发明创造的新型抓斗、工索具等推广到全国数百个港口以及冶金、矿山、建筑、林场等单位，大大提高了这些单位的经济效益。艰辛的劳动和突出的贡献，使他荣获全国五一劳动奖章、全国劳动模范等称号。

六、审美素养

审美素养指的是审美意识、审美情趣、审美能力等方面的素养。提高审美素养，可以让职业人增加职业兴趣，增添精神动力，体会到劳动创造之美，进而提高人文素养和道德素养。

审美素养为职业人的心理健康提供有力支撑，为职业人的生活质量积淀文化底蕴，为产业创新以及提高生产力开拓空间。职业人应该保持乐观积极的心态，将审美素养渗透到工作的每个环节中，让生产劳动成为一种改变世界、实现自我的艺术活动。

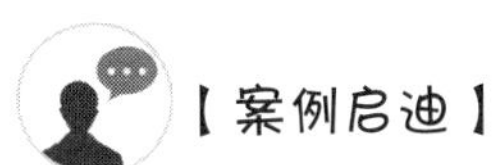

香水瓶成为艺术品

服装设计师出身的香奈儿夫人，在设计香奈儿 5 号香水瓶上别出心裁。“我的美学观点跟别人不同：别人唯恐不足地往上加，而我一项项地减除。”这一设计理念，让香奈儿 5 号香水瓶在众多繁杂华美的香水瓶中脱颖而出，成为最怪异、最另类，也是最成功的一款造型。香奈儿 5 号香水瓶以其宝石切割般形态的瓶盖、透明水晶的方形瓶身和简单明了的线条，成为一种新的美学观念，并迅速得到了消费者的认可。香奈儿 5 号香水在全世界畅销多年，至今仍然长盛不衰。1959 年，香奈儿 5 号香水瓶荣获“当代杰出艺术品”称号，跻身于纽约现代艺术博物馆的展品行列。香奈儿 5 号香水瓶成为名副其实的艺术品。

七、专业素养

专业素养指的是专业知识、专业技能、组织管理能力等方面的素养。专业知识是建立在一般科学文化的基础上，与其所从事的职业密切相关的知识。专业技能是在领会专业知识的基础上，经过反复训练而形成的技术能力。组织管理能力是指灵活地运用各种方法把各种力量合理地组织和有效地协调起来的能力，包括协调关系的能力和善于用人的能力等。

专业知识与专业技能是相辅相成的，专业技能的形成以专业知识的理解与内化为基础，而专业技能又是实际运用并不断获取专业知识的必要条件。职业人只有具备了扎实的专业知识和熟练的专业技能，才能有效地拓展生存空间和增强竞争实力。组织管理能力是职业人的知识、素养等基础条件的外在综合表现。现代社会是一个庞大的、错综复杂的系统，绝大多数工作都需要团队合作才能完成。所以，从某种角度来说，每个职业人都是组织管理者，承担着一定的组织管理任务。

职业人应高度关注专业素养的提高，知识要更新，技能要提升，组织管理能力要增强，这些都是动态的、发展的。职业人只有不断从专业知识、专业技能、组织管理能力上寻找差距和弥补不足，才能不断提高自身的专业素养和工作能力，做到想干事、能干事、干成事。

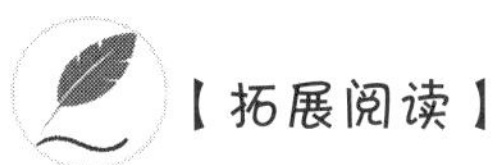

检修“牛人”何满棠

何满棠，现任中国南方电网公司广东电网东莞供电局变电管理二所检修一班副班长。他从学徒到班员，再到副班长，在检修一线工作已有33年。变电设备都是靠螺丝连接，各种设备会用到很多螺丝。这些螺丝是依据材质、作用、强度等来区分的，种类超过100种。而扭紧每一种螺丝所用的力道，也就是扭矩，都有不同的国家标准。何满棠的厉害之处就在于，他可以抛开扭矩扳手，仅使用普通工具扭螺丝，扭出来的螺丝经过仪器的测量，扭矩均在国家标准之内，与使用扭矩扳手无异。

2012年10月，何满棠从33万员工中脱颖而出，被评选为中国南方电网公司首批高级技能专家。2014年，他被授予广东省五一劳动奖章、广东省十项工程劳动竞赛模范工人称号。2015年，他荣获全国劳动模范称号。

八、社会交往和适应素养

社会交往和适应素养指的是语言表达能力、社交活动能力、社会适应能力等方面的素养。社会交往和适应素养是职业人综合素养高低的间接表现，也是职业人能够适应社会环境、适应社会生活、胜任社会角色、形成健全个性的基本要求。

从某种意义来说，职业活动就是一种群体活动，需要处理好人与人、人与集体之间的关系，其中如何与别人沟通、协调等方面的能力就显得非常重要。只有培养自己的表达能力、沟通能力以及听懂和理解别人传递信息的能力，才能更好地在职场中保持良好的人际关系。同时，要不断地适应社会环境的变化，无论是在新公司还是在新部门，都要面对融入周围环境和人群的问题，良好的适应能力能够让职业人在职场中如鱼得水，从而推动职业的可持续发展。

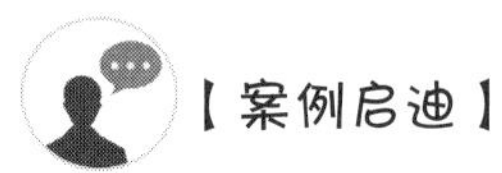

做生意其实是在做人

香港巨商曾宪梓在发迹前，有一次背着领带到一家洋服店推销。洋服店老板正在接待一位客人，只要稍微细心一点的人都会明白，这个时候千万不能去打扰。因为做生意有条规矩，就是人家正在做买卖的时候，你如果不买东西，就最好不要打扰他。所以，当曾宪梓准备将背着的领带拿出来供老板挑选时，老板打量了一下他的穷酸相，突然像见到瘟神一样，毫不客气地冲着他大声吼叫着："你进来干什么？出去！快走！"

曾宪梓回家后，认真反思了一夜。第二天，还是同一个时间，曾宪梓又走进了那家洋服店。不过，这一次他有备而来。他不仅没有背着沉甸甸的领带盒，还特意打扮了一番，穿得整整齐齐，一改昨日的穷酸相。曾宪梓面带笑容地走向老板，极其诚恳地对他说："老板，不好意思，昨天惹您生气了，我今天是特意来向您赔礼道歉的。"在进店之前，曾宪梓已经在隔壁茶餐厅叫好了外卖咖啡，这时正好有人送了过来。曾宪梓接过咖啡，递给目瞪口呆的老板，继续说："这是我专门为您叫的咖啡，虽然不值钱，但却说明我是真心实意地向您道歉，请您原谅我昨天的莽撞。"

老板也是个老生意人了，在旅游旺区开了这样一间洋服店，每天都会有人上门推销产品，所以习惯了毫不客气地对待这些推销者。然而，他怎么都没有想到，在被他驱赶、辱骂的不计其数的推销者当中，居然有人能够上门向他道歉，并诚心诚意地请他喝咖啡。老板断定眼前这个人将来一定会成功，敬佩之心油然而生。老板诚恳地对曾宪梓说："明天你把领带拿来，我给你推销。"从此以后，这位老板和曾宪梓成了好朋友。两人真诚合作，促进了金利来品牌的发展。

九、学习和创新素养

学习和创新素养指的是学习能力、信息能力、创新精神、创新意识与创新能力、创业意识与创业能力等方面的素养，包括好奇心、进取心、创造力、自信心和毅力等。学习和创新素养对个人的职业发展起着重要的作用。

学习和创新素养的要素有：独立的人格意识、独特的个人特长、大胆的探索精神、优秀的创造思维、积极的学习态度、广泛的兴趣爱好、正确的审美意识、合理的知识结构、良好的道德品质、强烈的好奇心、丰富的想象力、敏锐的观察力、较强的模仿能力和动手能力、定量的数理分析能力、严密的逻辑推理能力、高效的信息处理能力等。只有具备了学习和创新素养，才能在职业活动和社会实践中冲破传统观念的束缚，才能有所发现、有所发明、有所创造和有所进步。

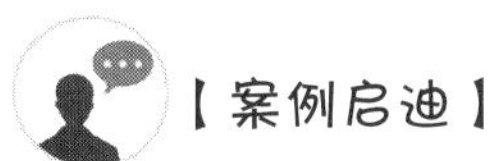

称霸全球无人机领域

在国内的无人机企业中，大疆创新是当之无愧的老大；在国际上，大疆创新的产品也是处于领先地位的。大疆创新的成功离不开创始人汪滔的热爱和坚持。出生于 1980 年的汪滔，是全球无人机行业的第一位亿万富翁。

汪滔的家庭条件不错，父亲是工程师，母亲是教师。他很喜欢航模，有一次，他的父亲给了他一架遥控直升机，他拿到后爱不释手。高考的时候，汪滔考上了华东师范大学，就读于电子系。但他的梦想不在华东师范大学，而是想要去更适合自己的学府，因此大三他就退学了。退学之后，汪滔去了香港科技大学，就读于电子及计算机工程学系。2005 年，还在读大学的汪滔就已经能做出飞行控制器了。2006 年，他开始读研究生，同时还和两个同学一起创办了大疆创新。当时，无人机行业很少有赚钱的，可是汪滔的喜爱胜过一切。因为三个人都没有什么钱，所以选择了深圳的一间库房作为办公室。就这样，他们开始了创业之路。可是，没过多久，两个创业伙伴因为要留学、工作，都离开了大疆创新，但汪滔依然坚守初心。当第一个产品卖出去的时候，他高兴极了，赚到了人生的第一桶金——15000 元。

2008 年，大疆创新推出了新的直升机飞控系统 XP3.1。人们买的遥控直升机都只能遥控飞机方向，不能让飞机停在空中。这款系统的出现，可以让遥控直升机停在空中，在无人操作的情况下也可以。这个系统的创新，为大疆创新带来了许多订单。2010 年，大疆创新已经占领了多轴无人机市场。2011 年，大疆创新在北美成立了分公司。之后，大疆创新还推出了新产品大疆精灵，在无人机行业进一步打响了知名度。如今，大疆创新的销售额在60亿元以上。根据某市场研究机构的调查数据，大疆创新占据了70%以上的全球消费级无人机市场份额。

大疆创新拥有着核心技术，其无人机不管是在计算机视觉技术，还是在云台技术、飞控系统技术等方面，在全球无人机领域都是数一数二的。2014年至2017年，大疆创新的专利申请占据无人机行业第一位。汪滔很重视科研，在公司的八千多名员工中，25%的员工是负责工程研发的。大疆创新还是论文收割机，当专业领域的最新科研论文出来后，大疆创新会第一时间买下论文，让科研人员能够及时了解。

在2018年的胡润百富榜中，汪滔拥有450亿元财富。创业12年，就能拥有如此成就，归结于汪滔对技术的专注，产品就是他最大的宝藏。

【本节提示】

职业素养由身体素养、心理素养、思想政治素养、道德素养、科技文化素养、审美素养、专业素养等方面构成，是一个有机的整体。一个人的职业素养就像一座冰山：冰山浮在水面以上的只有1/8，它代表知识、资质、技能和行为等方面，是人们看得见的显性职业素养。而冰山隐藏在水面以下的部分占整体的7/8，它代表职业意识、职业道德和职业态度等方面，是人们看不见的隐性职业素养。大学生职业素养的培养应该着眼于整座“冰山”，以培养显性职业素养为基础，以培养隐性职业素养为重点。

教育不是灌输，而是点燃火焰。——苏格拉底

第三节　培养良好的职业素养

【导读】

史蒂夫·乔布斯曾说过："成功没有捷径，你必须把卓越转变成你身上的一个特质。最大限度地发挥你的天赋、才能、技巧，把其他所有人甩在你后面。高标准严格要求自己，把注意力集中在那些将会改变的一切细节上。变得卓越并不艰难，从现在开始尽自己最大能力去做，你会发现生活将给你惊人的回报。"乔布斯还说过："你是否已经厌倦了为别人而活？不要犹豫，这是你的生活，你拥有绝对的自主权来决定如何生活，不要被其他人的所作所为所束缚。给自己一个培养创造力的机会，不要害怕，不要担心。过自己选择的生活，做自己的老板！"

职业是现代人生存以及进行社会活动的根本所在，与人的一生密切相关。我们常说职业素养是一流员工之魂，是人才选用的第一标准，是职场制胜与事业成功的第一法宝。那么大学生要如何培养良好的职业素养呢？我们或许可以从"大树理论"中得到启示。

要成为一棵大树至少需要以下五个条件：第一是时间，没有一棵大树是树苗种下去马上就能变成大树的，一定是岁月刻画着年轮，一圈圈往外生长的；第二是坚定，没有一棵大树是第一年种在这里，第二年种在那里，就能成为一棵大树的，一定是多少年来经风霜、历雨雪，屹立不动，最终成为大树的；第三是根基，树有粗根、细根、微根，这千万条根深入地底，忙碌而不停地吸收营养，确保大树能够茁壮成长；第四是向上，没有一棵大树是只向旁边生长、长胖不长高的，一定是先长主干再长细枝，一直向上生长的；第五是朝阳，没有一棵大树是向着黑暗、躲避光明的，阳光是树木生长的希望所在，大树知道必须为自己争取更多的阳光，才有希望长得更高。

每个在职场上拼搏的人就像一棵树，根系就是职业素养，而枝、干、叶、形只是职业素养所显现出来的表象。只有根系发达，才能枝繁叶茂。一个人要想在职场中取得成功，就要选择大树一样的人生。第一要给自己时间，时间就是经验的积累和

智慧的积淀；第二要坚守信念，“任你风吹雨打，我自岿然不动”，扛得了重活，打得了硬仗，经得住磨难，如此方能“修成正果”；第三要终身学习，对待知识要求知若渴，对待学习要孜孜不倦，提高学以致用的能力，只有扎实根基，耕耘不止，事业之树才能常青；第四要不断向上，争取更大的发展空间，朝着正确的目标努力奋斗；第五要阳光做事和诚实做人，心有阳光才能收获灿烂的日子！即使你现在什么都不是，但是只要有大树的种子、大树的理想和大树的不屈，向着灿烂的阳光，吸收泥土的养分，终有一天会长成高耸入云的大树。

注重个人成长和工作的意义

社会上经常听到有人提出这样的问题：华为员工为什么愿意艰苦奋斗，为什么愿意作出牺牲？有专家认为华为员工艰苦奋斗的原因有三点：一是为自己和家人的幸福。近两年，华为的人均年收入已经接近信息通信技术行业世界顶尖公司的水平，同时华为还实行员工持股计划（ESOP）。持有华为公司股份的员工超过了80000人，他们每年可以获得较高的分红回报。二是员工高度认同公司的使命和愿景。公司的远大目标赋予员工奋斗的意义，员工愿意为公司成为世界信息通信技术行业的领导者而奋斗，为公司取得的卓越成就感到自豪。三是来自创造性工作本身的挑战、乐趣、成就感和自我实现。华为员工认为他们的工作正在改变世界。

一、敬业

凡百事之成也，必在敬之；其败也，必在慢之。——荀子

敬业是一个人对自己所从事的工作负责的态度。敬业是中华民族的传统美德，中华民族历来有“敬业乐群”“忠于职守”的传统。早在春秋时期，孔子就主张人在一生中要勤奋刻苦，为事业尽心尽力，曾提出“事思敬”“执事敬”“修己以敬”等主张。

敬业是人们基于对一件事情、一种职业的热爱而产生的一种精神，是社会对人们工作态度的一种道德要求。低层次的即功利目的的敬业，是由外在压力产生的；高层次的即发自内心的敬业，是把职业当作事业来对待。作为职业人，要立足本职，爱岗敬业，树立主人翁意识、责任感和事业心，追求崇高的职业理想；要培养恪尽职守、积极进取、精益求精的工作态度；要干一行、爱一行、钻一行，努力成为本行业的行家里手；要摆脱单纯追求个人和小集团利益的狭隘眼界，激发奋发图强、埋头

苦干的工作热情，以正确的人生观和价值观指导和调控职业行为。

作为一名大学生，应当具有强烈的敬业精神，对待学习与工作充满激情，尽职尽责，不怕劳苦，甘于奉献，努力增强自己的核心竞争力和实现人生的价值追求。

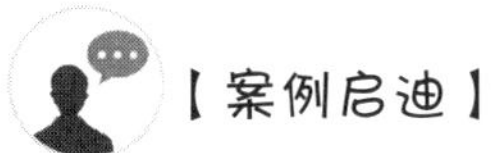

从每一粒米着手

提起中国台湾首富王永庆，几乎无人不晓，他把台塑集团推进到世界化工业的前 50 名。而在创业初期，他做的还只是卖米的小本生意。

王永庆早年因家贫而读不起书，16 岁就从老家来到嘉义开了一家米店。那时，小小的嘉义已有近 30 家米店，竞争非常激烈。仅有 200 元创业资金的王永庆，只能在一条偏僻的巷子里租了一个很小的铺面。他的米店开办最晚，规模最小，更谈不上知名度了，没有任何优势。在新开张的那段日子里，生意冷冷清清，门可罗雀。

刚开始，王永庆背着米挨家挨户去推销，一天下来，不仅人累得够呛，效果也不太好。谁会去买一个小商贩上门推销的米呢？怎样才能打开销路呢？王永庆决定从每一粒米上打开突破口。那时候，由于稻谷收割与加工技术落后，小石子之类的杂物很容易掺杂在米里。人们在做饭之前，都要淘很多次米，很不方便，但是大家都已见怪不怪、习以为常了。王永庆却从这司空见惯中找到了切入点，他和两个弟弟一起动手，一点一点地将夹杂在米里的秕糠、砂石之类的杂物拣出来，然后再卖。一时间，小镇上的主妇们都说，王永庆卖的米质量好。这样，一传十，十传百，米店的生意日渐红火起来。

那时候，还没有“送货上门”一说，顾客都是上门买米，自己运送回家，这对老人来说很不方便。王永庆主动送米上门，这一便民服务措施同样大受欢迎。王永庆送米，并非只送到顾客家门口，而且将米倒进米缸里。如果米缸里还有陈米，他就将陈米倒出来，把米缸擦干净，再把新米倒进去，然后将陈米放回上层。这样，陈米就不至于因存放过久而变质了。更厉害的是，他能根据每户人家的人口多少和米缸容量，算出下次买米的时间，再主动送米上门。每次送米，王永庆并不急于收钱。他把顾客按发薪日期分门别类，登记在册，等顾客领了薪水，再去收米款，每次都十分顺利，从无拖欠现象。

通过精细、务实的服务，嘉义人都知道了在米市马路尽头的巷子里，有一个卖好米并送货上门的王永庆。有了知名度后，王永庆的生意更加红火起来。

二、担责

责任就是对自己要求去做的事情有一种爱。——歌德

责任是一个人必须承担的事情或不得不做的事情。其基本内涵包含两个层面：一是指分内应该做好的事，如履行职责、尽到责任、完成任务等；二是指因没有做好自己的工作而要承担的不利后果或强制性义务，如担负责任、承担后果等。

责任是人生观、价值观和世界观的体现，是一个人对待人生和生命的态度。责任体现了一个人的原则、作风、习惯和思想；体现了一个人的心态、心智、格局和胸怀；体现了一个人的使命、生活空间和追求。

责任按照内在属性可以分为：角色责任、能力责任、义务责任和原因责任。角色责任是指共性角色责任范畴，可以理解为“在角色共性规则下应该做和必须做的事情”；能力责任是指超出角色责任要求的责任表现，可以理解为“努力并结合能力做的事情”；义务责任是指没有在角色责任限定范围的责任，可以理解为“可做可不做的事情”；原因责任是指某些原因直接导致的责任。

终身还债的弗兰克

20世纪初，美国曾有一位意大利移民叫弗兰克，他通过艰苦的奋斗开办了一家小银行。有一次，他的银行遭到抢劫，这一事件导致了他不平凡的经历。他破了产，储户失去了存款。当他带着妻子和四个儿女从头开始的时候，他决定偿还那笔天文数字般的存款。所有人都劝他：“你为什么要这样做呢？这件事你是没有责任的。”但他回答：“是的，在法律上，也许我没有责任，但在道义上，我有责任，我应该还钱。”

偿还的代价是30年的艰苦生活，当寄出最后一笔“债务”时，他轻叹：“现在我终于无债一身轻了。”弗兰克用一生的辛酸和汗水写出两个工整的字，那就是“责任”。他寄出的不是债务，而是他闪光的心。他给社会带来了巨大的财富，因为他教会了人们如何做一个对社会负责的人。

责任的存在，是对人的考验。一些人经不住考验，逃匿了，他们会随着时光的流逝而消失得无影无踪；而另一些人却承受了，历经艰辛，他们也会消失，但其精神不朽。

责任有不同的范畴，如家庭责任、职业责任、社会责任等。这些不同范畴的责任，有普遍性的要求，也有特殊性的要求。责任无处不在，存在于每一个角色中。父母养儿育女、教师教书育人、医生救死扶伤、工人铺路建桥、军人保家卫国……人在社会中生存，就必然要对自己、对家庭、对集体，甚至对国家承担一定的责任。责任就是承担应当承担的任务，完成应当完成的使命，做好应当做好的工作。

我们需要勇于承担责任的人

作为一名大学生，应当做一个有责任感的人，行事谨慎，为人可靠，面对学习与工作中出现的困难绝不退缩并设法克服，善于抓住每一次机会，用心做好每一件事，体现对自己所负使命的忠诚和守信。

三、诚信

遵守诺言就像保卫你的荣誉一样。——巴尔扎克

诚信是日常行为的诚实和正式交流的信用的合称，即待人处世真诚、老实、讲信誉，一诺千金。诚实守信是中华民族千百年传承下来的优良道德品质。孔子曰：“人而无信，不知其可也。”诚信既是个人道德的基石，又是社会正常运行不可或缺的条件。诚信缺失的个人将失去他人的认可，诚信缺失的社会将失去人与人之间的正常关系的支撑。

诚信就其内涵而言，包括诚和信两方面，这两方面既有所区别，又互相联系。“诚”的内容一是真实，二是诚恳。真实是指不会有意歪曲客观事物的本来面貌；诚恳是指不会有意歪曲自己主观意图的本来面貌。“信”字由人字旁加一个言字组成，是指人说话要算数，对自己的承诺负责，言必信，行必果。

诚与信有所区别：诚讲的是不能歪曲主观和客观的实际状况，更强调静态的真实；信讲的是不能违背自己的诺言，更强调动态的坚守。诚是一种内在的德行与修为，而信则是一种外在的确认与表达。二者之间的联系：静态的真实是动态的坚守的基础，动态的坚守是静态的真实的结果；内在的德行与修为会通过外在的言行加以确认，而外在的言行没有内在的德行与修为作为基础则难以持久。

诚信是一种道德规范，是一种法律原则，是一种行为准则。业以诚为本，诚以信为基，信以德为源。一个人要想在职场站稳脚跟就离不开诚信，诚信是个人安身立命之本。荀子曰：“君子养心莫善于诚。”

一个人要想在职场竞争中占有一席之地，就必须要诚信，如果言而无信，出尔反尔，见风使舵，口是心非，必然无法获得别人的信任，也很难被社会所接受，因此陷入孤立无援之境。一个企业的生存与发展也离不开诚信，诚信是企业的无形资

产。市场经济以诚信为基础，诚信是最基本的交往规则。如果企业失信于员工，必然众叛亲离，指挥失灵，一盘散沙；如果企业失信于客户，必然信誉扫地，难以生存，受到惩罚。

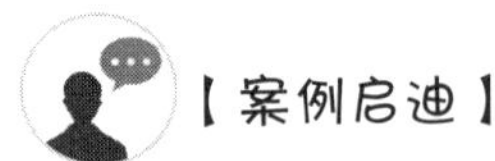
【案例启迪】

一颗正直的心是无价的

创新工场董事长兼首席执行官李开复在苹果公司工作时，曾有一位刚被提拔的经理，由于受到下属的批评，非常沮丧地让李开复再找一个人来接替他。李开复问他："你认为你的长处是什么？"他说："我自信自己是一个非常正直的人。"李开复告诉他："当初我提拔你做经理，就是因为你是一个公正无私的人。管理经验和沟通能力是可以在日后工作中学习的，但一颗正直的心是无价的。"李开复支持他继续干下去，并在管理和沟通技巧方面给予他很多指点和帮助。最终，他不负众望，成为一个出色的管理人才。

与之相反，李开复曾面试过一位求职者，这位求职者在技术、管理方面的素质都相当出色，但在面谈之余，他试探性地表示，如果被录用，他可以把在原来公司工作时的一项发明带过来，并且声明那些工作是他在下班之后做的，老板并不知道。结果是，他没有被录用。未被录用的原因不是他的工作能力不够，而是他不够诚信。因为再严格的防范制度也无法保证他将来不会把公司的核心技术或发明作为"礼物"献给其他公司。

作为一名大学生，应当诚信学习，诚信做事，诚信做人，重视自己的诚信记录，维护自己的诚信形象。

四、务实

成功＝艰苦劳动＋正确方法＋少说空话。——爱因斯坦

务实就是讲究实际，实事求是，其基本解释是从事实际工作，研究具体问题。第一，务实是一种精神，蕴含着强大的正能量，是取得工作业绩的重要保障。它拒绝空想，排斥虚妄，鄙视华而不实，追求充实而有活力的人生。第二，务实是一种态度，是做好一切工作的前提。一个人的能力可能有高有低，但如果没有务实的态度便会工作飘忽、好高骛远，对具体工作视而不见；有了务实的态度才能谋实事、出实招，把工作落到实处，才能在遇到困难和问题时不找借口，不推诿扯皮，不怨天尤

人。第三，务实是一种能力，是职业素养的集中体现。看一个人是否务实，就是要看他是否踏实肯干，使名必有实，事必有功。事不做则罢，做了就要有头有尾，见到实效；话不说则罢，说了就要一诺千金，言行一致。

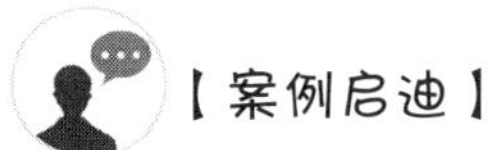

心有多大，舞台就有多大

著名喜剧演员陈佩斯，在成名之前，是个经常演跑龙套角色的小演员。可是他并没有降低对艺术的追求，而是刻苦钻研每一个角色。有一次，陈佩斯去演一个小匪兵，是一个小得不能再小的配角，谁也没有在意他，导演也没有给他说戏。但陈佩斯却自己揣摩起来，把他要演的匪兵角色钻研透了。在表演的时候，陈佩斯发挥了自己的天分，虽是一个小匪兵，他却自己设计了一个表情，分外滑稽，一下子让这个角色生动起来。导演一看，顿时觉得陈佩斯把这个小匪兵演得格外出彩，从而发现了他的表演天赋。从此以后，陈佩斯一步步走上了成功之路。

作为一名大学生，应当提高求真务实的自觉性，把人生的理想和追求付诸实践，见诸行动，坚持讲实话、出实招、办实事和务实效。成功源于实干，祸患始于空谈。

五、高效

时间就是金钱，效率就是生命。——袁庚

效率是单位时间内完成的工作量。在如今飞速发展的时代，工作效率是企业的生存之本，也是员工的发展之本。在职场中打拼的每个人都要有“等不起”的紧迫感、“慢不得”的危机感、“坐不住”的责任感，要抓紧每一分钟，奋发图强，将宏伟蓝图一步步变成美好现实。

如何才能让自己高效率地完成工作，在芸芸众生中突出自己的工作能力呢？

一是制订计划。每日制作一个工作列表，把每日要做的工作按照轻重缓急排列。先处理紧急的工作，再处理重要的工作，最后处理轻缓的工作。

二是集中精力。工作时，一定要全身心投入，学会集中精力做一件事，而且做好这件事；切忌三心二意，那样只会捡了芝麻丢了西瓜，甚至每一件事都做不好。

三是简化工作。将简单的东西复杂化不是本事，将复杂的东西简单化才是能耐。当工作像山一样摆在面前时，不要硬着头皮干，首要任务是将工作简化，把面前的大山简化成一座座小山丘，然后按部就班地一点点搬走。这样不仅效率最高，而且最有成就感。

四是有紧迫感和危机感。工作中要时刻保持紧迫感和危机感，不断地提醒自己切忌有怠慢心理。

五是注意劳逸结合。人的体能是有限的，身心是需要调节的，不能一味地拼命工作。超负荷的工作只会降低效率，产生事倍功半的结果。此外，工作时要为自己保留弹性时间。

【案例启迪】

努力工作不等于高效率工作

约瑟夫和威廉是好朋友，他们同时被一家公司录用。在开始的半年里，他们一样努力，每天工作到很晚，最后都得到了总经理的表扬。可是半年后，约瑟夫从普通职员升到部门经理。而威廉却似乎始终被冷落，到现在还是一个普通职员。

终于有一天，心中不平的威廉向总经理提出了辞呈，并痛斥公司用人不公。总经理没有生气，他希望帮助威廉找到问题的关键。因为他知道威廉虽然努力工作但是效率不高，这也是他一直没有升职的原因。总经理微笑地看着他，忽然对威廉说："威廉先生，请你马上到集市上去看看今天有什么卖的。"威廉很快从集市上回来说："刚才集市上有一个农民拉了一车子土豆在卖。""一车大约多少袋，多少斤？"总经理问。威廉又跑去，回来说："有 10 袋共 100 斤。""价格是多少？"威廉再次跑到集市上。当威廉回来的时候，总经理对气喘吁吁的威廉说："休息一会吧，你可以看看约瑟夫是怎么做的。"

约瑟夫需要完成的是同样的事情，但是结果不大一样。他很快从集市上回来，并且向总经理汇报："到现在为止只有一个农民在卖土豆，有 10 袋共 100 斤，价格适中，质量很好，我带回几个给您看看。另外，这个农民还有几筐刚采摘的黄瓜，价格便宜，公司可以采购一些。我还把农民一起带来了，就在门口等着呢。"听完约瑟夫的汇报，总经理非常满意地点了点头。而这时，站在一旁的威廉也已经明白了一切，"这就是普通职员和部门经理之间的差别"。

作为一名大学生，应当把握时间，注重细节，追求效率。只有善于管理时间、把每个细节做好做透和讲究高效率学习与工作的人，才能在事业与生活上取得成功。

六、竞争

要成为领袖，无论从事什么行业，都要比竞争对手做得好一点。——李嘉诚

竞争是群体或个体间力图胜过或压倒对方的心理需要和行为活动。正当竞争是指建立在公平、善意、平等、自愿和诚实守信基础上的良性竞争，具有使人奋发进取、促进社会进步、提高劳动生产率的积极作用。

竞争是市场经济发展的重要机制，企业的生命力在于竞争。处于竞争日趋激烈的当今社会，任何一家企业都不可避免地面临竞争。在优胜劣汰的竞争法则面前，市场中的企业都是平等的，如何参与竞争并使自己在市场竞争中拥有优势，是企业能否取得成功的核心所在。

职业人经常处于竞争环境之中，是否具有健康的竞争心理对事业发展有着重要的影响。那么身在职场，应该如何应对竞争呢？

一是树立“人人都有成功机会”的观念。“天生我材必有用”，人的一生中充满了竞争，每个人都应以乐观向上的态度投入竞争。职业人要有强烈的获取成功的愿望，敢于突破传统的、保守的、惰性的习惯势力的束缚，善于抓住成功的机遇，勇于竞争，不怕失败。努力实现个人的成功，既是献身于事业的需要，也是个人价值和全面发展的体现。

二是在竞争中保持心理稳定。竞争既能让人克服惰性、满怀希望、蓬勃奋进，又能让人倍感压力、身心疲劳、心理失衡。有竞争，就有成功和失败。成功固然可喜，失败也能坦然面对；不争一时之长短，不困一时之迷惑。在这次竞争中失败了，并不表示在将来的竞争中也注定会失败；在这方面的竞争中失败了，并不说明你事事不如人。如果能从失败中吸取教训和增长知识，那么这种失败或许就是成功的起始。

三是在竞争中培养欣赏别人的气度。“天外有天，人外有人”，只看到自身的优点是不够的，要学会用欣赏的眼光去看待别人。当对手胜利时，要真诚地祝福他们，真心地为他们喝彩，同时在失败中反思自己并奋起直追。

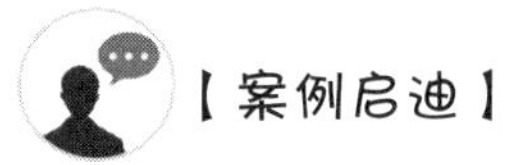

比竞争对手好一点点

北京大学毕业后卖猪肉的，陈生并不是第一个，但是把猪肉卖出北京大学水平，却只有“猪肉大王”广东天地食品集团董事长陈生一个。

有一次，他在广州一家菜市场买肉时，突然找到了灵感。他发现卖肉这个行业被人误解了，都以为是小买卖，不值得做，而且也不是什么体面的行业。他细细一

算，不由喜上眉梢：偌大的广州市场，一年至少几十亿的猪肉消费，竟没有一个响亮的“品牌”；全国一年消费6.3亿头猪，有一万亿的市场消费额，却没有一家像样的企业在做。

经过市场调查，他发现卖猪肉也有技术含量，不仅肥肉、瘦肉、排骨如何分割搭配决定了卖猪肉的多少和是否赚钱，而且市场定位也非常关键。虽然市场很大，可也不是一个人能独吞的。最后，他决定只为10%的人口服务，做最好吃的猪肉，做高档品牌的猪肉。

在吃了几十个地方的猪肉后，他选择了广西的土猪作为种猪。随后，他在家乡建设了“壹号土猪”养殖场，所有的猪都放养。最初两年，他开了110家“壹号土猪”连锁店；现在，仅广东地区就开了三百多家，营业额达到两亿元。28元一斤的“壹号土猪”虽然贵，但良好的口味和深入人心的形象仍然带来了特定的消费群体及可观的利润，“壹号土猪”迅速成为猪肉市场的第一品牌！

陈生说：“在市场竞争中，只要比主要竞争对手做得好一点点，其实就意味着机会。比如一直以来卖猪肉的都是光着膀子，而我的员工却穿上了带有品牌标志的衣服，不是更有竞争力了吗？事情其实就是这么简单。”

作为一名大学生，应当勇于竞争且善于竞争，遵循社会竞争规范和法则，公平竞争，并具有竞争的勇气、胆识、功底和才华，在竞争中能经受锻炼、增长才干、突破自己和超越他人。

七、协作

人们在一起可以做出单独一个人所不能做出的事业；智慧、双手、力量结合在一起，几乎是万能的。——韦伯斯特

协作是在目标实施过程中，部门与部门之间、个人与个人之间的协调与配合。协作各方为了实现共同的目标，充分利用组织资源，依靠团队力量共同完成某一项任务。协作应该是多方面的、广泛的，只要是一个部门或一个岗位所要实现的目标，必须得到外界的支援和配合，就会产生协作的内容，包括人员、资源、技术、信息等。因为协作可以集中力量在短时间内完成同样数量个人所难以完成的任务，所以整体成就高于个人努力的总和。

团队是个人职业成功的前提。在一个组织或部门之中，团队协作精神显得尤为重要。那么如何加强协作呢？一是将团队利益放在首位，意识到只有成就了团队才能成就自我，而团队利益的实现又依赖于成员的共识，把集体的事情当作自己的事情来对待；二是与团队成员建立信赖关系，重视团队成员在共同工作中的价值，强

调“我们”而非“我”，善于理解他人的想法与感受，真诚表达自己对他人的尊重和认可；三是与团队成员协同配合，既能高效率地完成自己所负责的工作，不给其他团队成员带来延误或困扰，又能在力所能及的范围内为团队成员提供支持和帮助；四是为团队建设献言献策，在团队成员提出咨询时，积极提供建设性意见，针对协作成果定期总结工作，共同修订计划，提高协作效率。

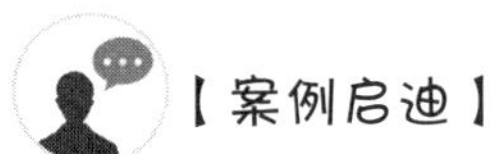

一个十分意外的理由

俞敏洪在北京大学上学的时候，每天都拎着宿舍的水壶去给同学打水。大家都习以为常了。有时候俞敏洪忘了打水，有人就说：“俞敏洪怎么还不去打水。”但是，俞敏洪并不觉得打水是一件多么吃亏的事情，因为彼此都是同学，互相帮助是理所当然的。

1995 年，新东方已经做到了一定规模，俞敏洪希望寻找合作者，结果跑到了美国和加拿大去寻找那些同学。俞敏洪为了诱惑他们回来还带了一大把美元，每天都非常大方地花钱，想让他们知道在中国也能赚钱。后来他们回来了，但是给了俞敏洪一个十分意外的理由。他们说：“俞敏洪，我们回来是冲着你过去为我们打了四年的热水。我们知道，你有一碗饭吃，肯定不会给我们粥喝。让我们共同干好新东方吧！”

作为一名大学生，应当善于协作，注重团队意识、团队精神、团队合作能力的培养，把自己融入团队并成为其中的优秀成员，通过团队的力量不断提升自我的竞争力。只有懂得竞争，才能更快取得进步；只有懂得协作，才能更快取得成功。

八、创新

非经自己努力所得的创新，就不是真正的创新。——松下幸之助

创新是指以现有的思维模式提出有别于常规或常人思路的见解，利用现有的知识和物质，在特定的环境中，本着理想化需要或为满足社会需求，而改进或创造新的事物、方法、元素、路径、环境，并能获得一定有益效果的行为。

在英文中，创新（Innovation）这个词起源于拉丁语，原意有三层含义：第一，更新；第二，创造新的东西；第三，改变。创新是以新思维、新发明和新描述为特征的一种概念化过程。

创新是人类特有的认识能力和实践能力，是人类主观能动性的高级表现，是推

动民族进步和社会发展的不竭动力。一个民族要想走在时代前列，就一刻也不能没有创新思维，一刻也不能停止创新发展。

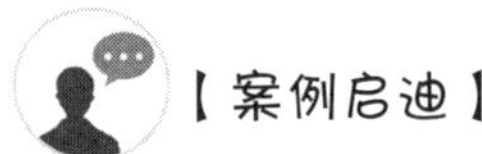

突破音频，一鸣惊人

“创业达人”是喜马拉雅联席 CEO 余建军身上最常被提及的一个标签。从西安交通大学毕业后，余建军一直在创业，但从未成功过。

2013 年 3 月，他与合伙人陈小雨创立了音频分享平台喜马拉雅，率先上线手机客户端。仅用了两年多时间，喜马拉雅手机用户规模已突破 2 亿，成为国内发展最快、规模最大的在线移动音频分享平台。

为什么会瞄上音频行业，余建军和陈小雨解释道：“一是因为觉得音频被低估了，虽然文字很方便，视频很生动，但问题是它们不够方便，你在走路、做家务时都没办法看东西，但是可以听；另一个原因是当时智能手机呈现出爆发式增长，人手一部智能手机的世界即将到来。”

喜马拉雅提出了专业用户生产内容生态战略，吸引了诸多自媒体大咖投身音频微创业，并在实践过程中开发出了一条主播生态链，让诸多草根主播通过平台孵化成为声音大咖。独特的专业用户生产内容生态战略让喜马拉雅至今已拥有二十多万位自媒体大咖和五百多万主播，他们共同创造了覆盖音乐、新闻、小说、汽车等 328 类过亿条有声内容。

开拓创新要有创造意识和科学思维：第一，要强化创造意识，培养敏锐发现问题的能力和敢于提出问题的勇气；第二，要善于大胆设想，要敢想、会想，要敢于标新立异；第三，要确立科学思维，培养发散思维、逆向思维、侧向思维和动态思维；第四，要有坚定的信心和意志，不断进取，顽强奋斗。

海归女回乡创业

2014 年 9 月 19 日，王淑娟收到马云的邀请，作为八位敲钟人之一见证了阿里巴巴在美国纽约证券交易所上市。她的事业是利用电子商务销售蜂蜜等农产品。

她出生于四川省广云市青川县，毕业于四川音乐学院音乐教育专业。汶川地震后，看到花菇、天麻、蜂蜜等土特产资源销路不畅而使农民“抱着金饭碗受穷”，她选择返回家乡。

王淑娟先创立了青川森花王氏蜂业和青川县川申农特产开发有限公司，注册了“青川王氏蜂业”网店，进入蜂蜜养殖销售行业。为了实现自身的转型和开拓青川农产品市场，2011年她专程去澳大利亚留学。在澳大利亚迪肯大学留学期间，王淑娟尝遍了当地和新西兰的蜂蜜，同时也学习了蜂蜜品牌文化、品牌价值的推广。回国后，在政府职能部门的帮助和指导下，她开始了新一轮的农业创业实践——推进农业产业化，实现立体经营“青川山珍”的梦想。

几年后，王淑娟和她的团队已初步建立了一个集农户、合作社、加工厂、开发公司于一体的现代化农业产业化企业。王淑娟确定的新目标是发挥团队优势和电子商务平台优势，加强合作社的推广力度和规模，并结合生态旅游做好文章。

作为一名大学生，应当勇于创新，积极参与和真诚投入创新活动、创业活动、创造活动，从创新视角思考学习与工作，打破惯性思维，敢于求变，通过提升创新能力来拓宽发展空间。

【本节提示】

我们每个人所做的工作，都是由一件件小事构成的。工作无贵贱之分，而思想境界却有高低之别。对待将要从事的工作，无论是否专业对口，我们都应处处以专业标准要求自己。把平凡的事情当成不平凡的事情去做，把不平凡的事情当成平凡的事情去做，这就是成功的起点。

【训练与思考】

1. 掌握以下概念：素养、职业素养、心理素养、思想政治素养、道德素养、科技文化素养、专业素养。

2. 什么是你的理想职业？做好理想职业需要具备哪些职业素养？

3. 职业素养的特征有哪些？职业素养主要包括哪些内容？职业素养可以改变吗？如果能改变，你愿意在哪些方面进行改变？

4. 作为一名大学生，如何培养自己的职业素养？利用所学知识，结合自身的优势与不足，制订一份职业素养养成计划。

第二章
职业道德

◆ **学习目标** ◆

1. 了解职业道德的概念、特征与作用；
2. 掌握社会主义职业道德的基本内容；
3. 确立提升职业道德修养的目标。

◆ 案例导入 ◆

华益慰，著名医学专家、中国人民解放军北京军区总医院主任医师、中华医学会外科学会常务委员。人们常说，“先做人后做事”。什么是做人？说到底，就是我们活在这个世界上必须坚守道德。华益慰就是一个坚守道德的人。在他身上，让人感受最深刻的就是他那种“以诚立德”“以才辅德”“以小积德”的精神境界。华益慰以德润身的行为值得我们学习。

以诚立德。就是为人诚实、守信、正直、坦荡，这也是立身做人的基本道德准则。华益慰从医 56 年，做过上千例手术，对待每个患者都一视同仁，精心救治。因为在他心里，病人只有病情轻重之分，没有高低贵贱之别。他医治过的病人不管是官员还是平民，对他都赞不绝口。从医生涯中，他始终坚持以诚待人，以德立身。

以才辅德。有句话说得好：“德为才之帅，才为德之辅。”华益慰有个比喻，他说：“饱满的谷穗永远低着头，而空虚的毛毛草却翘着头。人要做沉甸甸的谷穗，不要做轻飘飘的毛毛草。”一个想成就德业的人，就必须不断提高个人修养，在提高个人修养的同时，拓宽道德视域。华益慰精湛的医术和良好的品德告诉我们：才是德的依靠，德是才的升华。

以小积德。没有做好小事的勤奋耐心，没有做好小事的点滴积累，做大事就会成为空谈，华益慰在这方面就是很好的榜样。五十多年来，华益慰始终在细节方面为病人考虑，他从大处着想、小处着手为病人服务。他给病人看病时，总要了解病因以外的细节，力求从根本上治好病；他总是站在患者的角度考虑，尽量让病人少花钱……

华益慰在做人与立德这个人生大课题上给我们作出了很好的表率，让我们真真切切地感受到道德的光芒。

随着社会现代化程度的不断提高，市场竞争日趋激烈，整个社会对职业人的要求不仅仅局限于职业技能和专业水平，更侧重于职业态度、职业纪律、职业作风和职业行为等。职业道德对整个社会的风气和职业人的职业生涯发展都有举足轻重的作用。

本章主要介绍了职业道德的概念和特征、社会主义职业道德的基本内容、职业道德的培养等内容，使当代大学生能自觉增强职业道德意识，提升职业道德修养。

世界上唯有两样东西能让我们的内心受到深深的震撼，一是我们头顶浩瀚灿烂的星空，一是我们心中崇高的道德法则。——康德

第一节　职业道德概述

【导读】

2016 年 3 月，山东警方破获案值 5.7 亿元的非法疫苗案件。47 岁的庞某原是山东省菏泽市牡丹人民医院的一名药剂师，还曾在菏泽市经营防疫门诊，主要从事售卖疫苗、接种疫苗等工作。

2010 年以来，庞某与其医科学校毕业的女儿孙某，从上线疫苗批发人员及其他非法经营者处非法购入 25 种二类疫苗，未经严格冷藏存储运输销往全国。问题疫苗涉及安徽、北京、福建、甘肃、广东、广西、贵州、河北、河南、黑龙江、湖北、吉林、江苏、江西、重庆、浙江、四川、陕西、山西、山东、湖南、辽宁、内蒙古、新疆。此案中，庞某购入疫苗共计 2.6 亿元，销售金额 3.1 亿元，违法所得 5000 万元。

2016 年 4 月，经有关部门初步查明，此次非法疫苗案件涉及面广，性质恶劣，属于严重违法犯罪行为。这次事件除了暴露出疫苗质量监管和使用管理不到位、对非法经营行为发现和查处不及时等问题外，更凸显了道德在我们日常生活和职业过程中的缺失。

道德是一种社会意识形态，是人们共同生活及其行为的准则与规范。职业道德是指职业人在其特定的工作或劳动中所形成的行为规范的总和。职业道德的缺失，不仅会有损社会的风气，也会破坏行业的信誉，还会有碍个人的发展。

一、道德的概念与功能

（一）道德的概念

我国古代文献中，“道”一般是指事物发展变化的规律和法则。“天地大道”是指世间万物的普遍规律。“道”的客观性较强，主要指外在的规范要求；“德”的主观性较强，主要指人们内在的品质，如品行、人格等。

春秋战国时期，孔子提出了“道德”的概念。《论语·述而》中提出：“志于道，据于德。”意思是以道为志向，以德为根据。但是，把“道”与“德”联系起来并加以解释的是荀子。他在《荀子·劝学》中提出：“故学至乎礼而止矣。夫是之谓道德之极。”意思是一切都按“礼”的规定去做，才算达到了道德的最高境界。

具体来说，道德是由一定的社会经济关系所决定的，它以善与恶、正义与非正义、诚实与虚伪等为行为规范，依靠社会舆论的力量，使之成为人们的信念和习惯。它是调整个人与个人以及个人与集体之间相互关系的原则和规范的总和。

道德的概念包含了三层意思：第一，道德是一定社会经济关系的产物，并随着经济关系的变化而变化；第二，道德是以善与恶、好与坏、偏私与公正等为评价标准来调节人们之间的行为；第三，道德在调节行为时，通过社会舆论、信念和习惯等起作用。这三点充分反映了道德是一种特殊的意识形态，与政治、法律等其他社会意识形态都不同，显示了道德本身所具有的特殊性。

（二）道德的功能

道德在人类社会生活的各个领域和各种关系中，广泛地履行社会职能，发挥重要的社会作用。在人类社会生活中，道德的作用是十分广泛而明显的，主要功能有认识功能、调节功能、教育功能。

1. 认识功能

道德是对社会、自然及自身的客观反映。道德把现实社会中的现象、关系和行为，分为有利的和有害的、善的和恶的、正义的和非正义的，并在这种对立关系中认识和解释社会现实，让人们懂得什么是应该做的或不应该做的。因此，道德的认识功能主要是通过社会舆论的形式以及善恶、是非等观念的树立来发挥作用，并为社会经济发展服务。

2. 调节功能

调节功能是道德最主要和最重要的社会职能。道德以人们形成的善恶观念和一定的行为准则来评价、衡量和指导人们的行为，协调着人与社会、人与自然以及人与人之间的关系。在稳定社会秩序、调节利益关系方面，道德具有政治、法律所起不到的作用。需要注意的是，在社会生活中，道德的调节功能虽然是广泛的、重要的，但不是万能的。在不同的国家、不同的社会、不同的政治条件下，道德发挥作用的程度和范围是不同的。

3. 教育功能

人的道德品质不是生来就有的，必须经过后天培养，而人的道德培养又总是离不开社会、学校和家庭教育。道德的教育功能在于把一定的道德原则和规范注入社会、学校和家庭的日常教育中，进而变成个人的道德准则和社会的道德风尚。道德的教育功能一般是通过提高道德认识、陶冶道德情感、锻炼道德意志、确立道德信念和养成道德习惯来帮助人们分清善与恶、是与非，提高人们的精神境界，从而达到培养高尚道德品质、创造良好社会道德风尚的目的。

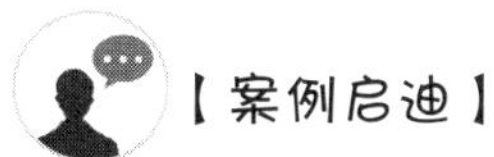

道德的馈赠

一百多年前的某天下午，在英国一个乡村的田野里，一位贫困的农民正在劳作。忽然，他听到远处传来了呼救的声音，原来是一名男孩不幸落水了。农民立刻放下了手中的农活，飞奔过去救人。最终，男孩得救了。

几天后，男孩的父亲亲自带着礼物登门感谢。这时人们才知道，这个男孩出身贵族家庭。面对丰厚的礼物，农民却拒绝了。在他看来，当时救人只是为了自己的良心，并不能因为对方出身高贵就贪恋别人的财物。

故事到这儿并没有结束。

男孩的父亲因为敬佩农民的善良与高尚，而且还没报恩，于是决定资助农民的儿子到伦敦接受更好的教育。农民接受了这份馈赠。因为家里太穷，儿子早就不上学了，能让自己的儿子继续回到学校是他多年来的梦想。

几年之后，农民的儿子从伦敦圣玛丽医学院毕业了。他品学兼优，后来被英国王室授勋封爵，并获得了1945年的诺贝尔医学奖。他就是亚历山大·弗莱明——青霉素的发明者。那名贵族公子在第二次世界大战期间患上了严重的肺炎，但幸运的是，依靠弗莱明发明的青霉素，他很快就痊愈了。这名贵族公子就是英国前首相丘吉尔。

人的一生往往会发生很多不可思议的事情，有时候我们帮助别人或感恩别人，可能冥冥之中就有轮回。

二、职业道德的概念与构成要素

（一）职业道德的概念

职业道德是指职业人在工作或劳动过程中应该遵循的、与其职业活动紧密联系的道德准则和行为规范的总和。职业道德是在社会长期发展中自然形成的，没有固定的形式，也没有实质的约束力和强制力，包括观念、习惯、信念等，通过职业人的自律来实现。它既是对职业人在职业活动中行为的要求，又是该职业对社会所负担的道德责任与义务。它是职业人在职业活动中形成的一种内在的、非强制性的约束机制。不同的职业会有不同的职业道德要求，但也有各行各业都必须共同遵循的、带有共性的职业道德，如爱岗敬业，忠于职守；艰苦奋斗，勤俭节约；遵纪守法，廉洁奉公；讲求质量，注重信誉；团结协作，互助友爱等。

（二）职业道德的构成要素

职业道德由意识性要素、规范性要素和行为性要素构成。其中，意识性要素是基础，规范性要素是核心，行为性要素是目的。

1. 意识性要素

职业道德的意识性要素是指职业人在职业活动中形成的职业道德观念、职业道德意志、职业道德情感等，它是职业道德的基础。职业道德观念是指职业人对职业活动中有关善与恶、美与丑、正义与非正义、高尚与卑贱等行为表现的主观认识；职业道德意志是指职业人在职业活动中坚守道德准则和履行职业道德义务所表现出的自觉克服困难和消除障碍的决心、毅力；职业道德情感是职业人对职业活动中道德关系和道德行为的爱憎、善恶等内心感受。

2. 规范性要素

职业道德的规范性要素是指职业人在职业活动中应遵守的道德准则的总和，包括职业责任、职业纪律、职业行为准则等。职业责任是指与特定职业的意义、价值、权利相关的社会义务；职业纪律从严格意义上讲，是一种带有行政强迫力的行为规范；职业行为准则包括道德准则（如工人守则、干部道德等）和操作规则两类，是职业道德要求的集中概括和表达。

3. 行为性要素

职业道德的行为性要素是指职业人在一定道德意识支配下或在一定职业道德规范影响下所发生的道德的或非道德的行为，包括职业行为方式和生活方式、职业作风、职业技能等。职业行为方式和生活方式是指职业人在职业活动中的劳动方式和在日常生活中的生活方式；职业作风是指职业人在其职业活动中所表现出的态度和习惯；职业技能是指职业人从事职业活动所必备的素质和能力。

三、职业道德的特征与作用

（一）职业道德的特征

1. 实践性与职业性

职业行为过程就是职业实践过程，只有在实践过程中才能体现出职业道德的意义。职业道德的作用是调整职业关系，对职业人在职业活动中的具体行为进行规范，解决现实生活中的道德冲突。因此，无论是从职业道德的形式还是作用来看，职业道德都具有一定的实践性。此外，职业道德不是简单地反映社会道德的要求，而是在特定的职业活动中，通过职业角色将社会道德具体地体现出来。每一种职业都担负着特定的职业责任和职业义务，从而形成不同的职业道德规范，因此职业道德也同样具有职业性。

2. 多样性与灵活性

职业领域的多样性决定了职业道德表现形式的多样性。职业活动是多种多样的，而每一种职业道德都是不同职业活动的道德要求，如教师要有师德、医生要有医德、商人要有商德等，因此职业道德具有多样性。此外，职业道德规范没有统一规定，会有灵活多样的形式，如制度、规章、守则、公约、誓词、保证、条例等。灵活多样的表现形式有利于职业人接受和执行不同的职业道德要求，形成不同的职业道德习惯。

3. 连续性与稳定性

职业道德是在长期的职业活动中形成的，与职业活动密切相关，因此职业的相对连续性和稳定性决定了职业道德的相对连续性和稳定性。在不同的社会发展阶段，同一种职业因服务对象、服务手段、职业责任、职业义务的相对稳定，其道德要求的核心内容会被继承，并逐渐形成某种稳定的职业心理和职业习惯，成为大众普遍认同的职业道德规范。如经商行业的“童叟无欺”、教师行业的“为人师表”、医务行业的“救死扶伤”“治病救人”等。

（二）职业道德的作用

职业道德与日常工作和生活息息相关，与社会发展密切相关，在某些方面丰富和深化了社会道德的内容。职业道德使人明确是非、善恶、荣辱，对价值观的确立、生活道路的选择、人生理想的形成都有重要的作用。

1. 调节职业过程中的内外关系，推动行业自身的发展

职业道德的基本作用是调节人与人之间的关系。一方面，职业道德可以调节职业活动中内部人员的关系，即运用职业道德规范约束内部人员的行为，促进内部人员的团结与合作，如职业道德规范要求各行各业的职业人都要团结互助和爱岗敬业；另一方面，职业道德又可以调节职业人和服务对象之间的关系，如职业道德规范要求营业员怎样对顾客负责、医生怎样对病人负责、教师怎样对学生负责等。

同样，各行各业职业人的职业道德修养是大到一个行业、小到一家单位发展的关键。良好的职业道德修养能使职业人有较强的责任意识和良好的行为规范，是单位制造合格产品和提供优质服务的有力保证。因此，职业道德可以推动行业自身的发展。

2. 提高社会的道德水平，促进社会良好风尚的形成

道德作为规范人们行为的准则，往往代表着社会的正面价值取向，具有引导、促

进人们向善的功能。法治作为强制性的手段，是对道德约束的补充和加强，但最终目的还是要实现道德约束。道德能使人们主动地遵守行为规范，法律只能使人们被动地接受制裁。因此，道德在规范人们行为和实现社会和谐中的作用无法被取代。

职业道德是整个社会道德水平的主要内容。一方面，职业道德不仅涉及每个职业人如何对待职业和工作，而且是每个职业人生活态度和价值观念的表现；另一方面，职业道德也是一个职业集体，甚至是一个行业全体人员的行为表现。如果职业人能自觉遵守职业道德规范，彼此相互帮助、相互支持，那么自然就会形成良好的社会关系和社会道德风尚。

3. 奠定个人职业发展的基础，促进个人的全面发展

随着社会的发展，职业道德在职业发展中所起的作用越来越突出。一个职业人能否立足于职场并获得长久的发展和认可，往往不在于他是否具有优越的客观条件，而在于他是否具备从事某一职业的道德规范。因此，良好的职业道德修养是职业人做好本职工作的基本保证，更是个人职业发展的核心动力，对个人的全面发展和人格升华具有极大的促进作用。

部分行业的职业道德规范

（一）教师职业道德规范

1. 关爱学生

教师必须关心爱护全体学生，尊重学生人格，平等公正对待学生；对学生严慈相济，做学生的良师益友；保护学生安全，关心学生健康，维护学生权益。

2. 教书育人

教师必须遵循教育规律，实施素质教育；循循善诱，诲人不倦，因材施教；培养学生良好品行，激发学生创新精神，促进学生全面发展；不以分数作为评价学生的唯一标准。

3. 为人师表

教师要坚守高尚情操，知荣明耻，严于律己，以身作则，在各个方面率先垂范，做学生的榜样，以自己的人格魅力和学识魅力影响学生；要关心集体，团结协作，尊重同事，尊重家长；自觉抵制有偿家教，不利用职务之便谋取私利。

4. 终身学习

终身学习是时代发展的要求，也是由教师职业特点所决定的。教师必须树立终

身学习理念，拓宽知识视野，更新知识结构；潜心钻研业务，勇于探索创新，不断提高专业素养和教育教学水平。

（二）财会人员职业道德规范

1. 爱岗敬业，遵纪守法

有强烈的事业心和责任感，严格遵守财经法规，不搞账外账，不做假账；努力钻研业务，对待工作兢兢业业，发扬主人翁精神，努力做好自己的本职工作。

2. 努力学习，积极进取

认真学习财会专业知识，学习国家有关的财经法律、法规、制度，如《中华人民共和国会计法》《中华人民共和国合同法》《中华人民共和国发票管理办法》等，努力提升专业技能。

3. 坚持原则，掌握政策

掌握国家有关的财经法律、法规、规章和国家统一的会计制度，严格按照规章制度办事，做到会计专门方法运用恰当、成本费用及损益核算准确和资产负债权益反映真实，保证会计信息的合法性、真实性、准确性、及时性与完整性。

4. 开阔视野，勇于创新

积极参与单位的管理和决策，为提高单位经济效益出谋划策，勇于创新，不断改革，不断修订、补充和完善管理制度，推进财会工作形成制度化。

（三）医务人员职业道德规范

1. 同情尊重，一心赴救

理解、体谅病人的病痛，并给予全力的解救；尊重病人的人格，排除干扰、全力以赴地救死扶伤；面对病人，切不可熟视无睹，无动于衷，麻木不仁，冷若冰霜。

2. 平等相待，一视同仁

不分高低贵贱，对待病人一视同仁。那种蔑视病人以及利用职权搞不正当交易、谋取私利的行为，绝对是违背社会主义医德规范的，会遭到广大公众的抵制和谴责。

3. 举止端庄，保守医密

在与病人交流中，要文明礼貌，举止文雅，端庄可亲；为病人保守病情“秘密”，不随处传播扩散；不利用工作之便，侵害病人的权益。

4. 钻研业务，精益求精

必须认真钻研医学技术，对技术精益求精，勇于攻克疑难病症，积极进行革新创造，不断开拓医学新领域，更好地保障人民的生命健康。

（资料来源：尹凤霞．职业道德与职业素养［M］．北京：机械工业出版社，2012.）

【本节提示】

职业道德是指职业人在工作或劳动过程中应该遵循的、与其职业活动紧密联系的道德准则和行为规范的总和。职业道德由意识性要素、规范性要素和行为性要素构成，意识性要素是基础，规范性要素是核心，行为性要素是目的。职业道德具有实践性与职业性、多样性与灵活性、连续性与稳定性。职业道德使人明确是非、善恶、荣辱，对价值观的确立、生活道路的选择、人生理想的形成都有重要的作用。

行业尽管不同，天才的品德并无分别。——巴尔扎克

第二节　职业道德的基本内容

【导读】

北京菜市口百货股份有限公司（以下简称“菜百”）党总支书记、董事长赵志良，荣获全国劳动模范、首都十大道德模范等称号。赵志良始终把“诚信才是发展的根本”作为立身创业的重要信条，带领员工励精图治、创业发展，把一个效益低下的百货商场发展成年销售收入35亿元的黄金珠宝专营公司，在商海中书写了一部诚信兴店的传奇。

为了让老百姓买得放心，赵志良下足了功夫。比如每件“菜百”首饰都实行第三方检测制度，即所有首饰都经过国家级检验机构的检测，对钻石、珠宝饰品出具有法律依据的证书，对贵金属出具防伪标志。尽管每年的检测费高达上百万元，但是为了确保商品质量，这项制度在他的坚持下从未间断过。另外，“菜百”率先向消费者公布国际金价和上海黄金交易所的金价，让消费者及时了解和掌握商品价格。除了硬件达标，“菜百”的每位员工都是黄金珠宝界的“专家”。“我们的员工要替顾客把好首道关，所以必须是行家，为此‘菜百’与中国地质大学联合举办珠宝大专班。”赵志良说，“我们的金饰采用国库用金，自己有设计团队，直接给厂家下订单，保证产品质量。”在赵志良的带领下，一系列创新应运而生。他率先在全市承诺“进价实、标价实、售价实”；率先成立了第一家首饰售后服务中心，实行一站式服务；率先实行黄金首饰以旧换新业务……如今，“诚信经营才是硬道理”挂在每个“菜百”人的嘴边。

社会主义职业道德是我国所有职业人在职业活动中应该遵循的行为准则，是各行各业职业人必须遵守的行为规范，它涵盖了职业人与服务对象、职业与职业人、职业与职业之间的关系。社会共同的道德准则与职业道德的核心规范，使社会主义职业道德有了相对独立的道德体系，其主体部分包括三个层次：最高层次是社会主义职业道德的核心——为人民服务；第二层次是各行各业都应当遵守的五项基本规范——爱岗敬业、诚实守信、办事公道、服务群众、奉献社会；第三层次是各行各业

具体的职业规范。

2001 年 9 月，中共中央批准印发的《公民道德建设实施纲要》中明确指出：要大力倡导以爱岗敬业、诚实守信、办事公道、服务群众、奉献社会为主要内容的职业道德，鼓励人们在工作中做一个好建设者。因此，现阶段我国各行各业普遍适用的职业道德的基本内容是爱岗敬业、诚实守信、办事公道、服务群众、奉献社会。

一、爱岗敬业

爱岗是指热爱自己的工作岗位，并尽职尽责、尽心尽力地做好本职工作；敬业是指敬重自己所从事的职业，以恭敬谦和、认真负责的态度对待自己所从事的职业。通俗地说，爱岗敬业就是热爱本职工作，在工作岗位上认真做事，满腔热忱，精益求精，有崇高的工作使命感以及强烈的事业心和责任感。

爱岗敬业是社会主义职业道德的基本要求，是社会主义职业道德建设的首要环节，是职业人是否具有职业道德的重要标志。爱岗与敬业是紧密联系在一起的，两者互为前提且相辅相成，是对职业地位、职业价值、职业责任感和职业荣誉的深刻认识和践行。爱岗是职业道德的基础，敬业是职业道德的核心。爱岗敬业作为一种职业精神，是职业活动的灵魂，是职业人安身立命之本。

爱岗敬业就要做到乐业、勤业、精业和实业。乐业就是喜欢自己的专业，热爱自己的本职工作；勤业就是勤奋、刻苦、认真地学习专业知识，钻研自己的工作和业务；精业就是不断提高自己的专业技术、业务水平；实业就是依靠科学，实事求是，对本职工作一丝不苟，有严格的务实精神。此外，还要不断强化岗位职责，树立正确的职业态度和职业理想，拥有强烈的职业责任感。

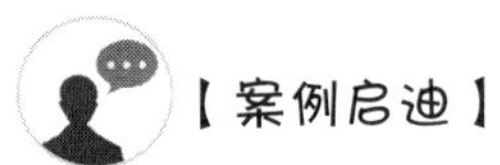

感动中国的邮递员

王顺友，男，中共党员，是四川省凉山彝族自治州木里藏族自治县邮政局的一名投递员。1985 年参加工作至今，他一直从事木里县城至白雕、三角垭、倮波乡的马班邮路投递工作，邮路往返里程 360 千米。一个月投递两班，一个班期为 14 天。2007 年，他送邮行程超过 26 万千米。

王顺友负责的马班邮路，山高路险，气候恶劣，一天要经过几个气候带。他经常露宿荒山岩洞、乱石丛林，经历了被野兽袭击、意外受伤乃至肠子被骡马踢破等艰难困苦。他常年奔波在马班邮路上，一年中有 330 天左右在大山中度过，无法照顾多病的妻子和年幼的儿女，没有向组织提出过任何要求。他视邮件为生命，从未丢失过一封邮件。为了保护邮件，他曾勇斗歹徒，不顾个人安危跳入冰冷的河水中抢捞邮件。他吃苦不言苦，饿了就吃几口糌粑面，渴了就喝几口山泉水，自编自唱山歌，独自走在艰苦寂寞的崎岖邮路上。为了能把信件及时送到群众手中，他宁愿在风雨中多走山路，改道绕行方便沿途群众，从未延误过任何一个班期。他还热心为群众传递科技信息和致富信息，为群众购买优良种子。为了给群众捎去生产生活用品，他甘愿绕路、贴钱和吃苦，受到群众的交口称赞。

二、诚实守信

诚实即忠诚老实，是指忠于事物的本来面貌，不歪曲、窜改事实，不隐瞒自己的真实思想，不掩饰自己的真实感情，不说谎，不作假，不为不可告人的目的而欺瞒别人。守信是指讲信用，讲信誉，信守承诺，忠实于自己承担的义务，答应别人的事一定要完成，不失信，不违约。

诚实和守信是紧密联系在一起的。诚实中蕴含着守信的要求，守信中又包含着诚实的内涵。诚实守信不仅是为人处世的基本准则，也是中华民族崇尚的传统美德。诚实守信不仅作为一种社会道德要求存在着，也作为职业道德中的一项基本要求存在着，它对职业人的思想和行为起着重要的引导和规范作用。

要做到诚实守信，最关键要做到言行一致，知行统一，即语言和行动、认识和行为的高度统一。它要求职业人以客观公正的态度面对事物，强调事物的客观性和真实性；它要求职业人做到真实无欺，在职业过程中遵守公平竞争的原则；它更要求职业人在日常生活中要遵守自己的诺言，言必行，行必果，不能说一套做一套。

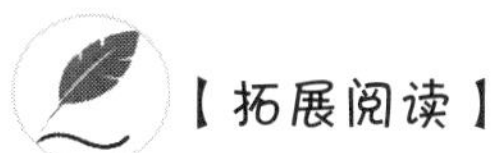
【拓展阅读】

商鞅立木建信

令既具未布，恐民之不信，乃立三丈之木于国都市南门，募民有能徙置北门者予十金。民怪之，莫敢徙。复曰：“能徙者予五十金！”有一人徙之，辄予五十金。乃下令。令行期年，秦民之国都言新令之不便者以千数。于是太子犯法。卫鞅曰：“法之不行，自上犯之。太子，君嗣也，不可施刑，刑其傅公子虔，黥其师公孙贾。”明日，秦人皆趋令。行之十年，秦国道不拾遗，山无盗贼，民勇于公战，怯于私斗，乡邑大治。

译文：

法令已详细制定但尚未公布，商鞅怕百姓不信任，于是在国都的集市南门立下一根长三丈的木杆，下令说有百姓能把木杆搬移到北门的就赏十两金子。百姓们感到此事很古怪，没人敢动手搬移木杆。商鞅又说："能搬过去的赏五十两金子。"于是，有一个人半信半疑地搬着木杆到了北门，立刻获得了五十两金子的重赏。这时，商鞅才下令颁布变法令。变法令颁布的第一年，秦国百姓前往国都控诉新法使民不便的数以千计。这时太子也触犯了法律。商鞅说："新法不能顺利施行，就在于上层人士带头违犯。太子是国君的继承人，不能施以刑罚，便将他的老师公子虔处刑，将另一个老师公孙贾脸上刺字，以示惩戒。"第二天，秦国人听说此事，都遵从了法令。新法施行十年，秦国出现路不拾遗、山无盗贼的太平景象，百姓勇于为国作战，不敢再行私斗，乡野城镇都治理得很好。

三、办事公道

办事公道是在爱岗敬业、诚实守信的基础上提出的更高层次的职业道德要求。办事公道是指职业人在办事情处理问题时，特别是掌握一定权力的各级干部，应当在本职工作中廉洁自律、秉公办事和公正待人，把各种规章制度、法律法规作为自己行为的准则和依据。职业人在处理各种职业事务时，要站在公平公正的立场上，按照同一标准和同一原则办事，对不同的服务对象要一视同仁，不因职位高低、贫富亲疏而区别对待。

办事公道要坚持公平、公正、公开的原则。第一，要热爱真理，客观公正。要以科学真理为标准，保持正确的是非观，自觉提高个人的判断力，做到客观公正。第二，要反腐倡廉，公私分明。要不贪图私利，廉洁无私，正确认识和处理个人和集体、个人和社会之间的关系。第三，要照章办事，平等待人。按原则办事是办事公道的具体体现，比如在对待职业服务对象的态度上，要一视同仁，遵章办事，服务到位。

不做违法的事

有一家大公司要招一名财务总监，前来面试的人很多，经过层层选拔，最后只剩下3个人。这3个人的能力不相上下，这让招聘负责人不知该选何人，于是请示了老板。老板让负责人问每一位应聘者同样的问题："你要怎样才能帮公司逃掉200万元的税？"

第一位应聘者思忖良久，小声地说如此这般做些手脚一定不会被发现的。第二位应聘者干脆在纸上给面试官演示了一番曾成功逃税的方法。招聘负责人点了点头，但什么也没说，只是让他们回家等通知。

听完这些答案后，轮到最后一位应聘者时，负责人问了同样的问题。应聘者听完一愣，他沉吟了一会儿，然后问："您确定要这样做吗？"面试官点了点头。应聘者起身说道："对不起，先生，我不能帮您做违法的事。"说完，向门口走去。

这时，面试官站起来冲他笑着说："先生，请留步，您是我们见过的应聘者中最有原则的。祝贺您通过了最后的考试，欢迎您的加入！相信您能把公司的工作做得非常出色。"

（资料来源：学习型员工·素质工程教研中心．素养比能力更重要［M］．北京：企业管理出版社，2016.）

四、服务群众

"服"是指承担，担当；"务"是指从事，致力。服务群众是指全心全意为人民服务，包含两个层次：第一，要做到热情周到，对群众要主动、热情、耐心，服务细致周到，勤勤恳恳；第二，要以群众的利益为出发点和落脚点，切实为群众着想，努力满足群众需要，虚心听取群众意见，全心全意为群众谋福利。

服务群众揭示了职业与群众的关系，指出了职业人的主要服务对象是人民群众。服务群众是职业行为的本质，是社会主义道德建设的核心在职业活动中的具体运用。服务群众事关党的宗旨和先进性的体现，事关社会主义和谐社会的构建。各行各业职业人在职业活动中的主要服务对象是人民群众，职业活动如果偏离了这一宗旨，就从根本上违背了社会主义职业道德。

首先，要有服务群众的意识，急群众之所急，想群众之所需；其次，要有服务群众的能力，推行服务制度，提高服务质量，探索长效机制；最后，要有服务群众的作风，经常深入群众，与群众交朋友，了解他们的想法，关心他们的困难。人与人之间是相互服务的，职业人作为群众的一员，既是别人服务的对象，又是为他人服务的主体。因此，各行各业的职业人都要有服务群众的意识。只有每个人都有服务他人、助人为乐的意识，广大人民群众才能全都受益。

努力造就一支忠诚干净担当的高素质干部队伍

五、奉献社会

奉献社会是指职业人在自己的工作岗位上树立奉献社会的职业精神，并通过兢兢业业的工作，自觉为社会和他人作贡献。当社会利益与局部利益、个人利益发生冲突时，能够把自己的知识、才能和智慧等毫无保留地、不计得失地贡献给社会，这是职业人的最终目标，是一种大公无私的奉献精神。

奉献社会是集体主义的最高表现，是社会主义职业道德的最高境界和最终目的。奉献社会是社会进步的需要，是实现人生价值的途径。与爱岗敬业、诚实守信、办事公道、服务群众相比，奉献社会是职业道德的出发点和归宿。同时，奉献社会是一种人生境界，是一种融在一生事业中的高尚品德。

奉献社会要求职业人有高度的社会责任感，为国家和社会发展尽一份心、出一份力。首先，要勤勉务实地学习文化知识和科学技术，不断提高职业技能；其次，要不求索取，不计个人得失，勇于牺牲小我；最后，不仅要有崇高的信念，更要有明确的行动，切实把奉献社会的精神和具体行动结合起来，以积极的行动回报社会。

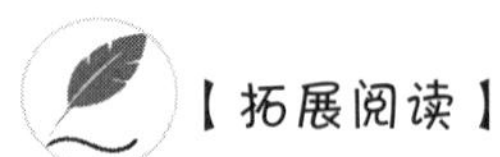

工作到生命最后一刻

2016 年 8 月 2 日，电视剧《马兰谣》在央视一套首播。该剧以中国工程院院士、我国爆炸力学和核试验工程领域的著名专家林俊德的事迹为原型，真实讲述了他朴素的人生和生命最后八天壮举的故事。

林俊德扎根大漠戈壁 52 年，参加了我国全部核试验任务，为国防和军队现代化建设作出了卓越的贡献。大学毕业后，他被分配到国防科委下属的某个研究所，开始从事核试验研究。由于核爆炸具有极大的破坏性，测量仪器研制一直存在很大的难度。林俊德根据当时的实际情况，独立制作了钟表式压力自记仪，为测量核爆炸冲击波参数提供了完整可靠的数据。

2012 年 5 月 4 日，他被确诊为胆管癌晚期。为了不影响工作，他拒绝手术和化疗。5 月 26 日，因病情突然恶化，他被送进了重症监护室。醒来后，他强烈要求转回普通病房，他说："我是搞核试验的，一不怕苦，二不怕死，现在最需要的是时间。"林俊德住院期间，整理移交了一生积累的全部科研试验技术资料。5 月 31 日上午，身体极度虚弱的林俊德向家人和医护人员提出要下床工作。于是，病房中便出现了震撼人心的一幕：病危的林俊德，在众人的搀扶下，走向数步之外的办公桌，开始了一生最艰难也是最后的冲锋……

临终前，林俊德交代："死后将我埋在马兰。"马兰，一种在"死亡之海"罗布泊中仍能扎根绽放的野花。坐落在那里的中国核试验基地，就是以这种野花命名的。

"干惊天动地事，做隐姓埋名人"，林俊德院士为此坚守一生。但从那一刻起，他再也不用隐姓埋名，因为"林俊德"这三个字早已镌刻在我国国防科技和武器装备建设的丰碑上。

【本节提示】

社会主义职业道德是具有相对独立性的道德体系，其主体部分包括三个层次：最高层次是社会主义职业道德的核心——为人民服务；第二层次是各行各业都应当遵守的五项基本规范——爱岗敬业、诚实守信、办事公道、服务群众、奉献社会；第三层次是各行各业具体的职业规范。社会主义职业道德是我国所有职业人在职业活动中应该遵循的行为准则，是各行各业职业人必须遵守的行为规范。

修合无人见，存心有天知。——北京同仁堂

第三节 职业道德的培养

【导读】

几年前，有个年轻人大学毕业后就去英国留学了。因为家境并不是很富裕，所以他的留学生活也比较艰苦，生活上总是能省一点是一点。渐渐地，他发现当地的车站几乎都是开放式的，不设检票口，也没有检票员。他依靠自己掌握的知识，精确地估算了因逃票而被查到的概率大约为万分之几。从此之后，他便经常逃票，还给自己找了一个冠冕堂皇的理由：自己是一个穷学生，没什么钱，能省一点是一点，等我有钱了，就一定不会逃票了。

几年过去了，名牌大学的博士文凭和优秀的学业成绩让他踌躇满志。他知道当地有很多公司都在积极地开发亚太市场，所以他频频向一些跨国公司推销自己。然而，结局却是他始料未及的……

刚开始的时候，这些公司都对他热情有加，并且在面试的过程中屡次赞赏他的才干和能力，暗示他将会被录取。然而数日之后，他接到的电话却都是婉言相拒。对此，他感到莫名其妙。一次次的失败，使他越来越沮丧，他不知道自己哪里出了问题。为了找到自己被拒绝的原因，他写了一封措辞诚恳的邮件，并发送给了最近刚面试过的那家公司，恳请人事部经理告知不予录用的理由。

晚上他便收到了对方的回复，信中这样写道："赵先生，很抱歉我们没有合作的机会，在此我需要声明一点，对您我们没有任何的歧视，相反，我们很重视和欣赏您的能力与才干。因为我们公司一直在开发中国市场，所以非常需要一些优秀的本土人才来协助我们完成这项工作。老实说，从工作能力上看，您就是我们所要找的人。遗憾的是，我们查了您的信用记录，发现您有 3 次乘车逃票被处罚的记录。我们认为此事至少证明了两点：第一，您不尊重规则；第二，您不值得信任。我们肯定您的能力，但不能认同您的品质。所以，本公司不敢贸然地录用您，请见谅。"

直到此时，他才如梦初醒，懊悔不已。他忽然想起了一句话：道德常常能弥补智慧的缺陷，但智慧却永远填补不了道德的空白！痛定思痛，他决定重新找回自己的品质。第二天，他就起程回国了。

回国后，他摒弃了自己的高学历，从基层做起，诚实勤恳、尽职尽责地将工作做到完美。不到四年，他就连升几级，成了集团分公司的副总。他对下属的忠告就是：人品是能力的前提与基础，一个人的能力很重要，但一个人的人品更重要。

（资料来源：学习型员工·素质工程教研中心 . 素养比能力更重要［M］. 北京：企业管理出版社，2016.）

一、职业道德对大学生的意义

（一）职业道德对大学生的重要性

1. 有助于提高大学生的道德境界

职业道德的实质就是职业人自身道德素养在职业过程中的体现，良好的职业道德素养必然会无形中提升大学生在日常学习和生活中的道德境界。同时，职业活动从多方面影响着职业人的道德心理倾向，影响着职业人的生活目标的确立和人生道路的选择，并在一定程度上影响着职业人的人生观和道德理想。

2. 有利于促进大学生的职业发展

职场中，职业人是否能发挥能力、展现才华、实现事业的成功和自身的全面发展，往往不在于他是否具有优越的客观条件，而在于他是否具有良好的职业道德素养。良好的职业道德素养会增强职业人的责任感和主人翁意识，会让职业人努力钻研业务，充分发挥自身的劳动积极性、主动性和创造性，提高职业人的工作能力和工作效率。

职业活动中的失职、懒惰、自私、虚伪等行为，往往能使职业人碌碌无为，甚至身败名裂；而职业活动中的尽职尽责、廉洁奉公、诚实公道等行为，则能使职业人在成才和事业的道路上不断前进。因此，职业道德的培养有助于促进大学生在校期间的成才与发展，有助于大学生走上社会后迈出成功的第一步。

（二）职业道德对大学生的必要性

职业道德对于大学生的发展十分必要，但是目前有些大学生的职业道德现状不容乐观，主要表现为敬业精神缺乏、诚信意识淡薄、公平理念消退、服务意识匮乏、奉献精神不足等。本书以敬业精神缺乏、诚信意识淡薄和服务意识匮乏为例加以具体说明。

1. 敬业精神缺乏

有些大学生在就业后表现出敬业精神缺乏的现象，比如有的大学生频繁跳槽，缺乏实干、苦干精神，对现有的工作不满意，缺乏工作热情，不愿从基层小事做起，而是“这山望着那山高”，眼高手低；有的大学生工作中缺乏责任感和事业心，不遵守规章制度和工作纪律，自由散漫，失职渎职。一名大学生，如果缺乏敬业精神，那么不仅是个体精神的损失，更是正确价值观的缺失，必将无法承担新时代赋予的工作使命与责任。

2. 诚信意识淡薄

诚实守信应该是每一个职业人必备的基本道德品质，但是有些大学生在校期间却时而出现诚信意识淡薄的行为，比如考试作弊现象屡见不鲜等。尽管每所高校每逢考试都会对考场纪律反复强调，但有些大学生总会抱着投机、侥幸心理，考试作弊，归根到底就是诚信意识的缺失。此外，有些大学生刻私章敲晨跑卡、网购病假单、抄袭论文、故意拖欠学费、制造虚假简历信息等，这些都是当代大学生诚信意识淡薄的恶劣表现。

3. 服务意识匮乏

有些大学生在校期间及进入社会职场后普遍存在服务意识匮乏的现象，具体表现有以下三点：一是在一些与自己无关的小事情上表现出能逃则逃、能不做则不做的心态；二是没有树立服务他人的意识，认为他人对自己好是应该的，认为服务他人、服务班级、服务团队只是班干部和少数热心人的事情；三是没有塑造正确的服务观念，受传统观念的影响，就业时热衷于白领、金领等社会地位相对较高的工作，而把服务行业看作不体面的工作。他们既看不起服务行业，又存在不需要服务他人的错误观念，久而久之，影响了服务意识的塑造与职业道德的养成。

二、职业道德的培养

培养职业道德的核心主体是大学生自身，只有牢记职业道德的重要意义，才能加强职业道德培养的自觉性和主动性。培养大学生的职业道德应注重以下几方面。

（一）树立正确的职业价值观，提升自身的道德修养

1. 树立正确的职业价值观

价值观是指一个人对客观事物以及对自己行为结果的意义、作用、重要性的总体评价和看法。价值观会通过人们的行为取向及对事物的评价、态度反映出来，是世界观的核心，是驱使人们行为的内部动力。职业价值观是价值观在职业问题上的反映，影响着职业人就业方向和具体职业岗位的选择，是职业人对与工作有关的客观事物的意义、作用、重要性的总体评价和看法。

价值观和职业价值观对人们的生活和事业有着重要的影响。价值观决定人们的自我认识，它直接影响和决定了一个人的理想、信念和生活目标，对人们自身行为的选择和调节起着非常重要的作用。同样，职业价值观的树立对于职业人在职业活动中职业道德的选择起着基础作用，它体现了职业人真正想从工作中得到什么，决

定了职业人对工作的相对稳定的、内在的追求，对于个体职业的追求和职业行为的选择起着方向引导及动力维持的作用。

要树立正确的职业价值观，就要学会主动接受职业道德教育，学习先进模范事迹。职业道德教育不仅能让大学生在校期间了解职业道德规范，掌握职业道德知识，而且能进一步加深大学生对职业道德的理解和思考。通过职业道德教育，可以使大学生的价值目标和利益追求遵循职业利益和社会利益的发展要求，从而提高大学生的职业道德修养，提升大学生的职业道德境界。同时，在现实的职业活动和新闻报道中也有许多先进榜样，他们在各自的岗位上表现出高尚的职业道德品质和素养，有着强烈的责任心和崇高的思想境界。榜样的力量是无穷的，学习他们的高尚品德能够提高自己的职业道德水平。

2. 提升自身的道德修养

道德修养是人的道德活动形式之一，是指个人为实现一定的理想人格而在意识和行为方面进行的道德上的自我锻炼。一个人在日常生活中拥有良好的道德修养，在职业行为中必然也能展现良好的职业道德修养，比如具有正确的职业道德意识和良好的职业道德行为等。因此，道德修养是职业道德的重要核心和内在源泉。

道德修养是我国源远流长的历史传统。孔子提出了“修己以敬”“修己以安百姓”的理论，并强调“内省”，要求每日“三省吾身”。孟子认为，人们经过坚持不懈、诚心诚意的自我修养，就可以产生一种“至大至刚”的“浩然正气”，达到“富贵不能淫，贫贱不能移，威武不能屈”的道德境界。除此之外，中国古代的道德传统有“四维”和“五常”，“四维”即礼、义、廉、耻，“五常”即仁、义、礼、智、信。这些道德传统不仅是中华民族世代相传的中华传统美德，而且有助于个人在学习其精神要义时加强自身的道德修养。因此，在加强自身道德修养的过程中，要汲取优秀的中华传统文化。

道德修养是一个人整体统一的个人素养，它除了包括职业道德，也包括社会公德和家庭美德。社会公德是指在社会交往和公共生活中公民应该遵守的道德准则。在人与人之间关系的层面上，社会公德主要表现为举止文明和尊重他人；在人与社会之间关系的层面上，社会公德主要表现为爱护公物和维护公共秩序；在人与自然之间关系的层面上，社会公德主要表现为热爱自然和保护环境。家庭美德是每个公民在家庭生活中应该遵循的行为准则，包括尊老爱幼、男女平等、夫妻和睦、勤俭持家、邻里团结等基本规范。学会遵守社会公德和培养家庭美德，以提高个人整体的道德修养水平，那么职业道德修养必然也会随之加强。

（二）自觉遵守职业纪律，培养良好的职业习惯

1. 自觉遵守职业纪律

《中华人民共和国劳动法》（以下简称《劳动法》）第一章第三条规定：劳动者应

当完成劳动任务，提高职业技能，执行劳动安全卫生规程，遵守劳动纪律和职业道德。职业纪律是指劳动者在从业过程中必须遵守的从业规则和程序，它是保证劳动者执行职务、履行职责、完成自己承担的工作任务的行为规则。纪律是一种行为规范，但它是介于法律和道德之间的一种特殊行为规范。它既要求人们能自觉遵守，又带有一定的强制性。也就是说，它兼有行政规范强制性和道德规范感召性的双重特征。

遵守职业纪律就是要在职业过程中守纪守规，如遵守时间，按时出勤；认真学习岗位规范，明确岗位职责；保守商业秘密，维护企业利益等。

同样，大学生在校园学习期间要遵守校纪校规。只有在校园学习期间养成遵守校规校纪的习惯，才能在走上工作岗位后自觉地遵守岗位的规章制度和纪律。相反，如果在校园学习期间就养成了自由散漫的行为习惯，那么在职业过程中也就不能遵守职业纪律。

2. 培养良好的职业习惯

培养良好的职业习惯是职业道德建设的重要组成部分。俄罗斯教育家乌申斯基说："好习惯是人在神经系统中存放的资本，这个资本会不断地增长，一个人毕生都可以享用它的利息。而坏习惯是道德上无法偿还的债务，这种债务能以不断增长的利息折磨人，使他最好的创举失败，并把他引到道德破产的地步。"习惯一旦形成，就难以改变，所以我们要培养良好的职业习惯。

如何培养良好的职业习惯呢？除了要遵守职业纪律、明确岗位职责、端正工作态度外，更要加强自我管理，如心态的管理、目标的管理、时间的管理等。在职业活动中，一味被动地遵守职业纪律仅仅属于低级阶段。在遵守职业纪律的基础上，循序渐进地认识和领悟职业的社会价值，从而逐步养成良好的职业习惯，完成从外界束缚到内在转化的过程，才是职业与人生的双重升华。同时，培养良好的职业习惯需要较长的时间。在社会生活中要从大处着眼，从小处入手，从一点一滴做起，从身边的小事做起，勿以恶小而为之，勿以善小而不为，积小善以成大德。

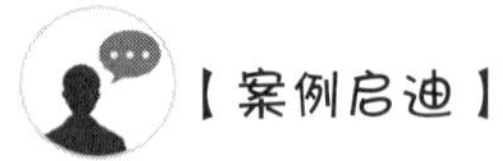

富兰克林的13项做人原则

1728年，富兰克林为自己制定了13项做人原则，这13项做人原则是他成为一世伟人真正的关键。具体内容如下：（1）自制：自我克制，不放纵自己。（2）慎言：不说无益的废话，留心自己与人沟通的方式。（3）秩序：充分利用时间，每件事情都要安排好时间。（4）坚定：该做的事必须去做，既然要做就一定要做好。（5）节俭：

花钱要对人对己有利，不可浪费。（6）勤勉：不浪费时间，做有用的事情，力戒无益的行动。（7）诚实：不以骗术待人，思想要存有良知，说话亦如此。（8）公正：不做损害别人的事，要做对人有益的事，这是一项义务。（9）宽容：以德报怨，别人冒犯你时要善于容忍。（10）整洁：不允许身体、衣物不清洁，注重个人形象。（11）平静：不为小事或寻常之事或不可避免之事而惊慌失措。（12）忠贞：对家庭、妻子保持忠实，对朋友保持忠心。（13）谦虚：仿效耶稣和苏格拉底。

富兰克林的目的是要将这些做人原则培养成好习惯，他的方法是在一段时间里只专注于一项原则的修炼，当把这一项原则养成习惯后，再对另一项原则加以培养，如此长久地进行下去，直到他能实践全部原则为止。这 13 项原则，富兰克林一生都在始终不渝地坚持，也因此成就了他伟大辉煌的一生。

（资料来源：王笑东．富兰克林的 13 项做人原则［M］．北京：中国档案出版社，2003.）

（三）积极参加职业实践活动，追求“慎独”的精神境界

1. 积极参加职业实践活动

职业道德的原则和规范都是从实践中产生和完善的。积极参加职业实践活动，在实践中锻炼自己，坚持知行统一，这是提升职业道德修养的根本途径和有效方法。“知”是指在职业实践活动中，通过总结经验和教训而获得的正确认识。“行”是指社会实践，即人们改变客观世界的一切活动。每一个职业人在提高认识的同时，必须进一步将认识转化为自己的信念和行为动机，并自觉以正确的认识去指导自己的行动，真正做到言行一致，身体力行，这就是知行统一。积极参加社会实践活动，走出校园，运用自己的知识和技能为群众提供服务。这种服务既能增强自己的社会责任感，又能强化自己的集体主义意识和奉献精神。

只有联系具体的职业实践活动，才能更深刻地认识和体会到职业道德修养的内涵，才能更好地激发敬业精神，树立乐业态度，落实勤业行为。在实践中加强自我教育，更容易使大学生把一定的道德要求内化为自己的需要，进而变成自己的行动。一是遵守职业道德规范，把理论学习与实践行动有效地结合起来，养成良好的职业行为习惯；二是在校期间充分发挥学生社团组织的作用，学生社团成员拥有很强的个性意识和人际交往意识，有利于学校实施职业道德教育；三是通过学校举办的各种丰富多彩的活动，如创建文明宿舍或文明班集体、开展青年志愿者活动等，培养大学生热爱专业、服务他人的职业品质。

2. 追求“慎独”的精神境界

《礼记·中庸》：“道也者，不可须臾离也，可离非道也。是故君子戒慎乎其所不

睹，恐惧乎其所不闻。莫见乎隐，莫显乎微。故君子慎其独也。”意思是道德原则一时一刻也不能离开，要时时刻刻检查自己的行为。君子就是在别人眼睛看不到的地方，也要谨慎小心地做事，在别人听不到的地方，也要谨慎注意自己的言行。“慎独”就是在无人监督的情况下，自觉遵守道德规范，不做有违道德信念、做人原则的事情。它既是一种道德修养，又是一种崇高的精神境界，标志着一个人的职业道德修养已经达到高度自觉的程度。

要做到“慎独”，就要学会经常“内省”。“内省”即内心省察检讨，使自己的言行符合道德标准。在职业实践活动中，认识职业并了解职业道德规范，找出自己的职业行为与职业道德规范的差距，进行省察检讨，使自己的行为符合职业道德规范。“内省”一是要严于解剖自己，善于认识自己，客观看待自己，勇于正视自己的缺点；二是要敢于自我批评和自我检讨；三是要有决心改进自己的缺点，扬长避短，在实践中不断提升自己的职业道德品质。

【本节提示】

大学生培养职业道德修养，要由小及大，从身边的点滴小事和自己的言行举止做起，将这份道德修养落实到职业实践活动中。大学生应该在日常的学习和生活中规范好自己的言行，努力提高职业道德修养水平，不断探索社会主义职业道德修养的新内容、新途径、新方法，真正把自己培养成为社会主义事业的合格建设者和可靠接班人。

【训练与思考】

1. 结合自身对职业道德的理解，试着为销售人员、机械维修人员、餐饮服务人员三类人员各列出几项职业道德规范。

2. 了解各行各业的道德楷模，学习他们身上的职业道德品质。

3. 你认为在大学期间提高职业道德素养最为重要的途径是什么？

第三章
职业意识

◆ **学习目标** ◆

1. 了解职业意识的概念与特点；
2. 理解职业意识的功能；
3. 培养正确、全面的职业意识。

◆ 案例导入 ◆

关于职业和工作，你有什么想法呢？不妨让我们先来测试一下吧！

1. 我心目中的理想工作不能枯燥单调，要让自己觉得有趣且一直乐此不疲。

2. 我觉得能在轻松无压力的环境中做事才是最理想的工作。

3. 我理想的工作态度是恪尽己责，把自己的本分工作做好。

4. 进入职场后，如果一开始就觉得自己所学的知识无法完全发挥作用，就表示这份工作不适合自己，应尽快离职。

如果你觉得这些叙述完全说中了你的心声，那可就麻烦了。因为，这表示你很可能也有常见的职业迷思。

职业迷思一：理想的职业应该是一直有趣而富有变化的，让人乐在其中。

职业真相一：天底下没有任何一份工作是一直多变有趣、让人乐此不疲的。让工作变得有趣的秘诀在于，自己有能力感受工作的意义所在，尤其取决于自己能对工作赋予深层的意义，从而让自己拥有热忱不灭的投入。

职业迷思二：轻松无压力才是理想的工作环境。

职业真相二：工作压力是无法避免的，而且有助于成长。只有培养自己的抗压力，才能变压力为动力，愈压愈有力。

职业迷思三：只要把自己的本分工作做好即可。

职业真相三：做人远比做事难。理想的从业者重视团队合作，重视自己的团队伙伴。工作任务常新，而团队相伴长久。

职业迷思四：一开始工作，就发现所学的知识无法完全发挥作用，因此认为这份工作不适合自己。

职业真相四：进入职场后，需要一段时间适应学习，找到与公司匹配的合作模式，充实能力与才干，是必须孕育的过程。

（资料来源：张怡筠．工作其实很简单［M］．石家庄：河北教育出版社，2007.）

关于职业和职场，每个人都会有自己的认识和看法，这些认识和看法往往会影响职业人的职场定位和职场行动。正因为这些认识和看法的重要性，所以有必要对职业意识有一个较为清晰的认识。

本章主要介绍职业意识的概念、特点、功能，概述职业意识的五项基本内容，以促进学生了解职业意识的概念与特点，理解职业意识的功能，培养正确、全面的职业意识。

没有好玩的工作，只有好玩的工作者。——张怡筠

第一节　职业意识的概念与功能

【导读】

为什么世界上最好的手表是瑞士手表？因为所有的瑞士制表工作者从小就专注于手表制造，许多人甚至一生只专注于生产手表中的一个零部件。瑞士手表的精细也来源于他们的职业意识。他们对自己的定位是：我是一名制表人，我要制作世界上最好的手表。正是因为有这种职业意识，才让他们全心全意、踏踏实实、一丝不苟。

一、职业意识的概念

现代心理学对意识的理解分为广义的意识和狭义的意识。广义的意识是指人们的感觉、思维等心理过程的总和，是个人直接经验的主观现象，表现为知、情、意三者的统一。狭义的意识是指人们对外界和自身的觉察与关注程度。

根据现代心理学对"意识"的理解，职业意识也可分为广义的职业意识和狭义的职业意识。广义的职业意识是指职业人对于职业活动的主观心理活动的总和，是职业人对从事的工作和任职角色的主观体验，是认知、情感和态度等心理活动的综合反映。狭义的职业意识是指职业人对于自身和他人职业活动的觉察与关注程度。职业意识是支配和调控职业行为与职业活动的内在调节器，包括责任意识、规范意识、服务意识、团队意识和专业意识。

二、职业意识的特点

职业意识来源于具体的职业活动，是职业人通过总结、分析职业活动而形成的，往往具有约定俗成的特点。随着社会的发展，职业意识又通过法律法规、行业自律、规章制度、企业条文体现出来，不仅具有社会共性，也有行业或单位的个性特点。对于职业人来说，职业意识具有个别差异性，不同的职业意识状态会决定不同的职业人的职业实践状态。

【案例启迪】

“巧手杰克”

美国的一个小镇上，有一位十分能干的木匠“巧手杰克”。他所有的作品，都是为人称道的精品，当地人赞不绝口。

干了40年的工作后，杰克决定退休，与家人共享天伦之乐。他的老板竭力挽留，但他仍然决定退休。老板最后只能答应，但要求他在退休前再建造一座房子，作为最后的工作任务。

杰克只能开工。在盖房子的过程中，稍有一点眼力的人都能看出来，他的心思已经不在工作上了。他用料不像往日那样精挑细选，做工也只是随意而为，全无往日的水准。老板看在眼里，却没有说他什么。

竣工的那一天，也就是杰克终于可以退休的那一天，老板把一串钥匙交给杰克，说这是作为退休礼物的房子钥匙，而那座作为退休礼物的房子，就是杰克最后盖的那间粗制滥造的房子。

（资料来源：劳动和社会保障部培训就业司，中国就业培训技术指导中心．职业意识训练与指导[M]. 北京：中国劳动社会保障出版社，2004.）

杰克一直是能工巧匠，一直是精品的制作者，然而为什么在退休前的最后一项看似普通的任务面前，却如此有失水准？杰克仍然是杰克，但是他的工作想法、态度、情感却发生了巨大的变化，又没有及时反省与觉察，最终导致了他的职业行为发生变化，于是杰克的最后一项任务令人遗憾。从杰克的经历中不难发现，每个职业人对待工作的价值认识、从业的工作态度、工作时的情感状态等职业意识在现实中产生了影响和作用力，从而直接导致了职业人的状态发生变化，决定了工作的结果。

三、职业意识的功能

意识影响实践。首先，职业意识作为职业人的职业认识和职业观点，支配和调节着职业人的职业活动，并直接影响职业人的工作成效，从而影响职业人的履职状况；其次，职业意识表现为职业敏感度和职业觉察度，直接影响职业人的职业思维品质和职业意向定位，从而直接影响职业人的职业发展状况；最后，职业人的职业意识在影响职业发展的同时，也会影响社会财富的发展，进而影响社会发展的品质。

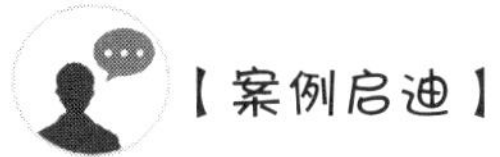

【案例启迪】

为什么乘客上了他的出租车

近来，上海“的哥”臧勤的经历引起了媒体和众人的广泛关注。别的出租车司机月入 2000 元的时候，他竟然月入 8000 元；别人拉活很晚才能吃上晚饭，他却每天 17:30 准时吃晚饭……他不仅到跨国公司给微软团队上 MBA 课程，而且成了众多公共媒体争相报道和访谈的对象。他所在的强生公司，也以他的名字成立了“臧勤班组”，探索“的哥”的专业化发展和职业化发展。臧勤成了出租车行业的牛人。是什么让臧勤成了一位快乐的“车夫”，拥有着在他看来无比美好的工作？秘诀就是他在一个个场景中的卓然表现。

那是一个 8 月下旬的午间，臧勤把车停在了一个知名小区门口，等候客人用车。与他在一起等待客源的共有五辆出租车，臧勤的车停在第四辆。但是奇怪的是，10 分钟以后，只有一辆出租车走了，没错，是臧勤的车。为什么乘客上了他的出租车？臧勤很自信地说，那是因为当时的五辆车中，唯一一个拿着抹布擦拭车辆的，是他；唯一一个关闭车窗、打开空调等候客人的，是他；唯一一个在炎热的夏末仍然打着领带整齐着装的，仍然是他。

学会拥有根据地，周末哪里用车的人最多？医院！学会掌握路面状况，甚至是红绿灯联网的规律，可以一路避开红灯，替客人省钱，替自己省时间，替公司省养护费……

臧勤就是这样成了快乐的“车夫”。在二十多年出租车司机的从业经历中，他常怀一颗探究之心，研究路况，研究乘客心理，研究社会需求，研究时间成本，研究社会成本；发掘出工作中的美好和快乐；让乘客满意，让出租车公司满意，也让自己满意；成就自己，成就职业，成就社会。

臧勤，这样一位平凡的出租车司机，凭什么引爆网络和工商财经界？了解之后，我们可以看到，是他具有良好的职业意识，把工作做精、做强、做优、做特，不断探究，客观审视，以高标准、严要求自律，把出租车司机的工作境界、工作智慧、工作成就辐射到了社会，引发了正能量的涌动。

【本节提示】

职业意识是职业人对于职业认识的主观反映，是支配和调节职业人职业行为与职业活动的内在调节器。职业意识具有约定俗成性、社会共性和个别差异性。拥有敏锐的职业意识和形成正确的职业意识是职业人培养良好职业素养的必备条件。职业意识作为主观现象和主观反映，对客观现实具有巨大的能动影响力，会直接影响职业人的工作需求与动机，引发不同状态的职业行动，从而对工作、行业和社会等产生巨大的影响。

只要开始，永远不晚；只要进步，总有空间。——程社明

第二节　职业意识的内容与培养

【导读】

马克思说过："蜘蛛的活动与织工的活动相似，蜜蜂建筑蜂房的本领使人间的许多建筑师感到惭愧。但是，最蹩脚的建筑师从一开始就比最灵巧的蜜蜂高明的地方，是他在用蜂蜡建筑蜂房以前，已经在自己的头脑中把它建成了。"动物只是按照它所属的那个种的尺度和需要来建造，而人却懂得按照任何一个种的尺度来进行生产。

（资料来源：王伟光．人的精神家园［M］．北京：人民出版社，中国社会科学出版社，2014.）

无论是心理学、社会学，还是伦理学、政治学，抑或哲学，不同的角度和立场都可以对职业意识作出不同的划分。本书仅从职业工作本身对职业人应具有的职业意识的规范内容作出划分与阐述。

一、责任意识

（一）责任意识的概念

对责任的理解通常可以包含两层含义：一是指分内应做的事；二是指没有做好自己的工作而应承担的不利后果或强制性义务。责任意识是指对分内应做的事的一种负责的态度，包括积极履职、承担后果、主动担当等。

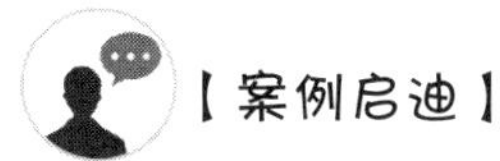

一封远渡重洋的信

外白渡桥是上海外滩的标志性建筑之一。2008 年 4 月，这座桥被整体拆移，运至船厂进行维修，上海人称之为"疗养"。一年后，它又以原貌重现黄浦江畔。但大家也许不知道，之所以决定对这座百年老桥进行"疗养"，是因为一封远渡重

洋的信。

2007 年底，外白渡桥刚刚度过自己的“百岁华诞”。这时，上海市有关部门收到了一封来自英国的信件。信中说：外白渡桥的桥梁设计使用年限为 100 年，现在已到期，请注意对该桥维修，并注意检修水下的木桩基础混凝土桥台和混凝土空心薄板桥墩。

当时，上海正准备对外滩进行综合改造。收到这封信后，有关部门立即决定对外白渡桥进行拆移维修。其实，寄这封信的正是当年设计外白渡桥的英国华恩·厄斯金设计公司。这座桥于 1907 年交付使用，采用的是当时最先进的钢铁结构。

现在，100 年过去了，外白渡桥每天承载着三万多辆汽车的通行，我们甚至都忘记了这座桥其实已是百岁高龄。一家本可以游离在外的公司，竟然把此事记在了心上，并且于桥梁百岁生日时发来提醒信件。

这封信让我们看到了这家公司具有怎样的责任意识。

这家公司不仅对自己的所作所为担责，还及时告知上海市政部门承接相关的管理维修责任，从而终止并委托自己的责任。这都是分内之事，是再平常不过的事情。对这家公司而言，这并不是技术问题，而是责任意识问题，是真诚可信的承诺兑现和责任担当。

职业意识中的责任意识，就是对自己的所作所为承担后果，对职责对应的分内之事有清晰的认识和主动的担当。职业意识首先表现为明确责任，具体而不含糊；其次表现为承担责任，主动而不推脱。

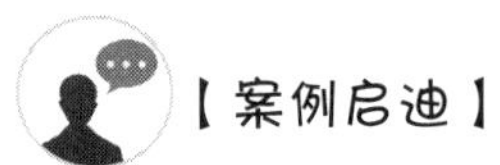

建筑工程师的铁戒指

许多加拿大工程师的右手小指上都戴着一枚铁戒指，这枚戒指是工程学研究生参加“工程师毕业典礼”时由工程学院送给他们的，他们承诺在职业生涯中将始终遵守正直高尚的道德标准。据说这些铁戒指所使用的金属原料最早是魁北克大桥的残骸。1907 年，这座桥在圣劳伦斯河上倒塌，致使 84 人丧生，成为历史上最悲惨的桥梁建筑灾难之一。事故后的调查认为是过分拉长的桥梁跨度导致桥墩不堪重负，因而倒塌。为铭记建筑师的责任，人们用倒塌桥梁的钢材做原料，打造成了戒指，送给即将从事建筑工作的工程师，通过佩戴这枚“耻辱之戒”，以警示工程师在履行职务时要多一份责任之心。铁戒指警示人们的是：不要让魁北克大桥的悲剧重演，就得在设计与建筑时无比用心，凝结尽可能浓厚的责任意识，更科学、更精确、更完美地开展建筑工作。与承担后果相比，避免不良后果的发生更有积极意义。

职业意识中的责任意识，需要在履行职务过程中尽心尽责，充分认识工作的价值和意义，投入更多的专注、智慧与努力，用更高的标准约束自我和要求自我，争取把工作开展得更顺利、更完美，努力杜绝可能出现的隐患。

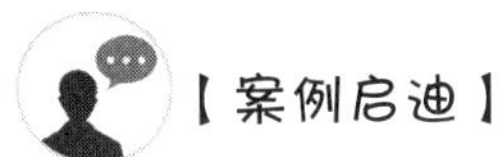

从玩游戏到“玩”导弹的周清

周清，毕业于上海大众工业学校。2007 年，本来在家乡学习画画的他，因为坐不住，竟然瞒着父母去上海求学。在校期间，3 年里参加了两次全国职业院校技能大赛，都获得了一等奖；参加了一次全国数控技能大赛，获得了中职组全国第五名。毕业后，被上海航天精密机械研究所录取。

进入单位后，周清真真切切地感受到这里的严苛和高效。加工的零部件中，精度要求最高的达到 0.005 毫米。有一次，他所在的团队遇到了一个“高精尖”的难题。在研制某型号产品的供气嘴时，要在指甲盖大小的零件上打通直径为 0.9 毫米的气流通道。初生牛犊不怕虎，周清勇于挑战，经过无数次的比对试验，他成功地打通了这个粗细堪比绣花针的气流通道。平时，他注意观察，探索尝试使用数控车床代替普通车床，结果真的将原来的四道工序集中为数控车床的一道工序；他还选用优质刀具，优化切削参数，从而将加工工时由 14.1 小时减少为 2.9 小时……这些突破真实地发生在周清的身上。

在研究所里，车工的职级从低到高划分为中级工、高级工、技师、高级技师、特级技师。2012 年，周清就获得了数控车工技师证书；2013 年，他被聘为上海航天精密机械研究所的技师。而现在，周清已经是高级技师了。

在周清身上，我们可以看到他具有怎样的责任意识。

周清在同龄人中已经是一个出类拔萃的技术人员。但是在“高精尖”领域的产品研制过程中，仅凭认真、按部就班地完成任务是远远不够的，因为许多任务没有现成的操作方案。于是，他不等、不靠、不要，积极主动地分析问题，探索更多的解决方案，用足够的知识和技术去实践方案。这些都是职业人应该具备的素质，而这些素质中最重要的是职业人积极主动的责任意识。

重任往往更具复杂性且更具重要性，一般都不存在现成的、周全的操作方案。这就需要我们在工作中能够超越上级的期望，收集尽可能多的信息，提出自己的设想或解决方案；同时也积极开动脑筋，成为承担重任的实践者。与此同时，也必将促成个人在职业上的脱颖而出。

（二）培养责任意识

从古到今，一切有所作为的仁人志士，在其成长的道路上都不乏责任的动力。是“天下兴亡，匹夫有责”造就了无数的民族英雄；是“为中华之崛起而读书”使周恩来等一大批无产阶级革命家迅速成长起来；是专注敬业、精益求精、至臻至美的工匠精神成就了中国航天火箭的“心外科医生”高凤林等大国工匠。这些对国家、对社会的高度责任意识，既能给职业人带来战胜困难的勇气和智慧，又能帮助职业人沿着正确的方向不断进步。

1. 甘于付出

大千世界，假如人人都只索取不想付出，那么最终还有什么可以被索取呢？对于世界和人生，我们应该尽些什么责任、做些什么回报呢？在想国家、社会、工作欠我们多少的时候，也可以多想想我们欠国家、社会、工作多少。如果人人都这样想、这样做，不但会有国家和社会的保障，而且自身的利益也会得到保障。

2. 承担责任

不成熟的人总能为他们的缺点和不幸找到理由，如童年不幸、父母太贫穷、缺少应有的教育、体质虚弱、身边的人不理解自己等。其实这都是在为自己寻找替罪羊，而不是设法克服困难。有人说，放弃责任就是放弃让世界变得更好的可能性。让我们都尽力对自己的思想、工作、生活负责，你会发现你正在创造自己的命运并走向成功，甚至让世界变得更加美好。

3. 用良知匡正，用意志坚持

责任意识并非人们的一种感情，而是人们生命的主导支柱，这一支柱贯穿在人们的全部行为之中，受制于每一个人的道德良知。道德良知是心灵圣殿中的道德统帅，它使人们的行为正直，思想高洁，生活幸福。只有在道德良知的驱使下，职业人崇高而正直的品质才能得以弘扬，此时的责任意识也可称为“责任心”。

如果没有坚强的意志支持，道德良知的作用也不可能发挥得淋漓尽致。意志可以在正义和邪恶之间、在高尚与自私之间坚定自己的选择，将行动坚持到底。

二、规范意识

（一）规范意识的概念

规是指尺规，范是指模具。这两者分别是对物和料的约束器具，合用为“规范”，延伸为对思维和行为的约束力量。在名词意义上，规范是指明文规定或约定俗成的标准，如道德规范、技术规范等；在动词意义上，是指按照既定标准、规范进行操作，使某一行为或活动达到或超越规定的标准，如规范管理、规范操作等；在形容词意义上，是指符合规范要求的，如公司的管理很规范、这篇文章行文比较规范等。

规范意识是指发自内心地把规范作为自己行动准绳的意识。规范意识是现代社会每个公民都必备的一种意识，一般具有三个层次：首先，它是规范知识，即知道符合规范的行为是什么样的；其次，是要有遵守规范的愿望和习惯；最后，是遵守规范成为人的内在需要。对个人来说，遵守规范不再仅仅是一种外在行为和他律要求，在某种意义上已经成了人的自觉意志。

【案例启迪】

打倒“差不多先生”

“差不多先生”是现代著名学者胡适创作的《差不多先生传》中的主角。“差不多先生”每做一件事都会提到差不多，但就是这样的一点点差距使他差了很多：他妈叫他去买红糖，他买了白糖回来；先生问他直隶省的西边是哪个省，他说是陕西，陕西同山西差不多；他常把十字写成千字，千字写成十字；他得了病，家人请来了给牛看病的兽医王大夫，并用医牛的法子给他治病，结果“差不多先生”一命呜呼了。

也许，在生活中当一个“差不多先生”，凡事睁一只眼闭一只眼，可以让我们生活得更轻松。但是，在职场上或工作中，差不多的心态是十分有害的。每个人、每个企业都要像李嘉诚发出的号召一样，与“差不多先生”划清界限，这样才能真正杜绝“失之毫厘，谬以千里”的工作失误。

职场中的规范意识是指要有工作规范的正确知识，在工作过程中认真地执行工作规范的行动要求，不因是小事而不将工作规范一以贯之。

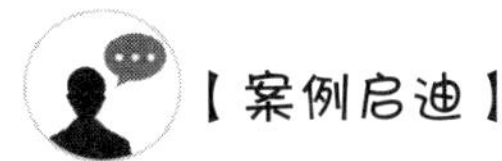
【案例启迪】

广汽丰田制造工厂中的“自工序完结”

广州丰田制造工厂素以高品质而著称，在汽车生产的过程中，有许多几乎严苛的规范要求员工执行。其中，“自工序完结”就是一个重要规范。“自工序完结”是一个日语词，中文意思是指每一道工序在完成之时不能有一点瑕疵，绝不能让有隐患的东西进入下一道工序，以此来控制每一道工序的质量。当然，员工遇到解决不了的问题时，也有一条救助途径，那就是“安东”拉绳，即在丰田的生产车间，每个工位上方都有一条与工位等长的细绳，称作即时叫停工具。当工人遇到无法解决的异常情况时，马上伸手拉动“安东”拉绳，班组长会立刻前来处理；如果不能在本工位处理完，那么将再次拉动“安东”拉绳，整个生产线就会自动停止，直到问题解决。这样可有效阻截瑕疵品流到下一个工位，起到确保品质的作用。“自工序完结”成为丰田员工的工作规范，从而避免了差错，保障了品质。

（二）培养规范意识

每个在职场中的职业人立足于自己的岗位，扮演着岗位所需要的角色。岗位不同，角色也就不同。这些不同就要求职业人能够深切地理解岗位角色的工作规范，自觉根据工作规范努力工作。如何才能培养自觉的规范意识？

1. 从“要我做”到“我要做”

每个岗位都有相应的规章制度，它代表着整体的意志和力量。每一个职业人都应该对规章制度保持敬畏和尊重，自觉学习和认同企业的规章制度，比如企业的工作纪律等，并且把外在的约束力内化为自己的主动需求，把“要我做”变成“我要做”。

2. 把好行为变成好习惯

一次性、短时期履行规章制度不难，难的是自觉一贯地履行规章制度。这正像遵守规矩的现代人在深夜里开汽车，不管街上有人没人，都能像白天一天坚持“红灯停，绿灯行”。视规范为准绳，一丝不苟地认真执行，好行为终将变成好习惯，最终成为不需要意志努力的、自然流露的自动化行为。

德国工程师的完美布线图

2016 年 2 月，德国工程师的 23 张弱电布线图引爆了朋友圈，题目为《德国工程师的完美布线图，简直就是行为艺术》。这些布线图细密整齐，不论走线的方位多么复杂多变，工程师都将不同颜色的走线做了合理的布局，走线由线并列成面，由面集结成圆柱体或立方体，穿插在器械装置、房梁楼板之间，形成了独特的色块效果，犹如一幅幅刻意描绘的艺术图画。德国工程师的完美布线令人有了欣赏行为艺术的审美体验。看完这些图片的人，无一不对德国工程师近乎苛求的布线规范的执行力产生了深切的敬佩之情。

3. 做个理性的现代公民

职业人的规范意识不是置身于职业环境中就能孤立养成的，往往与职业所具有的社会规范意识直接相关。对于当前社会来说，所有的社会成员都应该培养社会公共生活的规范意识，在行动中自觉遵守社会规范。规范的社会是理性的社会，而这个理性的社会的维系与发展又会促进社会成员规范意识的养成与提高。

××公司《员工手册》辞退性过失细则（节选）

三、服务意识

（一）服务意识的概念

有人认为“服务就是为集体（或别人的）利益或为某种事业而工作”；也有人认为“服务就是满足别人期望和需求的行动、过程及结果”。前者的解释抓住了“服务”的两个关键点：一是服务的对象，二是服务的性质；后者的解释则抓住了服务的内涵。

服务意识是指职业人在为他人或者岗位谋取利益、开展工作时，与一切工作对象交往中所表现的热情、周到、主动的愿望和动机。服务意识必须存在于职业人的思想意识中，只有职业人提高了对服务的认识和增强了服务意识，才能激发职业人的主观能动性，使职业人具有服务的思想基础。

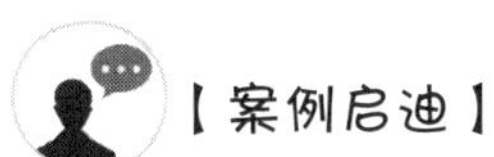

海尔集团的“星级服务”

海尔集团的“星级服务”有一套规范化的标准，包括售前、售中和售后的一系列规范。后来，这些规范发展成为“五个一”：一张服务卡、一副鞋套、一块垫布、一块抹布、一件小礼物。这种“星级服务”细致到：上门服务时，先套上一副鞋套；干活时，先在地上铺上一块垫布，以免弄脏地面；服务完毕后，再用抹布把电器擦干净。

（资料来源：劳动和社会保障部培训就业司，中国就业培训技术指导中心．职业意识训练与指导［M］．北京：中国劳动社会保障出版社，2004.）

针对海尔集团推出的“星级服务”，美国通用电气公司前总裁杰克·韦尔奇这样评价：“海尔通过真诚的服务，不断满足消费者对产品服务方面一个又一个新的期望，使消费者在得到物质享受的同时，还得到了精神上的满足。”海尔集团的服务模式也得到了众多企业的推崇和学习。

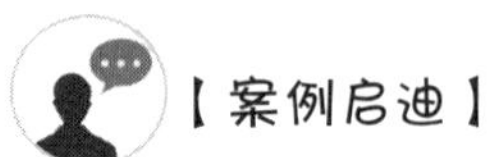
【案例启迪】

永远为你们宣传

一天，新加坡某大酒店的咖啡厅里有四位客人拿着资料进行认真的讨论。人越来越多，咖啡厅逐渐嘈杂起来。那四位客人大声讨论着：“什么？听不清楚，吵死了！”“怎么这么乱呀？”……一位服务员看到后，拿起电话向客房部询问有没有空房间。客房部经理得知她的用意后，立即为四位客人提供了空房间，请他们在房间里讨论。两天后，酒店收到了客人的感谢信：“我们体会了什么是世界上最好的服务，我们及我们公司除了永远是你们的忠实顾客外，还将永远为你们宣传。”

（资料来源：劳动和社会保障部培训就业司，中国就业培训技术指导中心．职业意识训练与指导[M]．北京：中国劳动社会保障出版社，2004．）

服务可以换个角度理解为：顾客所购买的绝不是一件简单的商品或者服务，而是他们需要解决某种问题的方案。案例中，四位客人需要解决的问题是，在一个安静舒适的环境里讨论工作。服务人员凭借敏锐的洞察力协调有关资源，很好地为顾客解决了困难，提供了合适的场所让其讨论工作，帮助顾客摆脱了场所干扰的困境。

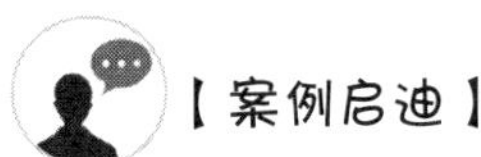
【案例启迪】

学校管理信息系统的定制服务

某软件公司的业务是专门服务于学校管理信息系统的设计和开发，经过多年的探索和积淀后，已经拥有一整套适用于各级各类学校信息系统的管理体系。然而，每一所学校都有自己独特的、传承的校园文化和管理方式，于是该公司的学校管理信息系统面临着从一般化到个性化的调整开发。进校后，该公司与各相关部门密切沟通，并不断地与一般系统进行对比与调适，如按照学校的要求增设“学籍管理休学期满提示功能”等。有时学校管理部门人员的要求未必是最佳的，甚至还有可能是不合理的。但是在学校管理部门人员没有清晰的认识或转变想法之前，该公司的工程师不厌其烦地与其沟通，不断澄清需求和结果。有时只能顺着学校管理人员的想法，让学校管理人员在实践中看到流程的冗余后，再调整系统。学校管理信息系统构建的过程正是该公司向学校开展信息系统定制服务的过程。该公司的系统在各个学校的运行也充分证实了创新服务、个性化服务在当下具有强劲的竞争力。

上述三个案例讲述的都是关于服务意识。看似细小、平凡的动作和过程，却自然而然地解决了服务对象的困难，排除了服务对象的隐忧，满足了服务对象对提高工作满意度等高层次的心理需求。从工作本身来看，要满足服务对象的需求，提供服务的人员必须有“服务是创造价值”“服务是真诚帮助客户解决困难”“服务是有针对性、关注个性化需求的工作”的认识。每个职业都是社会分工的必要组成部分，有其特定的服务对象；每个职业人都应该有服务于岗位、服务于特定受众的自觉意识。

（二）培养服务意识

良好的服务意识离不开这些要素：优良的服务态度、完好的服务设施、齐全的服务项目、灵活的服务方式、娴熟的服务技能、科学的服务程序、高效的服务效率等。然而要达到服务的最高境界，培养五种服务态度和践行七条服务行为是可取之道。

1. 培养五种服务态度

第一，真诚质朴：真诚、热情地提供服务，不做作，不虚伪，友善而诚心；第二，尊重备至：在服务过程中表现出敬意和重视，不羞辱，不为难，不贬低或怠慢；第三，乐于助人：在服务过程中表现出乐意的倾向，能够预测需求，随时准备提供超前服务；第四，温良谦恭：在为客户提供服务时自信而不自负，牢记“客户并不总是对的，但他永远是第一位的”，尽最大可能在可行的范围内满足客户的需求；第五，彬彬有礼：言行举止与自己的工作身份角色相符。

2. 践行七条服务行为

第一，绝不、永不欺诈顾客；第二，绝不告诉顾客无法完成他们提出的服务；第三，绝不夸口许诺，要始终出色地完成工作；第四，永远从顾客的需要出发，而非自己的需要出发；第五，永远公平地对待每一位顾客；第六，永远努力使事情一次办成；第七，接受偶尔的失败。

四、团队意识

（一）团队意识的概念

团队是由两个或两个以上具有共同愿景并愿意为共同愿景而努力的成员组成的群体，通过相互的沟通、信任、合作和承担责任，产生群体的协作效应，从而获得比个体成员绩效总和大得多的团队绩效。

一个团队就像一台机器，每个成员都是不可或缺的零部件，团队的发展需要每个成员相互配合，缺一不可。团队不仅仅是人的集合，更是能量的集聚与爆发。团队成员只有对团队拥有真正的归属感，才会真正投入团队工作。成功的团队提供给成员的是尝试积极开展合作的机会，而成员所要做的是在团队中体会工作对于人生价值的重要性。

团队意识是职业人的整体配合意识，具体可以分为团队目标意识、团队角色意识、团队关系意识和团队运作过程意识。

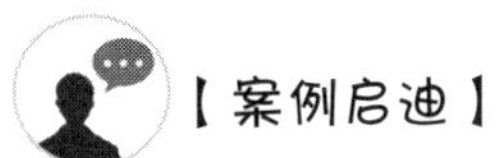

头狼的启示

狼群往往是这样开辟道路的：由头狼奋力前行，开辟出一条道路，让跟随者走得轻松、顺畅些。它累了，其他的狼再冲到前面，担起头狼的责任。如此轮换，奔向远方。工作团队又何尝不是需要相互的仰仗和担当？当你跟随在后的时候，也许有辛苦、艰难、委屈，但请你看看前面为你开路的那位，他可能走得不一定是最顺直的！但他会让你们走得轻松、顺畅，为团队的付出也是毫无保留的，但却不会告诉你们开垦过程有多累、多辛苦。珍惜、尊重团队中的每一个担当头狼的伙伴，让跟随者抛弃所有的怨言和负面情绪，共同加入开拓、进取的行动。

抱团的蚂蚁

一位老农上山开荒，山上长满了茂密的杂草和荆棘。当砍倒一丛荆棘时，老农发现荆棘上有一个箩筐大的蚂蚁窝。荆棘倒，蚁窝破，无数蚂蚁蜂拥窜出。老农立刻将砍下的杂草和荆棘围成一圈，点燃了火。风吹火旺，蚂蚁四散逃命，但无论逃到哪个方向，都被火墙堵住了。蚂蚁占据的空间在火焰的吞噬下越缩越小，灭顶之灾即将到来。可是，奇迹发生了。火墙中突然出现一个黑球，先是拳头大小，不断有蚂蚁爬上去，渐渐地变成篮球大小，地上的蚂蚁已全部抱成一团，向烈火滚去。外层的蚂蚁被烧得噼里啪啦，烧焦烧爆，但缩小后的蚁球竟然越过火墙滚下山去了，躲过了全体灭亡的灾难。老农捧起蚂蚁焦黑的尸体，久久不愿放下，他被深深感动了。小小的蚂蚁，为着整体的生存，竟有视死如归、勇于牺牲的英雄气概，竟有那么强烈坚定的团队精神！

（资料来源：劳动和社会保障部培训就业司，中国就业培训技术指导中心．职业意识训练与指导[M]．北京：中国劳动社会保障出版社，2004.）

应聘成功的奥秘

一家咨询公司招聘高层管理人员，9名应聘者留到了最后，但是只能录用3人。老总把这9人随机分成甲、乙、丙三组，并指定：甲组的3人去调查婴儿用品市场，乙组的3人去调查妇女用品市场，丙组的3人去调查老年人用品市场。行动前，老总对大家说："为避免大家盲目开展调查，我已经叫秘书准备了一份相关行业的资料，走的时候自己到秘书那里去取。"

两天后，9个人都把自己的市场分析报告送到老总那里。老总看完后，站起身来，走向丙组，与丙组的3人握手道贺："恭喜3位，你们已经被本公司录取了！"

面对大家疑惑的表情，老总不紧不慢地说："那天我叫秘书给大家的资料，每个人都是不一样的。甲组的3人得到的分别是婴儿用品市场过去、现在和将来的分析，其他两组的也类似。但只有丙组的人互相利用了小组其他成员的资料，补齐了自己的分析报告，而甲、乙两组的人却都各行其是，互不联系，因此上交的报告内容很片面。"

（资料来源：永谊．工作就是解决问题[M]．北京：北京邮电大学出版社，2007.）

上述三个案例讲述的都是关于团队意识。从头狼身上，我们不仅看到了团队的分工，而且看到了先锋的价值；从抱团蚂蚁身上，我们看到了为了实现团队目标需要成员齐心协力，必要时甚至作出牺牲；从成功应聘者身上，我们懂得了团队就是看到每个成员的存在，重视每个成员的自身价值。

（二）培养团队意识

职业人的团队意识并不是自然天成的，也不是需要时就能体现出来的，需要有不断提高认识、不断锻炼养成的过程，需要不断警醒提防，甚至与群体惰性抗衡。

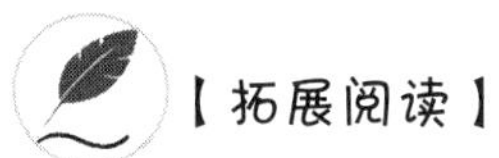

管理中的群体心理效应

1. 螃蟹效应：钓过螃蟹的人或许都知道，竹篓中放了一群螃蟹，不必盖上盖子，螃蟹是爬不出来的。因为当有两只或两只以上螃蟹时，每一只螃蟹都争先恐后地朝出口处爬。但篓口很窄，当一只螃蟹爬到篓口时，其余的螃蟹就会用大钳子抓住它，最终把它拖到下层，由另一只强大的螃蟹踩着它向上爬。如此循环往复，无一只螃蟹能够成功“突围”。

2. 鲶鱼效应：以前，沙丁鱼在运输过程中成活率很低。后来有人发现，若在沙丁鱼中放一条鲶鱼，情况却有所改观，沙丁鱼的成活率会大大提高。这是何故呢？原来鲶鱼在到了一个陌生的环境后，就会“性情急躁”，四处乱游，这对于好静的沙丁鱼来说，无疑起到了搅拌作用；而沙丁鱼发现多了这样一个“异己分子”，自然也很紧张，加速游动。这样，沙丁鱼缺氧的问题就迎刃而解了。

3. 羊群效应：头羊往哪里走，后面的羊就跟着往哪里走。羊群效应最早是股票投资中的一个术语，主要是指投资者在交易过程中存在学习与模仿现象，盲目效仿别人，从而导致他们在某段时期内买卖相同的股票。

4. 刺猬法则：两只困倦的刺猬，由于寒冷而相拥在一起。因为各自身上都长着刺，所以它们离开了一段距离，但又冷得受不了，于是又凑到一起。几经折腾，两只刺猬终于找到一个合适的距离。既能互相取暖，又不至于被扎。刺猬法则主要是指人际交往中的“心理距离效应”。

5. 手表定律：手表定律是指一个人有一只表时，可以知道现在是几点钟；而当他同时拥有两只手表时，却无法确定。两只手表并不能告诉一个人更准确的时间，反而会使看表的人对准确的时间失去信心。手表定律在企业管理方面的启发是，对同一个人或同一个组织不能同时采用两种不同的方法，不能同时设置两个不同的目标，甚至一个人不能由两个人同时指挥，否则这个人将无所适从。

6. 破窗理论：一个房子，如果窗户破了且没有人去修补，隔不久，其他的窗户也会莫名其妙地被人打破；一面墙，如果出现一些涂鸦没有被清洗掉，很快的，墙上就布满乱七八糟的东西；一个很干净的地方，人们不好意思丢垃圾，但是一旦地上有了垃圾之后，人们就会毫不犹豫地丢垃圾，丝毫不觉羞愧。

7. 二八定律：19 世纪末 20 世纪初，意大利的经济学家维弗雷多·帕累托认为，在任何一组东西中，最重要的只占其中一小部分，约 20%，其余 80% 尽管是多数，却是次要的。社会约 80% 的财富集中在 20% 的人手里，而 80% 的人只拥有 20% 的财富。这种统计的不平衡性在社会、经济及生活中无处不在，这就是二八定律。

8. 木桶理论：组成木桶的木板如果长短不齐，那么木桶的盛水量不是取决于最长的那一块木板，而是取决于最短的那一块木板。在事物的发展过程中，“短板”的长度决定了整体的发展。如一件产品质量的高低，取决于品质最次的零部件，而不是取决于品质最好的零部件；一个组织的整体素质高低，不是取决于最优秀成员的素质，而是取决于最一般成员的素质。

在工作群体中，职业人总会受到群体心理效应的影响，只有充分认识相关心理效应的存在，才能有意识地去塑造自身有益于团队发展与目标达成的行动。以下建议是培养团队意识的有效措施。

1. 寻找成员的积极品质

团队中，每个成员的优缺点都不尽相同。努力寻找成员的积极品质，让成员的缺点和消极品质在团队合作中消灭。让成员的积极情怀、积极态度与品德成为团队氛围中的正能量，促使团队的协作变得更顺畅和更高效。

2. 乐于为他人提供支持

在一个有支持关系的团队中，成员之间平等相待，和睦相处，互相信任，互相协作。每个成员都会充分发挥自己的聪明才智，而不会有“为人作嫁”的感觉；每个成员都会把团队目标视为“共同的利益”，共同努力，同舟共济。

3. 切忌安心不尽心

团队中，有些成员也许没有犯错，没有不听从命令，但是只把工作当作任务，不主动延伸，不注意拓宽工作的潜在领域，只求“小富即安”，甚至是消极怠工，互相责备，最终都将造成团队的失败。

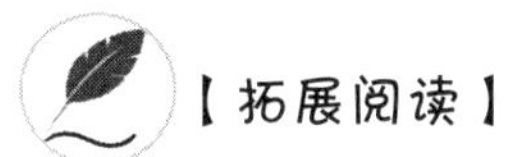

【拓展阅读】

一个团队的进化历程

形成期。团队成员共享个人信息，开始了解和接受他人，并把注意力转移到组织任务。组织内洋溢着礼貌的气氛，成员之间的交往较为谨慎。

冲突期。团队成员争权夺利，为获得有控制权的职位而钩心斗角。对于团队的发展方向也争论不休，外面的压力也渗透到团队内部。在个人维护自己权益的同时，增加了组织内部的紧张气氛。

规范期。团队成员开始以一种合作方式组合起来，并且在各派竞争之间形成一种试探性的平衡。规范的团队得以产生并指导成员行为，协调感一天比一天明显。

产出期。团队成熟，能够应付复杂的挑战，能够执行功能角色，并且可以根据需要自由交换，任务得以高效完成。

结束期。即使是最成功的小组、委员会和项目团队，迟早都要解散。团队的解体称为终结使命，要求团队成员脱离紧密的团队，重新回到常设机构中。

五、专业意识

（一）专业意识的概念

高职院校的学生都是按专业录取的，学校也是按专业组织开展教育教学活动的。专业是教育部门根据劳动市场对从事各种社会职业的劳动者和专门人才的需要以及学校教育的可能性所提供的培养门类。随着社会分工的发展，学生通过接受专业教育获得从事职业劳动所需的本领往往是最有效的途径。

社会认定一个职业的专业化程度一般依据以下六个标准：一是一个正式的职业；二是拥有专业组织和伦理法规；三是拥有包含专业知识和技能的科学知识体系以及传授或获得这些知识和技能的完善的教育和训练机制；四是具有极大的社会效益和经济效益；五是获得国家特许的市场保护；六是具有高度自治的特点。一般专业化程度较高的职业，社会声誉也相对较高。

社会认定一个人的职业化程度一般包括五个因素：道德社会化、性格角色化、言行专业化、能力结果化和结果客户化。职业人的职业化与职业的专业化是相互依存、相互促进的。

具有专业身份的学生如何看待自己的专业是影响高职院校学生学习的重要因素。这不仅影响学生当前的学业，而且直接影响学生的专业发展。专业意识是指专业的学习者和从业者对自己专业的认识、态度及其审视的主观反映。专业意识不仅表现在专业领域工作时的专业知识、专业技能和遵守专业操守的自律意识，也表现在从事专业领域工作时面对复杂问题的专业思维和专业技术的自觉意识，更表现在对特定领域工作所具有的专业价值认同和专业志趣自励。作为职业人，不仅要正确看待专业行为所带来的外部利益，更要正确认识专业行为所带来的内部利益，甚至要把追求内心认同的专业价值作为自己的信条。

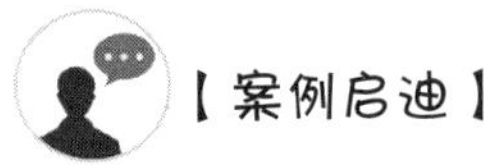

教堂工地上的三位工人

一个神父到正在修建中的教堂工地上随便走走，和工人们聊聊天。他看到一个工人的工作是敲石头，就问他在干什么，这个工人便说：“你没有看到吗？我在敲石头啊。”神父继续走，看到另一个工人也在做同样的工作，就问他同样的问题，这个工人回答说：“我在工作赚钱。”神父又问第三个工人，结果这位工人热切地说：“我是在盖一座大教堂，以后会有很多人来这里做礼拜。”

哪怕是同样的工作，不同的人看待工作的意义和价值可以完全不一样。很多人

轻视和厌烦自己所从事的工作，他们一定会把自己的工作当作每天都在毫无意义地敲打石头呢！

（资料来源：陈凯元．你在为谁工作［M］．北京：机械工业出版社，2007.）

事实上，能不能从工作中感受到乐趣和激情，是一种专业与否的能力，或者是一种专业与否的习惯。

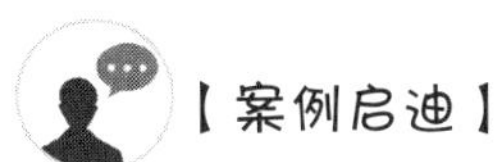

【案例启迪】

价值1000美元的一条线

美国福特公司的一台机器发生故障了，各方人士检查了3个月，竟然束手无策，最后无奈之下，只好请来了德国著名的工程师斯坦门茨。他经过研究和计算，用粉笔在机器上画了一条线，说："打开机器，把画线处的线圈减去16圈。"照此做了，果然一切恢复正常了。福特公司问他要多少酬金，他说要1000美元。人们惊呆了——画一条线竟然要价这么高！斯坦门茨却坦然地说："画一条线值1美元，但是知道在哪里画线就值999美元。"

（资料来源：陈凯元．你在为谁工作［M］．北京：机械工业出版社，2007.）

一条线，人人都会画，但是斯坦门茨画的这条线却解决了别人无法破解的难题，这就是专业意识的魔力。

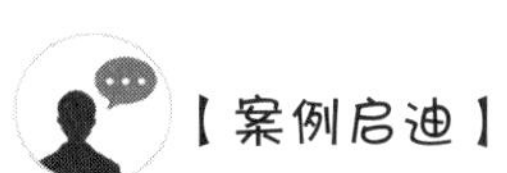

【案例启迪】

坚守肝胆事业的吴孟超

20世纪50年代，从同济大学医学院（今华中科技大学同济医学院）毕业的吴孟超开始研究肝脏外科，与同事做出中国第一个肝脏解剖标本，提出"五叶四段"肝脏解剖理论。1960年3月1日，他成功完成了我国首例肝癌切除手术。

据统计，吴孟超做了一万四千余例肝脏手术，完成了九千三百多例肝癌切除手术，成功率为98.5%。他经常向学生强调："一个好医生，眼里看的是病，心里装的是人。"冬天查房，他总是先把自己的手捂热，再去触摸病人的身体。每年大年初一，他都早早地来到病房，给住院病人一一拜年，送上新春的第一声祝福。他还在医院里定下规矩：在确保诊疗效果的前提下，尽量用便宜的药，尽量减少重复检查。同行们敬佩地称他为"无影灯下的常青树"。九十多岁的吴孟超依然坚守在一线，手中的柳叶刀游刃肝胆，精准不减当年。他是不知疲倦的老马，要把病人一个一个驮过河。

在吴孟超那里，没有下班，没有退休，超越了金钱，超越了身体，他把投入工作当作生命的常态，爱在其中，乐在其中。

倘若社会中人人都只忙于追求工作的外部利益，杂念太多，无法安顿自己的心灵，那么就不会有如此精湛的技术财富和极致的社会财富，也不会有伟大的深层工匠和时代巨匠。

（二）培养专业意识

学之愈深，知之愈明，行之愈笃。专业意识的养成是需要过程的，其中专注、用心、精进都需要重点关注。

1. 专注

乔布斯说："人们认为专注就是要对自己所专注的东西说 YES，但恰恰相反，专注意味着要对上百个好点子说 NO，因为我们要仔细挑选。"专注不仅要求活在当下，还要对认定的工作保持兴趣，并且主动排除无关干扰。简单的事情重复做，你就是专家；重复的事情用心做，你就是赢家。

2. 用心

用心是指把工作成果当作自己的作品，把工作本身视为生命价值的呈现过程，在工作中投入积极的情感。有人说："打工的状态不可怕，打工的心态很可怕。""打工者心态"可以说是若隐若现的无所谓的心态，工作与我没有必然的关系，我只是工作中的一名过客，路过而已。不投入，不较真，工作成了不得不挨的时间历程。德国人卢安克曾说："有些人一辈子都在做着自己不喜欢的工作，然后用从工作中赚到的钱去消费，从而让自己获得须臾的快感；但我不是，我直接从我的工作中得到快乐。"卢安克就这样在中国广西默默支教了十几年。

3. 精进

要坚信"公司请我来是解决问题的，而不是制造问题的"。争做价值型员工，追求完美，永无止境。第一，不走捷径，慢慢来。只有选择正确的程序，开头就把事情做对，不返工，才能做成事。第二，要学会在复盘中自省。古人云："吾日三省吾身。"在工作中不妨经常问自己：自己的工作态度、工作方法、工作进程、人际交往是否得当？是否可以进一步改进？第三，把每个当下做到极致。注重对细节的"锱铢必较"以及"比最好还要好一点"的期望与实践，必将在专业的道路上走得更远。

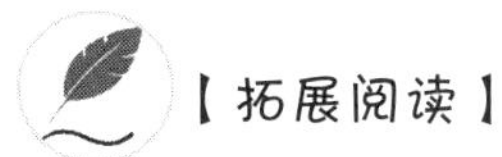

【拓展阅读】

学会追求内在价值

美国有一位著名的伦理学家阿拉斯戴尔·麦金太尔，他有本名著《追寻美德》。他在这本书中有一个很精彩的观点，即虽然人都追求利益，但是有两种不同的利益。一种是外在利益。外在利益是对权力、财富、知识的追求，用我们现在的话来说就是“身外之物”，这些追求是对外在利益的追求。外在利益的特点是可以替换的。今天有许多年轻人不断跳槽，这背后驱使的往往都是一种对外在利益的追求。哪个利益能有更大的回报感，他们就去追求哪个。另一种是内在利益。内在利益就是“金不换”，即你所追求的那个利益是不可替代的，是你内心认定、渴望的。不是为了换取一些具体的“身外之物”，而是为了满足内心认为的好生活。

人生其实不复杂，就是作出无数个小选择，并且承担后果。让我们怀着对工作与职业角色的思考和情怀，勇敢地选择，自信地承担，走出一段属于自己的、有意义又有意思的职业历程。

【本节提示】

职业意识的具体内容因人而异，但是从职业规范出发，职业意识包括责任意识、规范意识、服务意识、团队意识和专业意识。让我们怀着对社会价值的神圣敬畏去努力培养正确、全面的职业意识，有效指导自己的职业实践。

【训练与思考】

1. 最近你是否说过下列句子呢？如果有的话，请用积极、主动、负责的角色重新回应一遍。

“不关我的事。”

“反正又没有人会知道。”

“反正大家都这么做。”

2. 回顾一下自身遭遇的服务经历，是否有令你恼怒的事情？为什么让你恼怒？

3. 谈一谈你所认同与佩服的职场偶像，思考一下：他的哪些成就或者言谈举止令你折服？并结合职业意识的内容，尝试分析一下你的职场偶像拥有着怎样的履职态度与想法。

第四章 职业礼仪

◆ 学习目标 ◆

1. 了解职业礼仪的概念；
2. 理解职业礼仪的重要性；
3. 掌握职业礼仪的基本要点。

◆ **案例导入** ◆

鲁培新，中华人民共和国外交部礼宾司前司长，中华人民共和国驻斯洛文尼亚共和国首任大使。他曾参与安排国家领导人的外事活动；参与或主持了重要国宾访华的接待工作，如美国前总统尼克松、英国前首相撒切尔、俄罗斯前总统叶利钦等。

在担任我国外交部礼宾司代司长时，鲁培新接待过时任俄罗斯总统叶利钦。叶利钦的访华时间是1992年12月，北京的冬天很冷，鲁培新作为司长要登机迎接叶利钦。鲁培新在与叶利钦握手之后，用流利的俄语进行了自我介绍，并对叶利钦的来访表示欢迎："天气在欢迎你，你把莫斯科的好天气带到中国来了。"叶利钦听完后说："你是我踏上中国土地后见到的第一个中国官员，又用这样流利的俄语跟我交流，我非常高兴。"

礼宾工作中经常会发生各种各样的事情，有时候一件看起来很小、很不起眼的事情往往会酿成大错，决不能因为是事务性的工作就掉以轻心，须知大事中蕴含着小事，小事中蕴含着大事，有时候一个小小的细节就可能产生十分深远的影响。

中华民族在五千年的历史长河中创造了灿烂的文化，形成了高尚的道德准则、完整的礼仪规范和优秀的传统美德，被世人称为"文明古国""礼仪之邦"。孔子曰："不学礼，无以立。"一个人即使学富五车，如果不懂得礼仪，也是毫无用处的。礼仪常常可以弥补智慧上的不足，而智慧却永远无法填补礼仪上的缺陷。

礼仪是人们为了维系社会正常生活而要求共同遵守的道德规范，在人们长期共同生活和相互交往中逐渐形成，并以风俗、习惯和传统等方式固定下来。最早的礼仪是由祭祀发展而来，是人们对大自然的敬畏和祈求。随着社会的发展，礼仪的内涵逐渐扩大，成为一种待人接物的行为规范和交往艺术。对于个人来说，礼仪是一个人思想道德、文化修养和交际能力的外在表现；对于国家和社会来说，礼仪是社会文明程度、道德风尚和生活习惯的直接反映。

本章从可操作性出发，从个人形象、社交礼仪和办公礼仪三方面讲解职业礼仪的相关知识，帮助即将踏入职场的大学生更好地塑造职业形象。

第一印象很重要，怎么表现自己的第一印象，我觉得首先要仪表、仪容、言谈举止得体。——鲁培新

第一节 个人形象

【导读】

1957年，美国心理学家洛钦斯以实验证明了首因效应，即交往双方形成的第一印象对今后交往关系的影响，也就是“先入为主”带来的效果。虽然这些印象并非总是正确的，但却是最鲜明、最牢固的，并且影响着今后双方的交往进程。

洛钦斯把编撰的两段文字作为实验材料研究了首因效应。他编撰的文字材料主要是描写一个名叫吉姆的男孩的生活片段，第一段文字把吉姆描写成热情且外向的人，另一段文字则把他描写成冷淡而内向的人。例如第一段文字中说吉姆与朋友一起去上学，走在洒满阳光的马路上，与店铺里的熟人说话，与新结识的女孩子打招呼等；第二段文字中说吉姆放学后一个人步行回家，他走在马路的背阴一侧，他没有与新结识的女孩子打招呼等。在实验中，洛钦斯把两段文字加以组合：第一组，描写吉姆热情外向的文字先出现，冷淡内向的文字后出现；第二组，描写吉姆冷淡内向的文字先出现，热情外向的文字后出现；第三组，只显示描写吉姆热情外向的文字；第四组，只显示描写吉姆冷淡内向的文字。

洛钦斯让四组被试分别阅读一组文字材料，然后回答一个问题：吉姆是一个什么样的人？结果发现：第一组中有78%的被试认为吉姆是友好的，第二组中只有18%的被试认为吉姆是友好的，第三组中认为吉姆是友好的被试有95%，第四组只有3%的被试认为吉姆是友好的。

这项研究结果证明，信息呈现的顺序会对社会认知产生影响，先呈现的信息比后呈现的信息有更大的影响作用。但是，洛钦斯进一步研究发现，如果在两段文字之间插入某些其他活动，如做数学题、听故事等，则大部分被试会根据活动以后得到的信息对吉姆进行判断，也就是说，获得的信息对他们的社会知觉起到了更大的影响作用，这个现象叫作近因效应。

近因效应是指在总体印象的形成过程中，新近获得的信息比原来获得的信息影

响更大。研究发现：近因效应一般不如首因效应明显和普遍。在印象的形成过程中，当不断有足够引人注意的新信息或者原来的印象已经淡忘时，新近获得的信息的作用则更大，因此产生了近因效应。个性特点也是影响近因效应或首因效应的重要因素。一般而言，心理上开放、灵活的人容易受近因效应的影响；而心理上保持高度一致且具有稳定倾向的人容易受首因效应的影响。

如果一个人在初次见面时就给人留下良好的印象，那么人们就愿意和他接近，彼此也能较快地相互了解，并会影响人们后续的一系列行为和表现。反之，对于一个初次见面就引起对方反感的人，即使由于各种原因难以避免与之接触，人们也会对之很冷淡，在极端的情况下，甚至会在心理上和实际行为中产生对抗状态。

第一印象是知觉主体与陌生人第一次接触或交往后所得的印象。心理学家研究发现，与人初次会面时，第一印象可以在45秒内形成，主要通过获得对方的性别、年龄、长相、表情、身材、衣着打扮等方面的印象，判断对方的内在素养和个性特征。这种“先入为主”的印象带有主观倾向性，在知觉主体的大脑中一经形成便占据主导地位，直接影响知觉主体后续的一系列行为和表现。

在日常社交活动中，如交友、招聘、求职等，我们可以利用首因效应，给他人留下较好的第一印象，帮助我们顺利开展人际交往活动，为后续的交流打下良好的基础。实践证明，毕业生在求职过程中给用人单位留下的第一印象对其择业和就业至关重要。当然，首因效应在社交活动中只是一种暂时性行为，正所谓“路遥知马力，日久见人心”，更深层次的交往还需要加强谈吐、举止、礼节等方面的素养。

一、仪容

仪容是指人的外观、外貌，由发式、面容以及人体未被服饰遮掩的肌肤等内容所构成，是个人形象的基本要素。良好的仪容是个人形象和自尊自爱的表现，代表着个人的精神面貌；良好的仪容也是公司或企业单位形象的标志，是单位服务水平和管理水平的体现。

（一）自然美

仪容自然美是指个人先天条件好，天生丽质。尽管以貌取人不合理，但不可否认的是“爱美之心，人皆有之”，美好的相貌可以使人心情愉悦。

1. 面部

不管是男士还是女士，面部皮肤的基础护理还是十分必要的。每日早晚洗脸，有助于保持皮肤的清洁。平日多吃水果蔬菜、多喝水，可以防止皮肤变得粗糙干燥。要保证足够的睡眠时间，使面部看上去红润。夏季要及时擦去脸上的汗水，冬天外出前要擦好润肤产品。

要保持牙齿清洁，坚持早晚刷牙。口腔异味会影响正常的交际活动，必要时可以用口香糖来减少口腔异味。但应指出，在正式场合嚼口香糖是不礼貌的，与人交谈时也应避免。

接待客人前，最好检查一下自己的鼻毛是否过长，以免有碍观瞻。如果鼻毛过长，应用小剪刀剪短，但不要拔掉。保持鼻腔的清洁，不要用手抠鼻孔，尤其是在客人面前，这样既不文雅又不卫生。

男士不建议蓄胡须，最好每天剃一次。所以若不是特殊原因，都不要蓄胡须。特别要指出的是，不可以当众剃须。

2. 头发

应养成周期性洗发的习惯，油性头发应该 1 至 2 天洗一次，干性头发洗头时间间隔可稍长一些。洗发前先将头发梳理通顺，湿润后用洗发露轻揉，最后冲洗干净。

由于秋冬季节气候干燥，人们往往会出现头皮屑增多、脱发、断发等现象。所以在入秋前应精心保养头发，可适当使用护发素。如发现发尖分岔，则需要及时修剪。在洗发时，洗发露不宜在头发上停留太长时间，因其性质属碱性，对头发损伤较大。梳理头发时，上衣和肩背上不应有头皮屑和脱落的头发。

3. 身体

经常洗澡是必要的，尤其是参加一些正式活动之前一定要洗澡。如果有“狐臭”，应及时治疗，避免在工作中引起交往对象的不适和反感。有些人喜欢过量使用香水，人未至香先行，这是不合适的。因此在工作场合中要严格控制香水的用量，甚至对于部分职业而言，香水是不被允许使用的。

在交际活动中，手占有非常重要的位置。接待客人时，我们通常用握手表示对客人的欢迎，并用手递接名片。通过观察手，可以判断出一个人的修养与卫生习惯，甚至是生活态度。因此，经常清洗自己的手、修剪指甲是十分必要的。手的清洁与一个人的整体形象密切相关，应当引起足够的重视。但需要注意的是，在任何公众场合修剪指甲都是不文雅的举动。

（二）修饰美

仪容修饰美是指依照规范与个人条件，对仪容进行必要的修饰，扬长避短，设计、塑造出良好的外在形象，包括发型、妆容等。

1. 发型

头发是仪容中最显著的部位，除了保持头发整洁以外，发型的选择也十分重要。一个好的发型，能弥补头型、脸型的某些缺陷，使人显得神采奕奕，生机勃勃，可以体现出内在的艺术修养和良好的精神状态。当今社会发型各式各样，在选择时除了根据头型、脸型、体型外，还应根据年龄、季节、服饰、场合的变化而选择相应的发型。

对于男士而言，头发保持干净清爽，不要盲目使用发油、发蜡等产品。男士的头发需要及时修剪以保持发型。一般来说，男士前额头发长度不应遮住眉毛，侧部头发不宜盖住耳朵，同时不要留过厚或过长的鬓角，头发长度一般不应超过西装衬衫领子的上部。女士发型的种类更为丰富，整体要求整洁即可。女士发型一定要适合自己的性别、年龄、身份、场合和职业要求。

2. 妆容

化妆是生活中的一门艺术。不同行业、不同层面的人，有不同的妆容风格。这里仅从礼仪角度对社交妆容提出要求：淡雅。不论是公关活动、洽商公务、出差公干，还是赴约聚会，妆容均以淡雅为佳。用优雅的淡妆和得体的着装烘托出高雅的气质，切忌加厚面部包装，那样既有失自尊又有失礼仪。所以，出入公共场合和商务场合时忌用浓香型化妆品。

修眉

（三）内在美

仪容内在美是指通过学习不断提高个人文化素养、艺术素养和思想道德素养，培养高雅的气质，修炼美好的心灵，使自己秀外慧中、表里如一。

正确的人生观和人生理想是内在美的核心。各个时代、各个阶级有着不同的人生观和人生理想，衡量其正确与否的客观标准是，是否有利于人们创造力的发挥和全面发展，是否有利于人类物质文明和精神文明的进步，是否符合人民群众的利益和要求。

高尚的品德和情操是内在美的重要内容。品德是人们自觉的道德意识和道德行为；情操是由思想、感情、意志等构成的相对稳定的心理状态。它们受人生观的指导和制约，通过人们的言行表现出来。丰富的学识和修养也是内在美不可缺少的组成部分。特别是在科学技术迅猛发展的今天，博学多闻、聪慧能干、富有修养的人更受人们的尊敬和仰慕。那些不畏崎岖和险途、勇攀科学高峰、用自己的知识为人类文明建设作出贡献的人，其内心世界往往是美好的。

外表美是天生的资本，但是内在美却是在生活经历中慢慢磨炼的。试想一下：一个外表恬静俏丽的女子，一个英俊挺拔的男子，从外表来看赏心悦目，若是言谈举止粗鄙不堪，甚至把辱骂词句当成口头禅，做事大大咧咧，毫无章法，我们还会喜欢这样的外表美吗？因此，无论是男生还是女生，都

白衣天使

应该内外兼修。形象美属于外表，内在美则指人的德行。单有外表的形象美，而没有内在的德行，并不能算完整的美。内外俱美才可以称为庄严的人生，而庄严的人生才是快乐、幸福、完美的人生。

二、仪表

仪表是指一个人的外表，本书主要是指一个人所穿的服饰以及与服饰搭配的各种配件。服饰和着装的基本原则是 TPO（Time，Place，Occasion）原则，是指人们选择和穿着服装时必须考虑时间、地点和场合。我们很难想象一位五星级宾馆的女士穿着休闲短袖和牛仔裤立于大门旁迎接宾客的情景，也无法理解一位衣着考究的男士参加盛夏郊游活动时的心理感受。只有遵循 TPO 原则，服饰和着装才是合乎礼仪的，才能够给公众留下可敬、可信、可亲的心理效应。

（一）时间原则

时间原则一般包含三层含义：第一层含义是指每天早上、中午和晚上三段时间的变化；第二层含义是指每年春、夏、秋、冬四季的不同；第三层含义是指时代之间的差异。一般来说，早上、中午安排的活动户外居多，穿着可相对随便；而晚上的宴请、演出、舞会等活动较多，穿着相对讲究、正规。除了一天时间的变化外，服饰的选择还应考虑一年四季不同的气候条件的变化对着装的心理和生理所产生的影响。夏天的服饰应以简洁、凉爽、大方为原则，冬天的服饰则应以保暖、轻便、舒适为原则。服饰的选择还要顺应时代的潮流和节奏，过分复古（落伍）或过分新奇（非主流）都会不合时宜。

（二）地点原则

地点原则即环境原则，不同的环境需要与之相协调的服饰。在高贵雅致的办公室里、在绿草丛生的林荫中或在曲折狭窄的小巷里，穿戴同样的服饰可能会给人一种身份与穿着及环境不相配的感觉，而这种别扭的感觉有损个人形象。避免这种境况发生的最好办法就是"入乡随俗"，根据不同的地点选择合适的服饰。

（三）场合原则

场合原则是指服饰选择要与穿着场合的气氛相协调。参加庄重的仪式或重要的典礼等重大活动时，无论是随便穿一套便服，还是打扮得花枝招展，都会让他人认为你没有诚意或缺乏教养。一般来说，应事先有针对性地了解活动的内容和参加人员的情况，或根据往常经验精心挑选和穿着适合特定场合的服饰。

西服

【拓展阅读】

职 业 装

职业装又称工作服，是为工作需要而特制的服装。职业装有利于树立从业人员的职业道德规范，增强从业人员的工作责任心和集体感，培养从业人员的敬业精神。穿上职业装，人们就要尽心尽责、全身心地投入工作。

职业装的标识性旨在突出两点：社会角色与特定身份的标志以及不同行业、岗位的区别。前者如法官律师的法庭着装及各式军装、象征和平的绿色邮递员装、证券公司的“红马甲”等，现今酒店制服中标志性最强的服饰应首推“高筒白帽”，这是国际上公认的厨师职业服标志；后者如航空制服与铁路运输行业制服的差别，航空制服中地勤人员与机组人员的不同。

规范穿着职业服装的要求是整齐、清洁、挺括、大方。整齐：服装必须合身，袖长至手腕，裤长至脚面，裙长过膝盖，内衣不能外露；衬衫的领围以插入一指大小为宜，裤裙的腰围以插入五指为宜；不挽袖，不卷裤，不漏扣，不掉扣；领带、领结、飘带与衬衫领口的吻合要紧凑且不系歪；如有工号牌或标志牌，要佩戴在左胸正上方，有的岗位还要戴好帽子与手套。清洁：衣裤无污垢、无油渍、无异味，尤其领口与袖口处要保持干净。挺括：衣裤不起皱，穿前要烫平，穿后要挂好，做到上衣平整，裤线笔挺。大方：款式简练、高雅，线条自然流畅，便于岗位接待服务。

三、仪态

仪态也叫仪姿、姿态，是指人们身体所呈现出的各种姿态，包括举止动作、神态表情等。仪态是一种不说话的“语言”，但却又是内涵极为丰富的“语言”。举止的高雅得体与否，直接反映人的内在素养；举止的规范到位与否，直接影响他人对自己的印象和评价。“行为举止是心灵的外衣”，它不仅可以反映一个人的外表，也可以反映一个人的品格和精神气质。有些人尽管相貌一般，甚至有生理缺陷，但举止文雅端庄，落落大方，也能给人留下良好的印象，并获得他人的好感。正确的仪态礼仪要求做到自然舒展、充满生气、端庄稳重与和蔼可亲。诚如培根所说：“论起美来，状貌之美胜于颜色之美，而适宜并优雅的动作之美又胜于状貌之美。”

（一）坐立行

古训有云：“站如松，坐如钟，行如风，卧如弓。”一举手一投足都是个人特有的仪态，是体现个人风度的主要方面。

1. 坐姿

坐姿是人际交往中最重要的姿势，它能够反映的信息非常丰富。端庄优美的坐姿会给人以文雅、稳重、自然大方的美感；相反，不正确的坐姿不仅不美观，还容易引起人体畸形。

坐姿的基本要求：上体自然坐直，坐满椅子的三分之二；两肩放松，双腿自然弯曲，双脚平落地面，双膝并拢，男士可稍稍分开，女士双膝、脚跟必须并拢；两手半握拳放于膝上或双手交叠放于膝间，胸微挺，腰要直，目光平视，嘴微闭，面带微笑。

2. 站姿

站立是人们生活中最常见的姿势之一，良好的站姿不仅可以让人看起来稳重、大方、挺拔，还可以使身体各个关节的受力比较平均，有利于身体健康。

站姿的基本要求：全身笔直，精神饱满，两眼正视前方；两肩平齐，双臂自然下垂，脚跟并拢，脚尖分开约 60°，身体重心落于两腿正中；下颌微收，挺胸收腹，腰背挺直。

3. 走姿

行走是站立的延续动作，是在站姿的基础上的动态美。无论是在日常生活中还是在社交场合中，走路往往是最引人注目的身体语言，也最能表现一个人的风度和活力。

走姿的基本要求：上身基本保持站立时的标准姿势，挺胸收腹，腰背挺直，双臂以身体为中心前后自然摆动，前摆约 35°，后摆约 15°，手掌朝向身体内侧；起步时身体稍稍前倾，重心落于前脚掌，膝盖伸直，脚尖向正前方伸出；行走时双脚踩在一条线上，步幅要适当，着装不同，步幅也有所不同，如穿职业套装和皮鞋时，步幅应适当缩小，而穿休闲运动服时，步幅可适当加大。

（二）表情

表情即面部表情，是指脸部各部位对于情感体验的反应动作。表情与说话内容的配合最方便，因而使用频率比手势高得多。

笑与无表情是面部表情的核心，任何其他面部表情都发生在笑与无表情两极之间。发生在这两极之间的其他面部表情都体现为以下两种情感活动：愉快（如喜爱、幸福、快乐、兴奋、激动等）和不愉快（如愤怒、恐惧、痛苦、厌弃、蔑视、惊讶等）。愉快时，面部肌肉横位，眉毛轻扬，瞳孔放大，嘴角向上，面孔显短，所谓“眉毛胡子笑成一堆”；不愉快时，面部肌肉纵伸，面孔显长，所谓“拉得像个马脸”。无表情的面孔，平视，脸几乎不动。无表情的面孔最令人窒息，它将一切感情隐藏起来，让人不可捉摸，而实际上它比露骨的愤怒或厌恶更深刻地传达出拒绝的信息。

常用面部表情的含义：点头表示同意，摇头表示否定，昂首表示骄傲，低头表示屈服，垂头表示沮丧，侧首表示不服；咬唇表示坚决，撇嘴表示藐视；鼻孔张大表示愤怒，鼻孔朝人表示高兴；咬牙切齿表示愤怒，神色飞扬表示得意，目瞪口呆表示惊讶。

微　笑

真诚的微笑是社交的通行证。它向对方表达自己没有敌意，并可进一步表示欢迎和友善。因此微笑如春风，使人感到温暖、亲切和愉快，它能给谈话带来融洽平和的气氛。

微笑的基本方法：第一，放松自己的面部肌肉，使自己的嘴角微微向上翘起，让嘴唇略呈弧形；第二，在不牵动鼻子、不发出笑声、不露出牙齿的前提下，轻轻一笑。微笑除了要注意口形外，还要注意与面部其他各部位的相互配合，尤其是眼神中的笑意，整体协调才会形成甜美的微笑。可以从以下三种方式练习微笑。

1. 对镜练习：使眉、眼、面部肌肉、口形在微笑时和谐统一。

2. 诱导练习：调动感情、发挥想象力或回忆美好的过去、愉快的经历或展望美好的未来，使微笑源自内心，有感而发。

3. 众人面前练习：按照要求，当众练习，使微笑规范、自然、大方，克服羞怯心理。

爱美是人的天性，追求美是人们热爱生活的表现。随着社会文明程度的提高，追求形象美越来越成为人们的一种共识。天生丽质并不是每个人都能够拥有的，而个人形象却是每个人都可以去追求和创造的。无论一个人的先天条件如何，都可以通过化妆、服饰、外形设计等方式使自己拥有良好的形象。

【本节提示】

由于首因效应的存在，第一印象在我们的日常生活和工作中起了非常重要的作用，而影响第一印象的直接因素就是个人形象。良好的个人形象不仅可以给人留下良好的第一印象，也是自尊自爱、尊重他人的体现，更是职业人的工作需要和要求。

足容重，手容恭，目容端，口容止，声容静，头容直，气容肃，立容德，色容庄。——《礼记·玉藻》

第二节 社交礼仪

【导读】

一位外国教授正在给一群留学生上礼仪课，由于学生来自不同的国家，所以大家都听得很认真。

“礼仪就是从细小的地方开始做起，比如我刚才走进教室的时候，轻轻地敲了门。”教授说道，“敲门是有讲究的：敲一声，代表试探；敲两声，代表等待对方应答；敲三声，代表询问。而在现实生活中，有八成以上的人却不知道如何敲门。”

接着，教授在课堂上做了一次互动，一个学生扮演餐厅服务员，送外卖到教授家。“服务员”敲了三下门，进门后把外卖轻轻地放在桌子上。教授当场指出了“服务员”的问题：敲门声太重，没有表明自己的身份；也没有自带一次性鞋套套住鞋子，弄脏了主人家的地板。于是，那名学生按照教授的指点又表演了一次。

可完成后，那名学生仍站在讲台上看着教授。教授提醒他可以下台了。这时，他认真地对教授说：“老师，如果有人给我送外卖，我不会让他换鞋，我宁可自己再拖一次地板，因为那样会伤害那个人的自尊心。还有，对方离开的时候，我会真诚地对他说一声‘谢谢’。”

教授愣了一会儿，继而真诚地说了一句：“你说得对，谢谢你。”这时讲台下响起了热烈的掌声。

人与人之间是平等的，需要相互尊重。在与人交往的过程中，不要一味地要求对方怎么样，而应该退一步想一想自己为对方做了什么。尊重对方就应该体现在一言一行、一举一动中，只要是诚挚的，也就是人性的。

社交礼仪是指在人际交往、社会交往和国际交往中，用于表示尊重、亲善和友好的首选行为规范和惯用形式。社交礼仪是一种道德行为规范，比起法律、纪律，其约束力要弱得多。违反社交礼仪并不会受到制裁，但却会引来他人的厌恶和反感。社交礼仪的直接目的是表示对他人的尊重，尊重是社交礼仪的本质所在。在人际交往中，按照社交礼仪的要求就会使人获得尊重，从而心情愉悦，由此建立和谐的人际关系。

一、接待礼仪

在人际交往中，作为主人招待客人或作为客人到朋友、同事、同学家小聚，这是常有的事。那么如何才能使客人体会到你热情好客、礼貌待人的诚意呢?

（一）介绍

介绍是一切社交活动的开始，是人际交往中与他人沟通、建立联系、增进了解的一种最基本、最常见的形式。一般来说，介绍分为自我介绍、他人介绍和集体介绍。

自我介绍可以在最短的时间内把自己最好的一面展现出来，可以让自己很快赢得他人的认可。自我介绍要把握内容，根据不同场合、不同对象和不同需要定制不同的内容。工作式的自我介绍除了介绍姓名外，还应介绍工作单位和从事的具体工作；社交式的自我介绍则需要进一步的交流和沟通，可以在姓名、单位、工作的基础上谈谈兴趣、爱好、经历等，以便他人更好地了解你。除了定制不同的内容外，自我介绍还需要把握时间，既要选择恰当的时机，又要简洁明了。

他人介绍又叫第三者介绍，是指由第三者为彼此不相识的双方进行引见的一种介绍方式。介绍他人时，要遵循“尊者优先”的原则。如女士与男士之间，应先把男士介绍给女士；职位高者与职位低者之间，应先把职位低者介绍给职位高者；长辈与晚辈之间，应先把晚辈介绍给长辈；已婚者与未婚者之间，应先把未婚者介绍给已婚者；客人与主人之间，应先把主人介绍给客人等。一般来说，工作场合优先考虑职务高低，其他场合主要考虑年龄、性别等。介绍他人时，语言要准确、得体，万万不能将被介绍者的姓名、职务等弄错；要实事求是，避免使用命令式语句，如“过来，握手”等；在介绍某位尊者或女士时，应先征求他们的意见，得到允许后再进行介绍。

集体介绍是他人介绍的一种特殊形式，是指介绍者在介绍他人时，被介绍者其中一方或双方不止一个人。集体介绍原则上参照他人介绍的顺序进行。

（二）会面

在日常交往中，我们经常要与相识或不相识的人会面，为表示自己对对方的敬意、友好和尊敬，需要向对方行礼，这就是会面礼仪。较为常见的会面礼仪有握手礼、鞠躬礼、合十礼、拥抱礼、拱手礼、注目礼等，其中握手礼是最普遍的形式之一。

握手礼起源于中世纪的欧洲，现已成为大多数国家见面和离别时最常见的礼节。行握手礼时，主人、身份高者、年长者、女士一般应先伸手，以免对方尴尬；朋友、平辈之间则以先伸手为有礼；祝贺、谅解、宽慰时则以主动伸手为有礼。

握手礼的基本要求：上身稍稍前倾，两足立正，距离对方约一步，四指并拢，拇指张开，与对方握手，礼毕后松开；要摘帽，脱手套，女士装饰性手套和身份高者可例外；握手时，另一只手不要插在衣兜里，也不要一边握手一边拍对方的肩头，更不要低头哈腰或恭敬过度；无特殊原因不要用左手握手，多人握手时要避免交叉握手；长时间握手可以表示热情和亲热，双手握住对方可以表示尊敬，但一般情况下双方伸手握一下即可。

握手的力度、姿势和时间的长短往往能够表现握手人对对方的不同礼节与态度，要与不同的场合以及对方的年龄、性格、地位等因素相匹配。握手的时间要恰当，长短要因人而异。初次见面时，握手的时间不宜过长，以三秒钟为宜；切忌握住异性的手久久不松开。握手的力度要适当，可握得稍紧些，以示热情，但不可太用力。男士握女士的手应轻一些，不宜握满全手，只握其手指部位即可；与下级或晚辈握手时，作为上级或长辈一般应以相同的力度与之握手，这会使下级或晚辈对自己产生强烈的信任感。与老人、贵宾、上级握手不仅是为了表示问候，还为了表达尊敬之意。

（三）名片

名片是现代社会中个人身份的象征，是人们社交活动的重要工具。因此，个人名片的设计、递送、接受、存放也要讲究社交礼仪。

好的名片不仅能巧妙地展现出名片原有的功能，而且具备精巧的设计。设计名片的主要目的是让人加深印象，因此活泼、趣味通常是引人注意的名片的共通点，精美的设计无形之中可以增加对方的信赖感。

在社交场合中，交换名片的顺序一般是客先主后，身份低者先身份高者后。当与多人交换名片时，应依据职位高低的顺序或是由近及远依次进行，切勿跳跃式地进行，以免对方误认为有厚此薄彼之感。递送名片时，应将名片正面面向对方，双手奉上，眼睛应注视对方，面带微笑，并大方地说："这是我的名片，请多多关照。"接受名片时，应起身，面带微笑地注视对方。接过名片时，应说"谢谢"，随后有一个微笑阅读名片的过程。阅读时，可将对方的姓名、职衔念出声来，并抬头看看对方的脸，使对方产生一种受重视的满足感，然后回敬一张本人的名片。如果身上未带名片，应向对方表示歉意。接过别人的名片切不可随意摆弄或扔在桌子上，也不要随便塞在口袋里或丢在包里；应放在西服左胸的内衣袋或名片夹里，以示尊重。

（四）电话

电话是现代生活中最常见的通信工具之一。在日常生活中，我们往往能通过电话粗略地判断出对方的人品、性格等。因此，掌握正确的、礼貌待人的通话礼仪是非常必要的。

打电话时，应该注意以下几点：一要选好时间，若非重要的事情，应尽量避开对方的休息、用餐时间，而且最好别在节假日打扰对方；二要掌握通话时间，打电话前，最好先想好要讲的内容，以便节约通话时间，不要现想现说，通常一次通话不超过 3 分钟；三要态度友好，注意把控通话时的语音语调，讲话音量不宜过高；四要规范用语，一开始就要先做自我介绍，不要让对方“猜一猜”，请人代转时，应说“劳驾”或“麻烦您”，不要认为这是理所应当的。

接电话也不可太随便，也要讲究必要的礼仪和一定的技巧，以免横生误会。无论是打电话还是接电话，我们都应做到语调热情，自然大方，声量适中，表达清楚，简明扼要，文明礼貌。

一般来说，在办公室里，电话铃响 3 遍之前就应接听，响 6 遍后接听就应道歉：“对不起，让你久等了。”如果既不及时接电话，又不道歉，甚至极不耐烦，这都是极不礼貌的行为。尽快接电话会给对方留下好印象，让对方觉得自己被看重。接听电话时，如果对方没有自我介绍或者你没有听清楚，应该主动询问“请问您是哪位？我能为您做什么？您找哪位”，而不是直截了当的一句“喂！哪位”。这在对方听来陌生而疏远，缺少人情味。接电话时，应先做自我介绍。如果对方找的人在旁边，应说“请稍等”，然后用手掩住话筒，轻声招呼同事接电话；如果对方找的人不在，应该告诉对方并询问是否需要留言转告。

接电话时，一定要面带笑容。不要以为笑容只能表现在脸上，它也会藏在声音里。亲切、温柔的声音会使对方立刻产生良好的印象；如果绷着脸，声音也会随之会变得冰冷。养成用左手接听电话、右手准备纸笔的习惯，便于随时记录有用信息。

二、交谈礼仪

作为表达思想、交流信息和抒发情感的基本方式，谈话一向受到人们的重视。因为它不仅是对语言的组织与运用，而且是影响人与人之间理解与沟通的关键因素。

（一）交谈的声音

无论是在日常工作还是其他社交场合中，都应注意不要高声说话，以免妨碍他人，引起他人的反感。说话时，语调应尽量柔和、悦耳。平时可以有意识地加以训练，还可以经常阅读书报，掌握丰富的词汇，增强表达能力。

（二）交谈的姿态

交谈时，应伴有微笑、点头等礼节，以示对对方的尊重；目光应有意识地注视对方，以示对所谈内容的关注。目光的投射区域应根据交往的场合和对象的不同而异。通常情况下，相互目光接触的距离以 1—2 米为宜，胸部至头顶上方 5 厘米左右、两肩外侧 10 厘米左右即可。

交谈时，无论是站着还是坐着，身体的姿态都应端正。如果面前没有桌子，通常双手可以放在大腿或座椅的扶手上；如果有桌子，双手应摆放于桌面上。双手摆放的姿态通常有三种：双手分开放、双手交叉放、双手相叠放。无论选择哪种摆放姿态，切忌双肘支在桌面上，通常腕关节至肘关节的三分之二处接触桌面即可。同时，交谈中手势不要过多，幅度不要过大，变化不要过快，运用的范围应控制在目光所接触的区域内。

【拓展阅读】

界 域 语

界域语是指交谈者之间以空间距离所传递的信息，它是人际交往中的一种特殊的体态语言，也叫交往的空间距离。在人际交往中，人与人之间的距离是有一定规范的。美国人类学家爱华德·霍尔把人际交往的空间划分为亲密区域、个人区域、社交区域和公共区域。

1. 亲密区域。0—45 厘米以内，是人际交往中最小的距离。有着极其严格的对象及场合限定：只适于亲人、恋人、夫妻之间的交谈；不适合在社交场合、公众场合与一般的同性或异性之间的交谈。

2. 个人区域。45 厘米— 1 米之间，通常适于熟悉的朋友、同事在公开的社交场合的交谈。

3. 社交区域。1—3 米左右，通常适于与个人关系不是很熟悉的人的交谈，可在多种场合使用，如接待宾客、上下级谈话、与人初次交往时等。

4. 公共区域。3 米以外，是人们在较大的公共场合所保持的距离，如公园散步、讲演、集会等场合。

在交谈中，人与人之间只有保持一定的距离，交谈才会轻松自如。

（三）有效倾听

人在内心深处都有一种渴望得到别人尊重的愿望。倾听是一种技巧，是一种修养，甚至是一门艺术。学会倾听应该成为每个渴望事业有成的人的一种责任，一种追求，一种职业自觉。倾听也是优秀人才必不可缺的素质之一。那么如何才能有效地倾听对方的谈话呢？

我们可以注意以下几点：一是鼓励、引导对方说下去，可以采用提问、赞同、简短评论、复述对方话头、表示同意等方法，如“你的看法呢”“再详细谈谈好吗”“我很理解”“想象得出”“好像你不满意他的做法”等；二是抓实质，抓住对方所要表达的实质性问题，不要被他的遮掩或言语技巧方面的缺陷所误导；三是不要打断，不要贸然地中途给对方的谈话下决断性的评论；四是不耻下问，对自己没听懂的话，随时询问；五是避免出现沉默，热情主动地听，并给予理解与否的反馈。

三、宴会礼仪

宴会是社交活动中较为常见的形式之一。宴会的形式多种多样，按其规格可分为国宴、正式宴会、便宴、家宴等。国宴特指国家元首或政府首脑为国家庆典和外国元首或政府首脑来访而举行的正式宴会，是宴会中规格最高的。按照规定，举行国宴的宴会厅内应悬挂两国国旗，安排乐队演奏两国国歌，席间主宾双方要致辞、祝酒等。正式宴会除了国旗、国歌和出席规格有差异外，其余安排与国宴相同，宾主按身份就座。许多国家的正式宴会对餐具、酒水、菜肴的道数及上菜程序均有严格规定。便宴属于非正式宴会，最大特点是简便、灵活。家宴即在家中设便宴招待客人。

（一）应邀抵达

接到宴会邀请（请柬或邀请信）后，要尽快答复对方是否能够出席，以便主人安排。在接受邀请之后，不应随意改动。如果遇到迫不得已的特殊情况而不能出席，应尽早向对方解释、道歉，必要时还需亲自登门表示歉意。

应邀出席活动之前，要核实宴请活动举办的时间、地点以及着装要求。赴宴应遵守时间，一般按规定时间提前两分钟到达，不宜提前过多（十分钟以上）。有的宴会备有休息厅，如果提前抵达，可在休息厅等候，不要急于进入餐厅。

（二）入座进餐

宴会入座一般由侍者或女主人（主人）引导客人入席。客人应按席位卡对号入座，不可随意乱座。

入座后，坐姿要端正、自然，切忌玩桌上的酒杯、盘碗、刀叉、筷子等餐具。进食时要文雅，吃东西时应闭着嘴细嚼慢咽，尽量不发出声音；喝汤时不要啜，若汤菜太热，稍凉后再食用，切忌用嘴吹去热气；嘴内有食物时切忌说话；吃剩的菜、用过的餐具、牙签及骨刺等都要放入盘内，切忌随意乱扔；剔牙时，要用手或餐巾遮口。

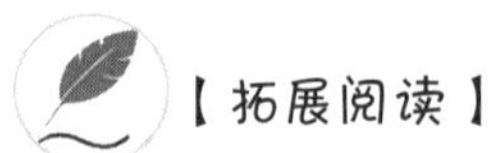

中西餐宴会礼仪

中餐正式宴会以圆桌排座，排座严格按照礼宾要求，与宴者按照席位卡对号入座。对于宴请服饰要求，应在请柬上注明。餐具、酒水、菜肴道数及上菜程序等均有严格的规定。宴会服务质量要求较高，高档宴会要求上一道菜换一次餐盘。每道菜上桌后先向宾客示盘，然后再进行分菜。宴会过程中，通常配有背景音乐或穿插文艺表演以调节宴会气氛。

西餐正式宴会餐台按照长台形布置。西餐采用分食制，每道菜按每人一份上桌。西餐餐具为刀、叉、匙，按西餐进餐习惯应当右手拿刀、左手持叉，由左手将食品送入口中。不同形状、不同大小、不同规格的刀叉对应不同的食品，应仔细区别。西餐的上菜顺序与中餐不同，先后顺序为冰水、开胃菜、汤、海鲜、肉食、主菜、甜食、水果、咖啡、红茶。西餐酒类较多，不同的酒选用不同的酒具与不同的菜肴搭配，要注意学习和掌握。西餐进餐讲究文雅而有风度，席间不宜大声谈笑，进餐时尽量不发出声响。

（三）宴会告别

宴会结束后，主人要到门口等待客人离去。道别的形式，主人可以一一握手送行，客人要感谢主人的热情款待。在规模较大的宴会中，送客是点到为止。若是两三桌的小型宴会，主人对某些来宾，如长辈、路远的稀客，可以差遣小辈送上一程，或者给他们雇车，以表示自己的情意。此外，在与客人辞别时，如果客人较少，还可以说句客套话，如“谢谢光临”。作为客人，有时在出席私人宴会后，往往致以便函或名片表示感谢。

【本节提示】

人们在创造优越的物质环境的同时，还应创造和谐的人际环境。一个人能否适应现实社会或周围环境是衡量他心理健康状况的重要标准。社交礼仪是一种艺术，有助于提高自身修养，促进社会交往和人际关系的改善。学习礼仪并懂得礼仪，不仅是时代潮流，更是提升竞争力的现实需要。

爱人者，人恒爱之；敬人者，人恒敬之。——孟子

第三节　办公礼仪

【导读】

刘媛毕业后到了一家外企工作。一次，公司开新产品推广会，部门所有的人都连夜准备文件。但由于刘媛入职不久，上司分配给她的工作很简单：装订和封套。她的上司是一个五十多岁的美国人，他一再叮嘱刘媛："一定要做好准备，别到时措手不及。"刘媛听了不以为然，心想这种小学生都会做的事，还用得着这样婆婆妈妈地嘱咐我？于是，她没怎么理会。同事们忙碌时，她也没有帮忙，只是坐在座位上装模作样地做自己的工作，实际上是在看一本美容杂志。终于，同事们将文件材料准备完毕后交到了她的手里，她开始一件一件装订，没想到只装订了 20 多份，订书机"咯噔"一声空响，钉书钉用完了。刘媛漫不经心地抽开钉书钉盒，却发现里面没有书钉了！她马上到处找，却怎么都找不到。上司看见后，也立刻让所有人翻箱倒柜。不知怎的，平时随处可见的小东西，现在却仿佛蒸发了一般。当时已是深夜了，而文件必须在第二天早上九点大会召开前发到代表手中，上司怒不可遏地对她大喊："不是叫你做好准备吗？怎么连这点小事也做不好！"刘媛低头无言以对，脸上像挨了一巴掌似的滚烫刺痛。

办公室里无小事。所有的人都是自己的"上帝"。在办公室里，你的心中有自己的"上帝"吗？你敬畏"上帝"吗？在一些职场新人的心中，根本就没有这个"上帝"。在他们看来，把自己的工作当"上帝"对待是一件可笑的事。他们不仅缺乏这种"呆板的严谨"，而且也看不起这种"呆板的严谨"。他们在思想上似乎都有这样一个误区：成大事者必不拘小节，自己将来是做"大事"的人，所以可以不拘小节。然而，他们却忘了中国的一句古训：一屋不扫，何以扫天下？只有脚踏实地，从小事做起，你才有可能铸就人生的辉煌。

办公室是职业人从事工作活动的主要场所。现代办公室凭借综合性、广泛性、

程序性等特点逐渐成为重要的礼仪场所。办公礼仪不仅仅意味着礼貌，还能使职业人高效地工作，消除涣散的精神，创造和谐愉快的工作氛围，从而使职业人在工作中充分发挥自己的实力。

一、办公环境的布置

办公室是单位员工工作的地方，同时也是接待来访者的场所。从一定意义上说，办公室是企业单位的门面。办公环境的布置是一种无声的语言，向来访者默默传递着重要信息，体现企业单位的精神面貌。办公环境的状况还会影响员工的心理情绪，进而影响他们的言谈举止和待人接物的礼貌礼节。在一个干净整洁、格调高雅的办公环境中，人们会不自觉地要求自己与环境相协调，从而自然变得文明礼貌、庄重大方，正所谓“久居芝兰之室而不闻其香”。

办公室要保持窗明几净和空气清新，要及时清理废弃物，经常打扫、清理办公用品，非特殊情况不宜拉下窗帘。个人办公桌要保持整洁，非办公用品不宜外露，桌面资料摆放整齐，合理利用收纳文具。不在办公设施上乱写、乱画、乱贴，需要张贴的文件纸张等应固定贴在某个区域，保持整齐美观。办公室的绿植可以调节气氛和情绪，需要定期打理，保持葱郁。

二、办公室的沟通准则

对于职业人而言，办公室可谓是第二个“家”，人生的大部分时间都将在办公室度过。营造良好的办公沟通氛围对职业人的工作情绪和工作效率起着极大的作用。

批评、责备、抱怨、攻击等都是办公室沟通的“刽子手”，它们只会让工作和事情变得更加糟糕。不批评、不责备、不抱怨、不攻击、不说教，绝不口出恶言，须知恶言伤人，祸从口出。互相尊重、坦诚相待才是办公室沟通和谐的关键所在。当情绪冲动时，不妨停下来，让自己冷静一下。人在冲动时容易失去理智，这种时候作出的决定很容易让人后悔且无法挽回。不理性的争执不会有好结果，更不存在沟通可言。学着说“对不起”和“我的错”。当面对问题和困难时，大部分人的本能反应是洗清自己的过错和撇掉自己的责任。殊不知道歉和承认错误是沟通的“消毒剂”和“软化剂”，有时道歉和承认错误并不代表真的犯了不可挽回的错误，却可以让事情有转圜的余地。学会在矛盾激化时化解矛盾才是一个智慧职业人的素养。

【拓展阅读】

不该在办公室做的事情

第一，上班迟到。即使上司对你的迟到行为没有多说什么，那也不表示他对此毫不在乎。作为一个尽职的下属，你至少应该比你的上司提前15分钟到办公室。

第二，穿着暴露。在着装方面稍不注意（如过短的裙子或透明的上衣等）就会影响你的职业形象。出门上班之前，应该养成在穿衣镜前认真检查的习惯，弯弯腰，伸伸手，并坐下来看自己是否暴露了不应该暴露的身体部位。

第三，错误的隐身。为了不打搅别人的工作，你总是避免和同事进行面对面的交流，这样会使你逐渐地从同事中孤立出来，也无法引起上司对你的注意。所以，你应该学会向同事们问好，不要事事都通过手机和邮件。有的工作要主动及时给上司提交备忘记录。

第四，办公室闲聊。在办公室与同事进行适当的交流是可以的，但上班时间的闲聊必须有一定的分寸。如果你花太多的时间与同事聊天，就会给人留下一种无所事事的印象，同时还会影响你的同事无法按时完成工作。

【本节提示】

办公礼仪是处理办公室人际关系的行为规范。在办公场所中，职业人不仅要尊重、支持、理解上级，而且要保持应有的距离；对同事要真诚合作，公平竞争，宽厚待人；要公私分明，不要把私人事务带到办公室来，不要在办公室长时间接打私人电话，不要在办公室随意上网聊天；不议论领导，不谈论低俗无意义的话题，不谈及私人问题，尤其是小道消息和恶意中伤他人的话题。

【训练与思考】

1. 职业礼仪主要包含哪些内容？分别具有什么意义？
2. 根据自身情况和职业礼仪的要求，模拟一场面试。
3. 模拟办公室的常见事件，包括接听电话及留言、接待来宾、引导介绍等。
4. 结合本章内容，谈一谈如何提升自身的职业礼仪素质。

第五章 职业能力

◆ 学习目标 ◆

1. 了解职业技能和职业核心能力的概念；
2. 理解专业基本功训练和职业核心能力的重要性；
3. 掌握安全、质量、环保意识的培养方法；
4. 加强职业核心能力的训练。

◆ 案例导入 ◆

"航天数控英才"苗俭，是上海市 2012 年技能大师工作室中唯一的一位女性。作为铣工和加工中心操作工双工种高级技师，苗俭亲手制造出运载火箭、战术武器和载人飞船等的关键零部件超过千件。苗俭在航天世界中不断超越自我，创造了不凡的业绩。

从铣工到数控机床，再到工艺编程，上海女孩苗俭在这个许多男性都不敢想象的钢铁制造世界里潜修了 17 年。她和很多男工人一样亲手操作几百公斤重的超大零件，亲自搬运几十公斤重的机床压板、垫块、工装夹具等，她练就了极强的站功以应对每天长达近 10 小时的站立式工作，她的高超技艺在一定程度上代表着不断更新换代的最先进的航天加工技术。

1995 年，作为学校数控精英班的班长，苗俭却因为是女生，遭到多家用人单位的拒绝，最后被航天 804 所勉为其难地招入单位，成为一名在一线劳作的铣工。自此，冷却液的污渍、飞溅出的铁屑、大小不一的烫伤整整陪伴了苗俭 7 年。然而在此期间，她压根儿"没闲着"，为自己制订了两个五年计划，瞄准提高技术等级、提升学历等目标，取得了上海机电职工大学数控应用技术专业大专学历，提交了入党申请书，拿到了数控高级工证书，获得了同济大学机械专业本科学历。

中国航天技术的高速发展对她的技能不断提出高标准、严要求，不仅让她坚持不懈地进行一次又一次的自我突破和全面提升，更给她提供了施展才华和超越自己的航天大舞台。在国家航天重点工程某型号重要部件的工装设计中，苗俭让高精度复合变曲面不锈钢翼板的五点动平衡重量误差从 2 克减小到 1 克，产品合格率从 10% 提高到 100%。多年来，她学习软件编程操作，掌握多种计算机辅助设计 / 计算机辅助制造软件，开发运用多款软件系统，解决了国家航天"高新工程"中大型件的高精度加工，完成了"导弹翼板""频率综合器盒体"等复杂产品的机械加工，其中难度较大的大型件就有百余项。

除了攻关上的成就感，让苗俭一直最有自我超越激励的是参加各种全国性的技能大赛。1998 年，在上海航天技术研究院高级铣工比武中，苗俭获得了高级铣工第一名的荣誉。2009 年，苗俭代表上海市参加全国第三届职工职业技能大赛加工中心操作工决赛，通过短短一个月的勤学苦练，她的团队在比赛中获得了优异成绩。

苗俭的技能大师工作室以先进数控加工为主要方向，麾下汇集高技能人才、工艺技术人员等方面的 14 名航天技术能手，承担着我国航天星、箭、弹、船、器控制系统的精密机械加工任务，以及航天领域的各种技术攻关、竞赛比武和带徒传技等任务。这支平均年龄不到 40 岁的团队，是航天飞机加工技术技能人才的黄金团队。

在她的带领下，工作室开展了卫星铸件支架多位旋转式装夹等工艺攻关项目，并撰写多篇论文，起到技术积累和推广的作用。

如果不是7年来的坚持，如果不是那几张平日里看似没啥用处的“文凭”，如果不是那股子“不安于现状”的奋斗劲，或许至今，苗俭仍是那个“吃了大亏”“不被看好”的普通铣工。因此，她表示：“我深信，机会只会留给有准备的人。我能做到的，相信其他在校青年学生也一定能行。只要认准方向，一定能走出一条实现人生价值的路。”从这个上海女孩身上，我们可以看到明晰的职业发展和自我管理、精益求精的职业技能和超强的学习能力，这些构成了职业发展的奠基石。

职业能力是职业人从事某一特定职业活动所必备的一系列稳定的能力特征和素质的总和。职业能力是职业素养的外在表现，是职业生涯成败的关键因素；职业素养则是职业能力的内涵基础，决定职业能力的强弱。

职业能力有多种分类方式。按照职业能力的表现形态，可以分为显性职业能力和隐形职业能力；按照职业能力的涵盖范围，可以分为专业能力、社会能力、方法能力；按照职业能力与工作岗位的密切程度，可以分为岗位职业能力、行业通用职业能力、职业核心能力等。

本章主要从职业技能、职业核心能力、职业核心能力的训练三方面进行介绍，使学生了解其基本内容，并通过坚持不懈的自我管理能力训练、解决问题能力训练和执行力训练，不断提升交流表达、数字应用、信息处理、与人合作、解决问题、自我学习、革新创新和外语应用等职业核心能力。

无论哪一行，都需要职业技能。天才总应该伴随着那种导向一个目标的、有头脑的、不间断的练习，没有这一点，甚至连最幸运的才能，也会无影无踪地消失。——德拉克洛瓦

第一节 职业技能

【导读】

世界技能大赛象征着国际技能和技术培训的顶峰。中国于2010年加入世界技能组织，并在2013年参加的第42届世界技能大赛上实现金牌零的突破。在2015年第43届世界技能大赛中，32名选手在29个项目的比赛中取得了5枚金牌、6枚银牌、3枚铜牌和12个项目优胜奖的优异成绩，取得了历史性突破。

然而，在为来之不易的成绩欢欣鼓舞的同时，也必须看到与制造大国极不相称的参赛情景以及与韩国、德国、日本等国家在比赛经验、企业和技工参与程度上的差距。令代表团成员印象尤为深刻的是，韩国参加了世界技能大赛全部50个项目的角逐，而且无论是任务完成质量还是掌握比赛规则都具有明显优势。

赛场内，拼的是选手的技艺；赛场外，拼的是一个国家技能人才队伍建设的总体实力。世界技能大赛中国代表团团长、中华人民共和国人力资源和社会保障部职业能力建设司司长张立新说："我们离技能强国的确还有很长距离，希望金牌和金牌背后的故事能够带给我们整个民族一些反思和启示。""中国制造"要想成为"中国智造"，亟须补齐"大国工匠"培养这块"短板"。

美发项目的比赛时间超出很多人的预期。比赛时间为4天，共22个小时，分为女士前卫造型、女士技术晚宴造型、女士长发向下造型、男士烫发雕刻和胡须设计等模块，是对选手全面技术和身体极限的挑战。"不仅考验我们的技术，更重要的是考验我们的心理素质、体力和毅力，而这些对选手来说是最难的。这是一场持久战，谁能高效率、高质量地坚持到最后，谁就是真正的赢家。"制造团队挑战赛项目选手玉海龙告诉记者。

世界技能大赛采取开放性的组织形式，既是展示青年技能的大舞台，也是带动民众热情的舞台。比赛都是在公开的空间进行，观众可以近距离观看选手的比赛。

而国内的一些技能大赛偏教学性质，都是在学校内部完成比赛，基本不对外公开。比赛中使用的一些比较高的行业标准，目前我国很多企业还达不到。国内的技能大赛侧重快和难，但世界技能大赛更侧重质量、安全、健康和环保。

2013 年，我国劳动年龄人口将近 9.2 亿。预计到 2030 年之前，我国劳动力规模都将保持在 8 亿人以上。然而，我国技能劳动者总量严重不足，仅占就业人员的 19%，高级技工数量不足 5%，技能劳动者的求人倍率一直在 1.5:1 以上，高级技工的求人倍率甚至达到 2:1 以上。技工紧缺现象逐步从东部沿海扩散至中西部地区，从季节性演变为经常性。

张立新说："世界技能大赛的成绩在一定程度上反映了国家的经济发展实力和技术技能的发展水平。世界很多国家，特别是制造业强国对于这个赛事都高度重视。中国是经济和工业大国，应该在代表世界技能最高水平的竞赛中有所作为，也反映我国近年来经济发展的成果。"

显性职业能力主要是指该职业所要求的各种知识和专业技能，如各种应用设备的操控能力、语言文字的表达能力、沟通协调能力等。显性职业能力中最重要的是职业技能，是严格按照标准、规范实施操作的能力和高度重视安全、质量、环保的意识。隐性职业能力包括学习思考能力、总结创新能力、经营管理能力以及自我管理和不断自我完善的能力等。

一、职业技能概述

狭义的职业技能是指与完成工作任务相关的智力及技术技能。广义的职业技能是指在职业环境中高效地运用专业知识、职业价值观、道德与态度的各种能力，包括智力技能、技术技能、个人技能、人际沟通技能等，具体分为技术相关的技能、人际关系相关的技能和解决问题相关的技能。

（一）技术相关的技能

技术相关的技能既包括最基本的技能——阅读、写作和数学计算能力，也包括与特定职务相关的能力。随着科技的进步和商业的发展，绝大多数职位的要求与以前相比都变得更加复杂，如自动化办公、电子商务、企业管理、数控机床等都要求毕业生有数学、阅读、计算机方面的知识。随着大量的高新技术被应用于生产领域，这就使得毕业生在入职时不仅需要掌握必备的知识和技能，而且需要具有持续的自我学习能力和意识。

【拓展阅读】

农民工变技能大师

做了三十多年的铁路接触网施工，他记下了近 300 万字的笔记；虽然只有高中学历，但他编撰的《接触网施工经验和方法》成为铁路施工一线“宝典”；他参加过十多项国家铁路重点工程建设，创新施工方法 143 项；他身高只有 1.62 米，却被工友们称为“小巨人”。他就是巨晓林，是中铁电气化局集团第一工程有限公司的一名技术员。

1987 年的春天，巨晓林第一次坐上火车，前往铁路工地上班，自此和铁路电气化建设结下了不解之缘。刚上班，巨晓林看着一张张犹如天书的施工图纸和一堆堆叫不上名称的接触网零部件直发蒙。白天跟着师傅学，晚上撵着师傅问，宿舍熄灯以后，还悄悄地打着手电筒学习。有工友问他：“你一个农民工，学那玩意儿干啥？”他说：“干，就要干好！咱农民工也要努力学技术，成为懂行的人。”

为了掌握施工技术，他买了三十多本专业书，无论工地转移到哪儿，他都把这些书带在身边。功夫不负有心人。1989 年的夏天，巨晓林和工友们在北同蒲铁路工地进行接触网架线作业。当时，每到一个悬挂点，都要有人肩扛电线爬上爬下，十分辛苦。巨晓林想出了“铁丝套挂住滑轮”的架线办法，使效率一下提高了两倍。从此，他的工作服口袋里便多了一个小本子，施工中不管碰到什么问题，他都随手记下来。随着我国铁路的快速发展，一批又一批农民工来到铁路电气化工地。看到新工友学习接触网技术吃力，巨晓林萌生了编写一部工具书的想法，把自己的经验传授给大家。

写书，对他这个高中学历的人来说，就像是攀一座高山。经过三年多的艰苦努力，巨晓林终于完成了《接触网施工经验和方法》的写作。中铁电气化局集团有关专家对书稿进行科学论证和精心修改，编印成书，发到全局数千名接触网工手中。2010 年 5 月，巨晓林作为高技能人才，被选调到举世瞩目的京沪高铁参与施工技术攻关，公司聘任巨晓林为“工人导师”。

（二）人际关系相关的技能

人际关系相关的技能是指处理人与人之间、人与事之间关系的技能，即理解、激励并与他人共事和沟通的能力。工作后，每个毕业生都会从属于一个组织或团队，工作绩效除了与其自身的专业能力有关，还受制于与同事和领导的关系。注意改进人际关系技能，学会做一个好的听众、与他人沟通想法、避免直接冲突等对初入职场的大学生就显得格外重要。一个曾经很难与人一起工作的毕业生，通过一次3小时的小组座谈，她与同事相处的方式发生了改善。在座谈会上，她和同事开诚布公地谈了如何看待对方，同事们反映她过于傲慢，每一句话都像是命令。了解到这些意见后，她努力改变说话方式，与同事的关系有了很大的改善，进而提高了团队的工作绩效。

【拓展阅读】

赢得人心，你才能拥有众人

东晋时，晋元帝司马睿移都建邺后，对于能否在江东站住脚，他并没有十足的把握。因为江东士族对他表现得十分冷漠，在相当长的一段时间里，居然没有一位名流拜见过他。

江东士族的态度使司马睿和王导焦虑不堪，如果得不到众多士族的支持，在江东站住脚将无从谈起。为此，王导决定选一个良辰吉日拥司马睿出巡，来观察江东士族的动态，再决定下一步如何行动。在出巡的过程中，他故意从顾荣、纪瞻等人的宅第绕行，终于得到了他们的拜见。

王导代表司马睿拜访顾荣和贺循，向他们请求帮助，这是政治礼遇，也是一个信号，它表明司马睿有意重用江东士族。顾荣和贺循二人欣然接受。司马睿终于和江东士族拉上关系。在顾荣和贺循二人的影响和推荐下，其他江东士族相继而至，司马睿分别给他们晋级封爵。其中，顾荣是司马睿非常器重的人，事无大小，司马睿都找他商议。对于江东士族来说，这确实是东吴灭亡后少有的光辉时期。为了与江东士族搞好关系，王导还学说吴语，并提出与吴郡陆氏联姻的要求。不久，散骑常侍朱嵩和尚书郎顾球逝世，鉴于吴郡朱氏和顾氏都是江东名门望族，司马睿为表达他的心意，勇于突破仪制，亲自为他们发丧。司马睿接二连三的举动，终于使江东士族大为感动，纷纷投靠他。终于，司马睿被江东士族确认为他们利益的最高代表。

有了众人的支持，司马睿终于可以松一口气，他的江东政权逐渐稳定下来。由此可见，众人的支持是一个人一生不可缺少的支柱。赢得人心，你才能拥有众人；依靠众人，你才能在社会中站稳脚跟。

（三）解决问题相关的技能

解决问题相关的技能是指人们运用观念、规则、一定的程序方法等对客观问题进行分析并提出解决方案的技能。许多毕业生发现，他们在工作中需要解决一系列问题，特别是那些非常规的、富于变化的工作更是如此。如果他们对遇到的问题没有充分的心理准备或解决问题的技能不尽如人意，可能会使工作陷入僵局或停滞。因此，建议职场新人通过强化逻辑、推理和确定问题的能力以及拟定解决问题的可行方案、提前做好各类预案等方式达到解决问题的目的。

"一滴智慧"成就传奇人生

有一位年轻人在美国某石油公司工作，也没有什么特别的技术，他的工作连小孩都能胜任，那就是巡视并确认石油罐盖有没有焊接好。没过几天，他便对这项工作厌烦了，很想改行，但又找不到其他合适的工作。他想，要使这项工作有所突破，就必须找些事做。因此他留神观察，发现罐子每旋转一次，焊接剂滴落 39 滴。

他努力思考：在这一连串的工作中，有没有可以改善的地方。一次，他突然想到：如果能将焊接剂减少一至两滴，是否能节省成本？他经过一番研究，研制出"37 滴型"焊接机，经试用后并不实用。他不灰心，继续用心钻研，终于又研制出"38 滴型"焊接机。这次发明非常完美，虽然只节省了一滴焊接剂，但那一滴焊接剂却替公司增加了每年 5 亿美元的新利润。这个年轻人，就是后来掌握全美制油业 95% 实权的石油大王——约翰·戴维森·洛克菲勒。

二、提升职业技能的基本途径

提升职业技能是职场人获得发展和快速成长的基本途径。制造企业普遍重视员工的技术技能，希望员工在工作中不断提升技能水平。比如上海汽车变速器有限公司为数控机床操作工周巍设置"首席技师"岗位，并大力提倡"看周巍、学周巍、做周巍式的青年"，营造良好的崇尚技能氛围；上海格尔汽车科技发展有限公司为员工设置"技能奖"，鼓励员工成为熟悉生产线各工位的"全线通"员工，督促员工主动学习技能。提升职业技能的基本途径包括以下六方面。

一是具有扎实的专业基础知识和基本技能。理论来源于实践，也能指导实践；没有理论的实践则是盲目的实践。扎实的基本功训练有利于提升产品质量和减少安全隐患。

二是勤于动手，勇于实践。实践出真知，实践是检验真理的唯一标准。唯有亲身实践，印象才会深刻，也更容易在试错中积累经验，形成理性、具体的亲身经验。

三是深入现场，留心观察。只有了解现场的生产工艺、设施设备、程序图纸，才能尽快熟悉产品的整个生产流程，对常见问题和处理方法有更加深入的理解。宝贵的现场资料和经验教训又要靠处处留心获得。

四是勤学好问，深入钻研。对不懂的问题不能不懂装懂，也不可轻巧带过，要有“打破砂锅问到底”的精神。与领导、同事相处时，保持“三人行必有我师”的心态，虚心学习，积极实践，在解决疑问的过程中不断进步和成熟。

五是不怕出错，善于总结。每次处理完事故之后，要进行总结，哪里做得不好，哪里做得好；做得不好的，下次吸取教训；做得好的，继续发扬。经历是宝贵的财富，它使人进步和成熟。吃一堑，长一智，一次做得不好，第二次就应该尽量做好。

六是学习榜样，不懈努力。榜样的力量是巨大的。对于职场新人来说，自觉向那些有良好职业规划、通过不懈努力收获成功的技术能手学习，会有事半功倍的效果。上海作为近代民族工业的摇篮，多年来涌现出李斌、徐小平、许大山、戴昌麒等老一辈技能大师以及苗俭、宣建岚、谢邦鹏、周巍等新一代技术能手。这些技能大师不仅技艺高超，而且普遍平易近人。如果职场新人能虚心学习身边师傅的优良品质，加上“天生我材必有用”的自信，那么总有水到渠成的时候。功夫不负有心人，坚信只要付出过、努力过，必然会有所收获。高职毕业生同样可以为中国制造向中国创造的迈进贡献独特的力量！

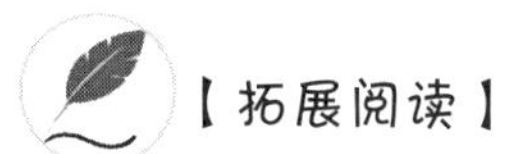

【拓展阅读】

王健：从普通检修工到高级技师

精干、严谨是王健留给很多人的第一印象，领导直言“做王健的领导是幸福的”，工友坦言“王健动手能力强”。他是团队的“定海神针”，同时“严谨到有点苛刻”。

王健是华能（上海）电力检修有限责任公司的一员，从上班第一天到现在，一干就是26年。他在汽轮机检修领域摸爬滚打，刻苦钻研，从一名普通检修工一步步成长为高级技师、技术专家。

2016年，华能（上海）电力检修有限责任公司首次承接西门子超超临界1000MW火电汽轮机组筒式高压缸检修和西门子原装蒸汽—燃气发电设备汽轮机岛大修。西门子股份公司以工业汽轮机制造而闻名，并在该领域实行技术垄断。这两个项目一直垄断在西门子股份公司手中，因技术保护不给国内检修企业提供支持，国内也没有可借鉴的案例，项目难度极大。

王健说："第一次做这个工程的时候，厂家表示不放心，我们就请了西门子的技术人员提供技术支持，一个缺陷工程师来 7 天，每天 6500 欧元；一个主管大约每天 3500 欧元；两个技师大约每天 2500 欧元。那会儿，一个工程算下来大概 400 万。第二次工程，西门子的技术人员对我们报的数据提出了一些调整方案，他们认为我们这样干不行，但是我们坚持了自己的意见，按照自己的想法干了下去，效果很好。之后，西门子股份公司认为我们在跟他们竞争，也开始报低价了。"

为了完成任务，王健翻阅了大量的技术资料，编制合理工期和制订检修计划。在筒式高压缸检修中，他带领团队攻克了高压主汽门与高压缸连接大螺纹环检修拆卸等一系列难题，主持并制定轴系调整方案，使项目比预期工期提前 3 天完成，后续启动一次成功，高压缸效率提高了 6 个百分点；在燃气轮机检修中，他不仅圆满完成任务，而且设计并实施了彻底解决设备启动时汽轮机轴系与发电机轴之间的 3S 离合器啮合时相邻 5.6 号轴瓦的振动问题的方案，确保了机组调峰频繁启停的安全性。

王健注重传承，毫无保留地将积累多年的检修"手艺"传给了后辈。王健的徒弟韦晔说："我当时跟着我师父，师父说得最多的一句话是'做过了没有，做好了没有'，一开始我并不理解这句话，后来我慢慢地就懂了，'做过'和'做好'是两个概念。就像你打扫一个房间的卫生一样，随便扫扫，是扫过了，但是如果我把窗户擦一下，家具擦一下，地再拖一下，这才是做好了。"

三、专业基本功的训练

基本功是指从事某种工作所必须掌握的基本知识和技能。万丈高楼平地起，从事各种职业显然都需要掌握扎实的专业基本功（基本技能）。提到基本功的重要性，幼年时学习过舞蹈的同学记忆犹新。几个简单的基本步骤，通过肌肉的拉伸、身体的摆荡、精确的控制，随着音乐随心所欲地调整步幅，翩翩起舞。然而，这些都需要克服自然形态的缺点，掌握正确形态；需要训练肢体的柔韧度，形成肌肉控制力和柔韧性；需要培养音乐感以及伴随音乐灵活运用手、眼、身、步的韵律感。

那么如何训练专业基本功呢？各行各业都有其训练的方法。

如上面提到的舞蹈，基本功是最基本和最起码的要求，是舞者具备的最基本的动作技巧与技术能力。基本功并非天生就具备，而是需要通过系统的训练与学习过程而获得。基本功的掌握对于不同的人也会有一定差别，为了更好地诠释舞蹈艺术，要求舞者必须进行严格的基本功训练。典型的舞蹈基本功包括压腿、压肩、推脚背组合、劈叉跳等。需要经常进行把上训练、把下训练和各种组合练习来不断提升基本功。

钳工的基本功包括划线、錾削、锯削、锉削、钻孔、扩孔、锪孔、铰孔、攻纹、套螺纹、铆接、刮削、设备维修、测量测绘等。其中，划线要保证尺寸准确性、精度、线条垂直等，锯削要注意握锯手法、起锯方法、起锯角度、锯割速度、锯割压力等，锉削要掌握操作姿势、锉刀握法、锉削方法和技巧等。

对于电工训练，有人用顺口溜的形式总结出基本知识和技能：电工把握三条线，火线零线生命线，三条火线多动力，一火一零做照明。查线检修有要法，接头触点重点查，先查源头熔断丝，故障顺藤来摸瓜。同时，电工除了重视手上有活，更重视脑中有货。如要会分析电路图、有关的国家标准和技术规程，要熟悉电路图中涉及的基本概念以及电子元件的结构和原理，要掌握主要元件的位置、作用、特性、主要技术指标及其功能作用等。

职场中训练语言表达能力的方法有：一是努力学习和掌握相关的知识，培养冷静的头脑、敏捷的思维、超人的智慧、渊博的知识及一定的文化修养；二是努力学习和掌握相应的技能技巧，注意准备充分、以情感人、以理服人、条理清楚、观点鲜明、言简意赅、手势和动作运用得当、表达准确、节奏分明、尊重他人等；三是积极参加各种能增强口头表达能力的活动，要多讲多练，大胆实践。语言表达基本功的训练包括语音标准规范训练、口语表达技巧训练等。

"花"样少年
潘沈涵

四、培养安全、质量、环保意识

从业者，尤其是制造企业员工，在从事岗位工作时，必须牢固树立安全、质量、环保意识。

（一）培养安全意识

安全为天，不同行业都有安全规范。实施安全教育，首先需要提升的是安全意识。培养安全意识的方法大致有以下五种。

1. 灌输法

在人的大脑中所形成的观念和意识，支配着人的行为，即习惯性行为。每个人形成一种意识，需要经过一定的时间。而要改变人们身上的不良习惯，必须首先转变人们思想上的不良观念和意识，从思想上解决“要我安全”还是“我要安全”的问题，变被动为主动，进而把安全生产提高到一个新的水平。

2. 培养法

员工素质是安全生产的重要保证。要提高员工素质和培养良好的作业行为，必须坚持不懈地做好培训工作，如超前培训（在设备更新改造之前，先根据需要组织相关员工学习培训）、岗位培训（针对生产实际中出现的问题查遗补漏）、新员工培训（根据岗位要求为新进员工和转岗人员制订培训计划）。

3. 刺激法

通过以往痛心的事故案例，刺激员工的大脑，唤起员工保护生命的安全意识，使员工用严肃的态度对待工作的安全问题，促使员工积极主动地参与安全管理活动，杜绝各类事故的发生。

4. 文化法

在企业的一切生产经营活动过程中，形成强大的安全文化氛围，使每一位员工的行为自觉地规范在这种安全价值趋向和安全行为准则之中。用安全文化使企业内的每一位员工在正确的安全心态支配下，自觉按照安全制度准则规范自己的行为，有效地保护自己和他人的安全与健康，同时确保各类生产作业活动顺利进行。

5. 奖惩法

习惯性违章是发生事故的主要因素。对违章者要坚持处罚和教育同时实施的原则，既坚持制度的严肃性，又保证教育的深入性。要根据违章的性质、可能导致的后果及产生的影响，认真严肃处理。奖励和惩罚如同火车的双轨，要平行开展。惩罚要使受罚者得到教育，变压力为动力；奖励要使员工的积极主动性在安全生产工作中得到发挥，促进自我防范能力的提高。

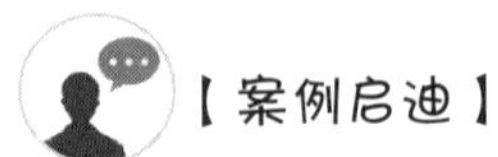

安全无小事，警钟须长鸣

圣安化工“一·五”事故

2018 年 1 月 5 日 10 点 05 分，浙江圣安化工股份有限公司因“盐酸羟胺项目”改造，承建单位在改造过程中发生燃爆事故，经及时扑救，明火全部扑灭。本次事故造成承建单位现场施工人员 2 人死亡及 1 人轻伤，同时造成公司部分生产设备损坏。

金山化工“二·三”事故

2018 年 2 月 3 日上午 10 时 51 分，位于山东省临沂市临沭县经济开发区的金山化工有限公司在停产整顿期间非法违法组织生产，发生爆燃事故，造成 5 人死亡及 5 人受伤（其中 1 人重伤），性质恶劣，影响重大。

榆林煤化“二·四”事故

2018 年 2 月 4 日晚间，陕西延长石油榆林煤化有限公司发生化学气体泄漏事故，造成 7 人中毒。相关知情人称，事故分别发生在两个时间和两个车间：当日晚上 8 时多，冶油车间催化剂泄漏，造成 7 人中毒；次日凌晨 2 时许，醋酸车间合成塔泄漏，现场环境污染严重，经济损失惨重。

韶钢松山炼铁厂“二·五”事故

2018 年 2 月 5 日凌晨 3 时许，广东韶钢松山炼铁厂发生煤气管道泄漏事故，造成 18 人中毒，其中 8 人死亡，另外 10 人经全力组织施救均无生命危险。

上海硅品“二·十”事故

2018 年 2 月 10 日 8 点 50 分左右，上海硅品国际贸易有限公司租赁九江中伟科技化工有限公司（已停产）储罐区的一废弃储罐，因检修违规动火作业发生一起闪爆事故，共造成 2 人死亡。

安全生产工作，只有起点没有终点；回看历史，才能更好地前行；吸取教训，才能不让悲剧重演。化工事故一直都是企业工厂的“一根刺”，谁都不希望这样的事情发生在自己的身边。尽管国家一再强调重视化工安全，但化工事件仍然层出不穷，到底是企业的问题还是自身安全意识薄弱的问题？

（二）培养质量意识

质量是企业的生命线，是企业生存和发展的根本命脉。面对市场竞争愈加激烈的今天，质量显得尤其重要，那么如何增强质量意识呢？

1. 充分认识质量的重要性

当今市场竞争如此激烈，同企业比产品，同产品比价格，同价格就要比质量，让消费者百分百放心的就是产品质量。在实际工作中，加强专业知识学习和积累工作实践经验，多了解相关方面的知识，在实际工作中充实自我，把好质量关，增强质量意识是每一位在职员工义不容辞的责任。

2. 增强员工的质量意识

每一位员工，特别是一线实际操作的人员都应切实增强质量意识，而不只是认为质量就是品控员的责任。当一个新产品生产出来后，企业应对该产品的工艺和质量制定一个统一的标准，然后把这个标准下达给每一位员工，并说明这样做的目的以及反之的危害。同时，企业要与员工沟通，让他们知道现有市场的情况及同产品存在的诸多问题，让他们始终绷紧一根弦，真正从心理上接受质量与效率不是相互排斥的，而是相辅相成的。

3. 增强员工的责任心

企业要把制定的标准像烙印一样刻在员工的脑海中，让他们真正明白为什么这样做？不这样做会怎样？利用一切可以利用的时间，结合现场，使员工不间断地学习质量方面的知识，多听听他们的意见与看法，让他们融入其中。当产品质量出现问题时，应第一时间反馈，调动员工的积极性，增强员工的责任心，一起找出解决问题的方法。

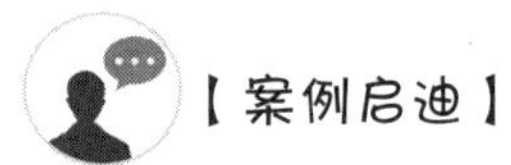
【案例启迪】

杨作雷：90 后“零误差”装配专家

在中国运载火箭技术研究院（以下简称火箭院）所属的中国航天万源国际（集团）有限公司（以下简称万源国际公司）甘肃总装厂，有一位名叫杨作雷的风机制造装配工，他坚持工作“零误差”，为公司风机产品树立良好口碑作出了重大贡献。

工作中，杨作雷的目光从不局限于某个部件或某个时间段，而是着眼于风机的整体和寿命周期。

“我负责装配风机的轮壳、轴承等部件，这是最核心、最精密的部分，直接决定‘风车’能否转得稳，能否顺利把风力转化为电能。”杨作雷说，“风机如果出现问题，后期就要耗费巨大的人力、物力、财力去维修，因此在装配过程中，一颗螺丝该用多少力，都必须严格按照装配手册进行，坚持‘零误差’的原则。”

正是这种全局观，让杨作雷谨慎对待手中的工作，努力钻研技术，很快成长为车间的技术骨干。

走进万源国际公司甘肃总装厂车间，总会看见杨作雷忙碌的身影。他一丝不苟、游刃有余地装配产品，从容地给班组成员分配工作，这让人很难相信，作为班组长的他还不到 24 周岁。

工作 6 年的杨作雷，坚持在常规生产中追求完善，并且以此为基础，不断挑战新任务，给自己加担子。虽然年轻，但他出手的活儿，车间里的老师傅都很认可。

万源国际公司甘肃总装厂新上机加件及钣金件项目时，杨作雷的工作重心从风机装配转为铣床操作。面对复杂的新设备，他以一如既往的韧劲儿，很快就掌握了全部的操作技能，由一名普通工人成长为 90 后班组长。

杨作雷对工作质量的执着追求，不仅激励了同事，也获得了当地同行的认可。在 2016 年夏季举办的酒泉市工业园区职工技能大赛中，杨作雷取得了行车比赛第一名的成绩，并获得了“甘肃省技术能手”荣誉称号。2017 年，他获得了“酒泉市十大工匠”荣誉称号。

杨作雷说：“在工作上，对完美的追求是无止境的。”今后，他会带领班组成员，以更认真的态度投入生产，为公司打造高品质、高可靠的风机作出更多的贡献。

（三）培养环保意识

伴随着全球环境问题的日益突出，提高企业的环保意识就显得尤为重要。具体从以下几方面开展。

1. 提高认识是前提

有关职能部门和企业要利用宣传渠道，列举环保意识差而造成的恶性事件。比如有些企业在生产的过程中产生废水、废气，不按规定排放的结果是造成企业周边生态环境的急剧恶化，危及周围人们的健康。重视环保人人有责，增强环保意识刻不容缓。

2. 学习环保知识，提高环保技能

员工要认真学习与专业、岗位有关的环保知识，结合工作实际，学以致用。企业在节能减排活动中，开展关于环境保护的小发明、小创造、小革新、小设计、小攻关等“金点子”活动，提高环保技能和控制污染技能。

3. 健全环保和节能减排制度

企业要建立和健全规章制度，在控制污染源、发现容易产生污染的生产环节、找出容易污染的隐患、应急处置突发性污染事件等与环境保护有关的方面，建立具有针对性的制度。同时，要落实到人，以岗位责任制的形式来确保制度能不折不扣地执行。

4. 从小事做起，从细节抓起

有关职能部门和企业要组织开展“环保从我做起”“环保就在我身边”等主题活动，如开展自制环保袋等创意活动，收集垃圾分类工作资料并进行介绍；要动员员工分享自己在企业和家里如何开展节约水、电、气的经验，相互学习，相互促进。

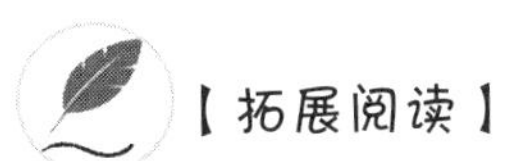
【拓展阅读】

日本水俣病事件

日本熊本县水俣湾外围的“不知火海”是被九州本土和天草诸岛围起来的内海，那里海产丰富，是渔民们赖以生存的主要渔场。水俣镇是水俣湾东部的一个小镇，有四万多人居住，周围的村庄还居住着一万多农民和渔民。“不知火海”丰富的渔产使小镇格外兴旺。

1925 年，日本氮肥公司在这里建厂，后又开设了合成醋酸厂。1949 年以后，该公司开始生产氯乙烯，年产量不断提高，1956 年的年产量超过 6000 吨。与此同时，工厂把没有经过任何处理的废水排放到水俣湾中。

1956 年，水俣湾附近发现了一种奇怪的病。这种病症最初出现在猫身上，被称为“猫舞蹈症”。病猫步态不稳，抽搐、麻痹，甚至跳海死去，被称为“自杀猫”。随后，此地也发现了患这种病症的人。患者由于中枢神经和末梢神经被侵害，症状如上。当时，这种病由于病因不明而被叫作“怪病”。这种“怪病”就是日后轰动世界的“水俣病”，是最早出现的由于工业废水排放污染造成的公害病。

“水俣病”的罪魁祸首是当时处于世界化工业尖端技术的氮生产企业。氮用于肥皂、化学调味料等日用品以及醋酸、硫酸等工业用品的制造上。日本的氮产业始于1906年，其后由于化学肥料的大量使用，化肥制造业飞速发展，甚至有人说“氮的历史就是日本化学工业的历史”，日本的经济成长是“在以氮为首的化学工业的支撑下完成的”。然而，这个“先驱产业”肆意的发展，却给当地居民及其生存环境带来了无尽的灾难。

【本节提示】

显性职业能力主要是指该职业所要求的各种知识和专业技能。隐性职业能力包括学习思考能力、总结创新能力、经营管理能力以及自我管理和不断自我完善的能力等。提升职业技能是职业人获得发展和成长的基本途径。职业人从事各种职业都需要掌握扎实的专业基本功，并且要注重培养安全、质量、环保意识。

播种一种行为，收获一种习惯；播种一种习惯，收获一种性格；播种一种性格，收获一种命运。——萨克雷

第二节　职业核心能力

【导读】

十几年前，周建民来到深圳闯荡，成为千万来深建设者之一。经过多年来的摸爬滚打和勤学苦练，周建民已经从一名学徒工成为一名高级技师，是公司为数不多的技术研发骨干人员，不仅拥有了一份稳定的工作和不错的收入，还建立了美满的家庭。

一年前，周建民所在的事业部技术总监离任，他认为总监的位置非己莫属。但是出乎意料的是，老总提拔了另一个能力比他稍逊的同事。失落沮丧的周建民请假在家待了两天，最后决定辞职。

当周建民把辞职书递给老总的时候，老总笑了笑，心平气和地说："如果你是因为对公司的任命不满而辞职，那我只能表示遗憾，虽然你是个很有能力的人。"本以为自己的辞职会让老总大吃一惊或惊慌失措，但老总不卑不亢的态度却让周建民不解了。面对他疑惑的表情，老总诚恳地说："我知道，你是个有能力的人，到哪个公司都会成为技术骨干，但是如果你不改一下你的性格，你只能是个有能力的人，目前还不是一个有能耐的人。这也是很多有能力的人只能当技术骨干而不能当领导的原因。"

老总接着解释道："什么叫能耐？就是有能力且能忍耐的人，才叫有能耐！你能忍耐吗？你们部门多次技术攻关会，我都参加了。在会上，你发言很积极，思路很敏捷，提出了很多好建议，这是对的。但是你不容别人提出相反的意见，别人的意见与你不一样时，你就一脸嘲讽，说话也很尖刻。另外，你不善于和其他同事合作，总喜欢搞个人主义、当英雄，弄得同事关系很紧张。一个有能耐的人，应该既能独立战斗，又能与大家亲密协作共同攻关。我很欣赏你的能力，希望你能认真考虑一下，看看能不能继续留下来和大家一起工作……"

听了老总的话，周建民的脸一阵发烫，收回了辞职书。老总欣慰地笑了，站起

身，亲切地拍了拍他的肩膀："要相信一个有能耐的人迟早会得到重用。"

之后，周建民决定改变自己。他说话不再尖刻，多了一些柔和与委婉；脾气不再急躁，多了一些包容和忍耐；面对不同的意见，他也能尊重他人，换位思考；而对于同事的成绩和进步，他也少了一些嫉妒，多了一些欣赏和赞美；很多时候，他还耐心地帮助同事，与大家一起完成任务。两年多之后，周建民被任命为公司另一个事业部的技术总监。

案例中，老总眼里的"能力"是指一个人的特殊技能，又叫专业技能，如电工的带电作业技能、营业员的点钞技能等。老总眼里的"能耐"是指一个人的核心能力，如与人沟通能力、团队合作能力等。应该说，老总对于周建民的专业技术能力是肯定的，但是由于周建民不善于沟通、不能倾听别人的意见、缺乏包容和忍耐、不善于团队合作，所以老总认为，周建民可以胜任具体的技术操作职位，但不适合做技术总监。后来，周建民通过自我反省，认识到自己存在的问题，提高了自己在职业沟通、团队合作等方面的职业核心能力，最终如愿以偿，得到了重用和晋升。

一、职业核心能力的概念与特征

职业核心能力是指从事任何职业或行业工作都要具备的、具有普遍适用性的技能，又称为职业关键能力。职业核心能力是职业生涯中除岗位专业能力之外的基本能力，适用于各种职业，是伴随职业人终身的可持续发展能力。德国、澳大利亚、新加坡把这种能力称为"关键能力"，美国称为"基本能力"。

长期以来，大多数人都特别重视与职业直接相关的岗位技能的学习与训练，比如通过训练让自己掌握一门技术、一种技能，但关于职业核心能力的训练却被忽视或忽略。实际上，职业核心能力的应用范围远宽于职业特定技能，它们有共性的技能和知识要求。职业核心能力往往是人们职业生涯中更重要的基本技能，因此也具有更普遍的适用性和更广泛的迁移性。

职业核心能力具有以下 6 个鲜明特征：(1)普适性：普遍适用于任何职业和任何岗位；(2)内隐性：职业核心能力是职业能力体系的内隐状态，并不直接或简单地外化表现出来；(3)可迁移性：可转移到新的工作岗位，使职业人获得新的知识和能力；(4)持续性：通过长时间的学习、训练获得，并伴随职业人的整个职业生涯过程；(5)综合性：职业核心能力不是一种能力，而是多种能力整合而成的综合能力；(6)价值性：职业核心能力对职业人胜任当前岗位以及适应岗位变换都具有重要意义。

二、职业核心能力的重要性

有的人虽然动手能力、操作技能过硬，但是解决问题能力、与人沟通能力、自我学习能力和团队合作能力却十分缺乏，这些综合素养的欠缺使其无法支撑专业方面有更大的作为和发展。因此，职业核心能力是实现岗位成才、取得职业成功的基础和关键。

（一）职业核心能力是实现职业可持续发展的基础能力

职业能力就像一座“冰山”，“冰山”水面以上人们能看到的部分，就相当于一个人的职业特定能力，它是我们从事某一工作所需要的知识、行为、技能等，是一种显性职业能力；而潜在水底、一眼看不到的那部分就是职业核心能力，是所有职业人都应具备的能力。虽然职业核心能力不是一眼能看得出来的，但却是促进职业发展的重要能力。

一个人如果具有一种职业特定能力，就可以在一个特定的职业和岗位上从事一定的工作；如果还具有职业通用能力，则可以在这个行业里自由流动，并找到心仪的工作职位。假如一个人仅仅具有职业特定能力和职业通用能力，缺乏职业核心能力，那么他的职业选择面就会很狭窄，很难适应跨岗位、跨行业的工作。所以，尽管职业核心能力是隐性的，但是它承载着整个职业能力体系，是所有职业能力结构的基础。

我们还可以把职业能力结构各层次之间的关系比作一棵大树，职业核心能力像是大树的主干，职业通用能力是主干上的分支，职业特定能力是分支上的树叶。天下没有一片相同的树叶，职业特定能力种类繁多，但属性相似的职业能力可以归属于某一类职业通用能力，而所有这些通用能力都在核心能力这个主干上，并共同支撑着林林总总的职业特定能力。职业核心能力是一种综合能力，是一种跨专业、跨行业的能力，是为员工可持续发展服务的能力。

因此，对于员工个人来说，职业核心能力对职业活动的意义，就像生命需要水一样普通，也一样重要。掌握好职业核心能力，能够帮助职业人在任何工作中调整自我和处理难题，并很好地与他人相处。同时，职业核心能力是一种可持续发展能力，能够帮助职业人在变化的环境中获得新的职业技能和知识，更好地发展自己，适应更高层次的职业和岗位要求。

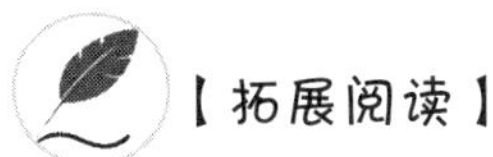

渔王的儿子

有个渔人有着一流的捕鱼技术，被人们尊称为“渔王”。然而，“渔王”年老的时候非常苦恼，因为他的三个儿子的捕鱼技术都很平庸。

于是，“渔王”经常向人诉说心中的苦恼：“我真不明白，我的捕鱼技术这么好，为什么我的儿子们这么差？我从他们懂事起就给他们传授捕鱼技术，从最基本的东西教起，告诉他们怎样织网最容易捕捉到鱼，怎样划船最不会惊动鱼，怎样下网最容易请鱼入瓮。他们长大了，我又教他们怎样识潮汐、辨鱼汛……凡是我长年辛辛苦苦总结出来的经验，我都毫无保留地传授给他们，可他们的捕鱼技术竟然赶不上技术比我差的渔民的儿子！”

一位路人听了他的诉说后，问：“你一直手把手地教他们吗？”

“是的，为了让他们掌握一流的捕鱼技术，我教得很仔细、很耐心。”

“他们一直跟随着你吗？”

“是的，为了让他们少走弯路，我一直让他们跟着我学。”

路人说：“这样说来，你的错误就很明显了。你只传授给他们技术，却没传授给他们教训。对于才能来说，没有教训与没有经验一样，都不能使人成大器！”

（二）职业核心能力是企业要求员工掌握的基本能力

根据调查，目前用人单位在招聘和用人标准上越来越强调综合能力素质，也就是越来越重视员工的职业核心能力。过去，企业用人首先是讲学历文凭，只要专业对口就行；后来，学历文凭的门槛越来越高，还要有职业资格证书、实际操作能力和动手能力；现在，这些学历文凭和资格证书的“硬指标”都嫌不够，企业还要求员工具备一些所谓的“软素质”。许多企业在招聘时并不是很注重专业背景，而是强调与人沟通、协调、合作的能力，遇到困难时调动自己的潜能解决问题的能力，以及不断学习、自我成长的能力。现代企业用人标准的变化表明：个人综合素质、工作态度比学历文凭和资格证书更重要，学历文凭或资格证书不能代表将来，企业想要的是能支持员工持续发展的能力，而这种能力就是职业核心能力。

职业素质训练专家陈宇教授指出：“过去很长一段时间，社会上先是学历文凭热，后是资格证书热。但现在人们发现，文凭和证书固然重要，在职场上获得最大成功的人，竟然不是那些文凭最高和证书最多的人，还有比它们更重要的东西，那就是人的核心能力。”因此，掌握职业核心能力成为今天人们竞争制胜的关键能力，成为打开成功之门的关键钥匙。

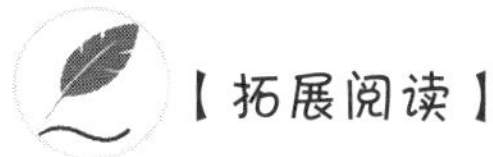

【拓展阅读】

贵在坚持

小艾大学毕业后，前往南方某市求职。经过一番努力，她和另外两个女孩被一家公司录用，试用期为一个月，试用期合格，将被聘用。

在这一个月内，小艾和另外两个女孩都很努力。到了第二十九天时，公司按照她们三人的营业能力，一项项给她们打分。结果，小艾虽然也很卓越，但仍然比另外两位女孩低一至二分。公司王经理托部下通知小艾："明天上完班，后天便可以结账走人。"

最后一天上班时，两位留用的女孩和其他人都劝小艾说："反正公司明天会发给你一个月的试用期工资，今天你就不必上班了。"小艾笑道："昨天的工作还有点没做完，我干完那点活，再走也不迟。"到了下午三点，小艾最后的工作做完了。又有人劝她提早放工，可她笑笑，不慌不忙地把自己工作过的桌椅擦拭得干干净净，一尘不染，而且和"同事"一同放工。她感觉自己很充实，站好了最后一班岗。其他员工见她这样做，都非常感动。

第二天，小艾到公司的财务处结账，结完账，她正要离开，却遇见了王经理。王经理对她说："你不要走，从今天起，你到质量检验科去上班。"小艾一听，惊住了，她不信会有这种好事。王经理微笑着说："昨天下午，我暗中观察了你好久。面对工作，你有坚持不懈的理念。正好我们公司的质量检验科缺一位质检员，我相信你到那里一定会干得很好。"

（三）职业核心能力是实现职业转换的保障能力

目前，我国职业结构形态正在发生剧烈的变化。首先，一大批新的职业以超出人们想象的形式和速度出现在社会生产和生活中。这些新的职业岗位技术复合性强、智能化程度高，工作的完成更多地依靠职业人善于学习、会解决实际问题、具有创新精神。其次，现代职业的工作方式发生了根本变化，工作的完成更多地依靠职业人的团队合作精神和职业沟通能力。最后，知识经济时代，知识更新快，技术周期缩短，人们发现不再有终身职业。工作流动加快，人们在职业生涯中要不断改变职业。不管你现在掌握了什么技术，都不能保证你能成功地应对明天的工作，社会最需要的是能不断适应新的工作岗位的能力。人们不再从一而终地守在一个职业岗位上，往往不是因为你不努力，而是因为这个岗位本身就不存在了，你就得转岗。你今天是个装配工，明天可能需要你去做客户服务，如果不能适应这些变化，那就只能卷铺盖回家。上述的这些变化对职业人提出了新的要求：不仅要有完成现有岗位任务的职业特定能力，还要有适应岗位迁移和就业方式不断变化的适应力，而拥有了职业核心能力，就拥有了这种适应力。

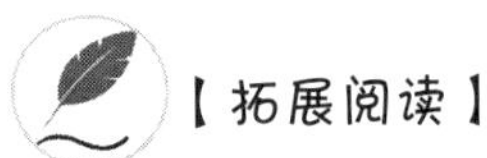

【拓展阅读】

新职业的不断涌现

清华大学中国科技政策研究中心发布的《中国人工智能发展报告2018》显示：2017年，中国人工智能市场规模达到237.4亿元，同比增长67%。中国信息通信研究院发布的《云计算发展白皮书（2018年）》显示：2017年，中国云计算整体市场规模达到691.6亿元，增速达34.32%。随着人工智能、云计算和大数据等高新技术产业成为新的经济增长点，人工智能、云计算、大数据技术工程师也成为炙手可热的新职业。

在电子竞技领域，2018年夏，在雅加达亚运会中，中国队在英雄联盟比赛项目上获得金牌；2018年冬，中国的IG战队代表LPL赛区，获得英雄联盟S级赛的冠军奖杯，电竞行业发展迅速。

在农业领域，特别是农民专业合作社等农业经济合作组织，从事农业生产组织、设备作业、技术支持、产品加工与销售等管理服务的人员需求旺盛，农业经理人应运而生。在工业现代化之路上，随着技术换代，使用工业机器人可以大幅提高效率，工业机器人系统操作员和系统运维员成为现代工业生产的一线人员。

中国劳动学会副会长苏海南分析："此次拟发布的新职业并不是新产生的职业，这些职业在现实中已经存在，新职业从业人员达到了一定数量规模，并且有了比较清晰的职业内涵和工作要求，这些新职业为国家可持续发展带来诸多收益。"

三、职业核心能力的内容

职业核心能力是职业人从业能力和终身发展的关键，是职业通用能力和职业特定能力的基础。国内外对职业核心能力基本内涵的理解趋于一致，但由于社会文化差异和职业教育发展状况不同，对职业核心能力具体包括哪些内容以及各部分内容之间有何关联仍有不同观点。英国国家职业资格证书制度中提出与人合作、与人交流、数字应用、信息处理、解决问题和自我提高六项核心能力。澳大利亚教育委员会和职业教育部认为，青年人参加各类工作必须具备八项关键能力：团队合作能力、沟通能力、信息收集与分析能力、计划与组织能力、数学概念与技巧运用能力、科技应用能力、文化差异理解能力以及解决问题能力。我国人力资源主管部门将职业核心能力分为八项基本能力：交流表达、数字应用、信息处理、与人合作、解决问题、自我学习、革新创新和外语应用。

（一）交流表达

交流表达是指在与人交往活动中，通过交谈讨论、当众讲演、阅读并获取信息以及书面表达等方式表达观点、获取和分享信息资源的能力，是日常生活以及从事各种职业必备的社会和方法能力。如以汉语为媒体与人交流的能力，在听、说、读、写技能的基础上，通过运用语言文字，促进与人合作，完成工作任务。

（二）数字应用

数字应用是指根据实际工作任务的需要，通过对数字的采集、解读、计算和分析，并在计算结果的基础上发现问题，并作出一定评价与结论的能力，是日常生活以及从事各种职业必备的方法能力。数字应用能力以数字信息为媒介，通过对数字的把握和数字运算的方式，说明和解决实际工作中的问题。

（三）信息处理

信息处理是指根据职业活动的需要，运用各种方式和技术，收集、开发和展示信息资源的能力，是日常生活以及从事各种职业必备的方法能力。信息处理能力以文字、数据和音像等多种媒体为基础，以文件处理、计算机、网络通信等技术为手段，以适应工作任务和解决实际问题为目的。

（四）与人合作

与人合作是指根据工作活动的需要，协商合作目标，相互配合工作，调整合作方式，不断改善合作关系的能力，是日常生活以及从事各种职业必备的社会能力。与人合作能力是在个人与他人、个人与群体的条件下，通过与人交流的方式，并结合其他方式或手段，促进工作任务的完成和实际问题的解决。

（五）解决问题

解决问题是指能够准确地把握事物的本质，有效地利用资源，通过提出解决问题的意见，制定并实施解决问题的方案，适时进行调整和改进，使问题得到解决的能力。它是日常生活以及从事各种职业必备的社会能力。解决问题能力所采用的技术和方法没有特别的限定，以最终解决实际问题为目的。

（六）自我学习

自我学习是指在工作活动中，根据工作岗位和个人发展的需要，确定学习目标和计划，灵活运用各种有效的学习方法，并善于调整学习目标和计划，不断提高自我综合素质的能力。它是日常生活以及从事各种职业必备的方法能力。自我学习能力以终身学习为主要特点，以各种学习方法和良好的学习习惯为手段，以学会学习为最终目标。

（七）革新创新

革新创新是指在工作活动中，为了改变事物现状，以创新思维和创新技法为主要手段，通过提出改进或革新方案，勇于实践，并能调整和评估创新方案，以推动事物不断发展的能力。它是日常生活以及从事各种职业特别需要的社会和方法能力。革新创新能力需要有积极创新的精神和专门的创新技法，同时又不限定任何可采用的技术和方法。革新创新能力的运用范畴没有限制，以不断推动事物的发展为宗旨。

（八）外语应用

外语应用是指在实际工作和交往活动中，以外国语言为工具与人交流的能力。比如营销类岗位的员工需要利用外语熟悉参数和推销产品，服务类岗位的员工需要用外语与顾客和客户沟通，技术类岗位的员工需要阅读外文技术资料和撰写技术文章等。

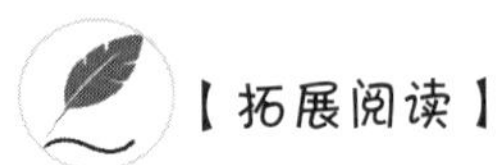

刘劲松：点亮战斗机双眼的“极致控”

很多人都看过《歼十出击》《壮志凌云》等讲述飞行员故事的电影，很多飞行员遇到危险的镜头中，仪表盘都是控制战斗机最关键的部分。

刘劲松参与研制的就是仪表盘，也称为特种显示器。

从天宫一号、天宫二号到歼 -10 战斗机，特种显示器的前视红外激光火控系统曾长期落后于世界，导致飞机观测的分辨率和精准度都不能满足国防装备现代化的需求。想去国外买？不可能！这么关键的技术，国外长期禁运和技术封锁。

难？不怕！面对这个被定位为国防急需的关键技术，刘劲松暗暗下了决心，难也要攻下来！他一头扎进 8SG91Y1 机载高亮度静电聚焦平视管项目的研制工作，面对最难的产品——用于国家多项重点机型的前视红外激光火控系统的核心显示器，迎难而上。

刘劲松称这个过程为“自我革命”，他说：“从单色到彩色，到液晶，再到特种显示，‘你能做他也能做’的事，做成了不是你的能耐，必须做别人做不了的事，必须有自己不可替代的东西，在这个领域里才有话语权。‘吃着碗里的’，就得有‘看着锅里的’那种雄心。”光有雄心不行，还得有恒心。反复试验、反复攻关、成千上万次的调整和改造，这种对精品的极致追求，不是每个人都能做到的。在他眼里，工艺上的细微差别就可能导致高下之分，而这一点点小小的差距就可能使自己落后别人一大截。“争取一次性做到极致，考虑清楚再开始，总返工一定会影响状态。”他说。就是在这样“极致控”般的坚持下，8SG91Y1 机载高亮度静电聚焦平视管项目的研制工作一路高歌猛进，成功使国产战斗机具备全天候作战能力，使地面攻击和时空攻击能力大大加强！该项目打破了国外长期禁运和技术封锁，解决了国防急需，成功地应用到绝大多数国产战斗机上。

四、职业核心能力的提升

职业核心能力不是一门技术，而是应用某种技术方法去做事的能力，它是渗透着职业精神、工作态度和价值观等综合素质的外显能力。因此，自我养成是职业核心能力培养的主要手段，实践历练是获得职业核心能力的重要途径。本节只对职业核心能力培养的一般方法作概要介绍，在本章第三节中将结合案例进一步详述。

（一）主动练习，促进行为的改变

职业核心能力以培养完成任务和解决实际问题为目标。职业核心能力的养成不是知识的获得，而是行为的改变。职业核心能力的训练需要掌握一定的知识，但这不是目的，而是手段。无论你学习了多少关于职业沟通能力的知识，也不能代表你就掌握了职业沟通以及与人交流的能力。就像汽车驾驶一样，先要学驾驶要领和操作程序，但更重要的是要通过上路实习和反复训练，才能将这个技能变成一种熟练的动作和习惯。所以，在职业核心能力的学习训练中，除了必要的程序性知识学习外，还要通过实践活动进行行为方式的训练。比如职业沟通能力就不能仅仅学习交流、谈话、倾听的技巧，而是需要积极主动地寻找交流沟通的机会，在不断的练习中提升自己的交流与沟通技能。通过主动把握公开发言的机会，练习演讲能力；通过阅读工作中的各种文件资料，撰写各种工作文书，提高阅读与写作技能，进而全面提升职业沟通能力。

（二）反省自我，拾遗补阙

职业核心能力本质上是做人做事的规范，需要每个人进行长期和多方面的学习历练。由于个人的潜能不同，每个人的职业核心能力的发展也是不一样的。因此，培养职业核心能力应该本着缺什么补什么、需要什么学什么的原则，不必重复训练。每个人要结合自己的实际情况，在对自我进行科学正确评估的基础上，已经具备的能力不必重复学习和训练，而对于自己的短板则需要下足功夫。比如你的职业沟通能力和团队合作能力已经可以满足工作需要了，但是解决问题能力略显不足，那么就应该以训练解决问题能力为重点，重点培养自己的问题意识以及创造性解决问题的能力。

（三）在过程与体验中获得成长

职业核心能力是一种行为能力的训练，职业核心能力的养成重在工作或学习的过程，而不在于结果。职业核心能力本身没有专门的技术，往往是在学习某种专业或技术时，不知不觉中就把职业核心能力也训练出来了。美国的教师让小学生写论文，它未必是真想让学生写出点什么东西来。写论文的过程就是一个资料收集、与人交流、思考判断、写作编辑的过程，论文的结果无论正确与否，与过程中所获得的能力训练相比，就显得微不足道了。所以，职业核心能力的养成过程与你的工作、学习和生活同在，在学习训练的过程中，你将体验到自己的成长，也将感受到成长的快乐。

【拓展阅读】

陈闰祥：80后"国防匠人"

谈起入行的契机，陈闰祥腼腆地笑笑说："任何东西都需要经历一个从创造到制造的过程，将设计师的构想落地到现实中投放生产的过程让我很感兴趣，这样的人很伟大，所以我就加入了机械制造行业。"2006年，大专毕业的陈闰祥进入中国电子科技集团公司第三十八研究所工作，成为一名普通的开机床工人。

工作三年后，陈闰祥在职业规划上遇到瓶颈，他说："我不想一辈子只开机床，这不是我想要的。"迷茫的陈闰祥开始问自己能干什么，想干什么。数控机床是电子和机械的结合，既要懂计算机方面的知识，又要懂机械架构的知识。为了尽快熟悉国外进口设备的操作说明，陈闰祥自掏腰包，花费一年薪水请外教学英语。很多同事都不解他为何要如此"大手笔"，陈闰祥却淡淡地说："多充实自己，我各个方面都需要补充能量。"除了课上时间的学习外，他也上网和国际友人练习口语。"完成课后作业后，我至少敢张口说了。"看似疯狂的投资，却有着深远影响。一次，巴基斯坦的客人来第三十八研究所参观学习，当客人好奇一些操作时，会一口流利英语的陈闰祥向客人介绍了相关信息，并与客人成了很好的朋友。看似一段简单的交流，但这离不开陈闰祥自己的努力学习。

【本节提示】

职业核心能力是职业生涯中除岗位专业能力之外的基本能力，是从事任何职业或行业工作都需具备的、具有普遍适用性的技能。职业核心能力包括交流表达、数字应用、信息处理、与人合作、解决问题、自我学习、革新创新、外语应用八项基本能力。因为职业核心能力是职业人从业能力和终身发展的关键，是职业通用能力和职业特定能力的基础，所以具有普适性和可迁移性。

钻研然而知不足，虚心是从知不足而来的。虚伪的谦虚，仅能博得庸俗的掌声，而不能求得真正的进步。——华罗庚

第三节　职业核心能力的训练

【导读】

大火箭需要大发动机，而大发动机的制造不仅需要大科学家、大工程师，还需要一线动手的大工匠。高凤林就是这样的工匠。他先后多次为我国长征系列火箭的发射提供技术支持，多次助力火箭发射成功，堪称“中国焊接第一人”。

对高凤林来说，长征五号大运力火箭发动机的每一个焊接点都是一次全新的挑战，而难度最大的就是喷管的焊接。长征五号火箭发动机的喷管上，有数百根空心管线，管壁的厚度只有0.33毫米，高凤林需要通过三万多次精密的焊接操作，才能把它们编织在一起。这些细如发丝的焊缝加起来，长度达到了一千六百多米。而最要劲的是，每个焊接点只有0.16毫米宽，完成焊接允许的时间误差是0.1秒。发动机是火箭的心脏，一小点焊接瑕疵都可能导致一场灾难。为保证一条细窄而“漫长”的焊缝在技术指标上首尾一致，整个操作过程中高凤林必须发力精准，心平手稳，保持住焊条与母件的恰当角度，这样才能让焊液在焊缝里均匀分布，不出现气孔沙眼。

在国际上，火箭发动机头部稳定装置连接的最佳方案是采用胶粘技术。但这种技术会产生老化，因此高凤林选择了用焊接的方式来解决这一难题。发动机头部稳定装置的焊接必须一次成功，高凤林的技艺和他研制的焊丝决定着焊接的成败。由于铜合金的熔点较低，高凤林必须将焊接停留的时间从0.1秒缩短到0.01秒。如果有一点焊漏，就会造成稳定装置的失效。最终，高凤林还是成功地解决了这一焊接难题。

职业核心能力的训练是人一生的课程，每个人都有先天的基础，不同的人有不同的潜质。从小开始，每个人都在培养自己的核心能力，学校、家庭、社会都是每个人学习的场所。但不同的生活、学习、工作经历，不同的学习方式和历练过程，使得

不同的人对核心能力的认识以及所获得的职业核心能力存在着较大的差别。职业核心能力训练的目的就在于着力提升职业人的职业核心能力，使职业人系统地了解发展自己职业核心能力的方法，全面提高职业人适应职业工作场所需要的综合能力。

2011 年，教育部职业核心能力认证培训项目将职业核心能力的结构划分为基础层（职业沟通能力、团队合作能力、自我管理能力）、拓展层（解决问题能力、信息处理能力、创新创业能力）和延伸层（领导力、执行力、个人与团队管理、礼仪训练、五常管理、心理平衡）三个层级，初步构建了职业核心能力的结构体系。下面从各层级中选取若干能力并介绍其具体的训练方法。

一、自我管理能力的训练

自我管理又叫自我控制，是指个体对自己本身，对自己的目标、思想、心理和行为等表现进行管理，自己把自己组织起来，自己管理自己，自己约束自己，自己激励自己，最终实现自我奋斗目标的一个过程。自我管理注重的是一个人的自我教导和约束的力量，即行为的制约是通过内控的力量（自己）而非外控的力量（教师、家长、上司）。那么，如何加强自我管理呢？

（一）自身定位

你坐在什么位子上，就要在什么位子上进行思考、行动和定位。职业人必须实现由“业余选手”向“职业选手”的转变，正确处理自己与职场、企业、上司、同事和下属的关系，弄清“我是谁”“我在哪里”等问题。

（二）目标管理

目标决定成功。职业人要将自己的职业目标与人生目标有机结合起来，并在个人发展、事业经济、兴趣爱好、和谐关系四方面实现协调与平衡，体察生命的真义，活出精彩的自己。

（三）时间管理

人生管理实质上就是时间管理，时间的稀缺性体现了生命的有限性。卓有成效的管理者最终表现在时间管理上，表现在能否科学地分析时间、利用时间、管理时间、节约时间，进而在有限的时间里使自身职业价值最大化。

（四）情绪管理

美国职业界有一句话广为流传：“智商决定录用，情商决定提升。”不少能力出众、业绩不俗的职业人，却一直得不到提拔和重用，这是为什么呢？调查发现：不是因为他们的品质有问题，而是他们欠缺情商。有些人简单地将情商等同于人际关系，这其实是一种误解。职业人只有在认识自己、控制情绪、自我激励的同时，也了解他人、接纳他人并掌握建立良好人际关系的技巧，才能实现自身的和谐以及人际关系的共赢。

（五）职业生涯管理

职业生涯管理是人生目标管理的核心内容，直接关系到职业人的成败。职业人必须在明确自己的职业倾向、评估职业环境的基础上，科学理性地规划自己的职业未来，并以持续的行动将蓝图变为现实。

（六）学习创新

联合国教科文组织终身教育局前局长保罗·朗格朗说过："未来的文盲，不再是不识字的人，而是没有学会怎样学习的人。"知识经济时代，经理人的职业竞争力最终将体现在学习能力与创新能力上，在工作中学习、在学习中创新将是每一个职业人的基本生存方式。学什么？怎么学？对这些问题的不同回答与选择将决定不同的职业成就和人生前程。

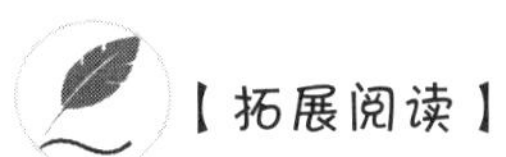

富兰克林的自我管理

富兰克林出身贫寒，只念了一年书，就不得不在印刷厂做学徒。但他刻苦好学，自学数学和 4 门外语，成了著名的政治家、外交家、科学家和发明家。富兰克林是个普通人，他是怎样走向成功之路的呢？富兰克林成功的秘诀是什么？就是善于自我管理。良好的品德习惯、自我管理和监督是一切成功的条件。

富兰克林的自我管理是从以下两方面入手：一是自我时间管理；二是自我品德管理，并辅以严肃的检查。在自我时间管理方面，他把每天的作息时间列成表格，规定自己在何时工作，在何时休息，在何时做文艺活动。

他做了一个小本子，用红笔在每页纸上画表格，分别写上星期一至星期日，然后用竖线画出 13 个格子。每天用黑点记载当天的不足。这样不断反复练习，直至巩固为止。他每天检查自己的过失，目的就在于养成这些美德的习惯。同时，他告诫别人，如果要学习这种方法，最好不要全面地尝试一起培养，以致分散注意力，在一个时期内集中精力掌握其中的一种美德，等完全掌握了，再掌握其他美德。

二、解决问题能力的训练

简单地说，可以认为问题就是要求（需要）与现状的偏差。将问题的解决分为两个层次：一是发现异常问题，即找到应该做到（得到、达到）而未做到（得到、达到）或不应该发生而发生的事情；二是改善问题，即希望做到（得到、达到）而目前尚未做到（得到、达到）的事情。

面对问题，每个人的态度不尽相同。无论我们的态度如何，问题总是客观存在的，唯一能改变的是我们对待问题的态度和解决问题的能力。解决问题能力的训练包括以下七方面。

（一）关注目标

一个能够解决问题的职业人首先是能够迅速确定解决问题的目标并能够集中精力关注目标的人。有的人一天做很多事情，整天忙得焦头烂额，但效果却极差。为什么？因为目标分散。有的人则只关注工作本身，常常为了做某件事而做某件事，甚至仅仅是为了完成任务而完成，忘记了这个任务的真正目的。如果不能认识到工作的价值以及在整个价值链上的作用，工作的动力、责任与坚持就会受到影响。

（二）计划管理

职业人的工作效率首先来自出色的计划管理能力。计划就像梯子上的横档，既是你的立足之地，又是你前进的目标。计划阶段就是起步阶段，是成功的关键阶段。巴顿将军说过："要花大量的时间为进攻做准备，一个步兵营进行一次配合很好的进攻，至少需要花两个小时的准备时间，匆忙上阵只会造成无谓的伤亡。在战争中，没有什么不是通过计算实现的，任何缺乏细致、合理计划的行动都不会取得好的结果。"

（三）观察预见

良好的观察预见能力让职业人在竞争日益激烈的社会大环境下，寻找到很好的生存发展机遇，同样也可以预防一些未来可能发生的对于事业有所阻碍的事情。可以说，成功源于拥有一双会观察、会发现的眼睛。

（四）系统思考

美国管理学家彼得·圣吉在《第五项修炼》中提到的第五项修炼就是一个系统思考。实际上，《易经》中的核心思想也是系统思考，强调面对任何问题的时候，都要善于从整体进行考虑。而仅仅采用就事论事、头痛医头的方法，往往不能抓住事物的本质并有效解决问题。如果不从本质上解决，就会今天解决了，明天可能又从其他地方冒出来了。只有学会系统思考，才能形成大局观。

（五）深度沟通

美国著名企业家卡耐基指出："一个人事业的成功因素，只有 30% 是由他的专业技术决定的，另外 70% 则要靠人际关系。"在这个人际关系复杂的社会，要想使自己成功，就应该强化自身的沟通能力。企业管理过程的大量问题也是沟通问题，甚至有企业家认为："企业中 90% 的问题是沟通不畅造成的。"可谓"管理即沟通"，具备强大的沟通能力是解决问题的前提。

（六）适应矛盾

企业经营管理过程中有大部分是相互矛盾的事情，但是很难找到十分绝对的解答，更是很少存在唯一的最佳答案。如果总是用“非此即彼”的思维方式，问题往往难以解决，甚至可能把问题引向死胡同。因此，职业人要善于适应矛盾，避免绝对化地看问题，拥有开阔的思维、长远的眼光，不固守成功经验，针对问题多寻求几种解决方案，追求解决问题的开放性，不钻牛角尖。

（七）投入当下

“未来不迎，当时不杂，既过不恋”，曾国藩这句话的意思就是，那些将来可能发生的事情，还没有到眼前，不要过于着急处理；对于那些已经过去的事情，不要过于留恋；现在做的事情要清晰、有条理。这可以说是曾国藩一生的职业总结。职业人要善于选择最重要的事情投入全部精力，有些事情则需要快速遗忘。

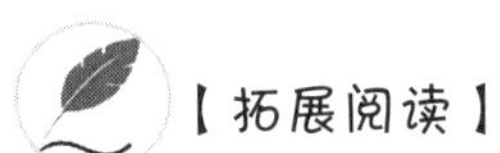

职场哲理小故事

故事一：谁去给猫挂铃铛

有一群老鼠开会，研究怎样应对猫的袭击。一只被认为聪明的老鼠提出：“给猫的脖子上挂一个铃铛。这样，猫行走的时候，铃铛就会响，听到铃铛声的老鼠不就可以及时跑掉了吗？”大家都公认这是一个好主意。可是，由谁去给猫挂铃铛呢？怎样才能挂得上呢？这些问题一提出，老鼠都哑口无言了。

点评：科学合理的战略部署是执行的前提！战略如果脱离实际，就根本谈不上执行。

故事二：忙碌的农夫

有一个农夫一早起来，告诉妻子说要去耕田。当他走到40号田地时，却发现耕耘机没有油了；原本打算立刻要去加油的，突然想到家里的三四只猪还没有喂，于是转回家去；经过仓库时，望见旁边的马铃薯，他想起马铃薯可能正在发芽，于是又走到马铃薯田去；路途中经过木材堆，又记起家中需要一些柴火；正当要去取柴的时候，看见一只生病的鸡躺在地上……这样来来回回跑了几趟，这个农夫从早上一直到太阳落山，油也没加，猪也没喂，田也没耕……显然，最后他什么事也没有做好。

点评：做好目标设定、计划和预算是执行的基础，做好时间管理是提升执行效率的保障。

三、执行力的训练

执行力就是在规定的时间、标准下不折不扣地完成既定任务的能力。对企业而言，就是将长期战略一步步落到实处，将愿景在期望的时间内转化为现实的系统性运营能力。

很多人的一生停滞不前，或者说是在原地转圈。之所以会出现这种现象，并不是因为他们愿意这样做，而是因为他们不知道如何正确地处理通往成功之路上的各种现实障碍。当遇到特别巨大的障碍不得不退回到起点时，很多人会认为情有可原。但是，那些成功人士从来不会退缩，总会想方设法地找出解决办法。“没有任何借口”体现的是一种完美的执行力。执行力的训练包括以下六方面。

（一）自动自发地工作

在实际工作中，我们发现所有的工作有制度、有措施，可是还有不能完成工作的现象发生。究其原因，就是态度问题。从这个角度就能看出一个人做人是否诚实，做事是否认真。要时刻牢记执行工作，没有任何借口；要像军人一样以服从命令为天职。在任何岗位上，自动自发地工作都能让你获得上司的好感。

（二）勇敢地承担责任

工作中无小事，工作就意味着责任。责任是压力，也是努力完成工作的动力。工作的意义在于把事情做对和做好，最严格的标准应该是自己设定的，而不是别人要求的。如果你对自己的期望比领导对你的期望更高，同时把做好工作当成义不容辞的责任而非负担，那么就没有完不成的任务。因此，提高执行力就必须树立强烈的责任意识和进取精神，坚决克服不思进取、得过且过的心态，养成认真负责、追求卓越的良好习惯。

（三）成为善于学习的人

仅仅拥有“活到老，学到老”的态度还不够，还需要善于学习，这是最基本、最重要的能力。没有善于学习的能力，其他能力也就不可能存在，因此很难去具体执行，谈何执行力呢？当今社会，一切均在不断发展变化中，而且发展变化的速度不断加快。这个社会中，唯一不变的就是一直在变。要想适应社会的变化和跟上社会的变化进程，武装自己的头脑是我们唯一的选择，努力学习、追求新知是提高个人执行力的重要条件。

（四）全身心地投入工作

全身心地投入工作必须发扬严谨务实、勤勉刻苦的精神，坚决克服夸夸其谈、评头论足的毛病。真正静下心来，从小事做起，从点滴做起。拥有这份坚持不懈的忘我精神，在执行工作时就不会有丝毫的推脱，不会吝啬付出和奉献。

（五）注重团队协作

俗话说“人无完人”，个人不可能独立完成所有的工作。要提高个人的执行力，就必须建立良好的人际关系。不仅在别人寻求帮助时提供力所能及的帮助，还要主动帮助同事；反过来，我们也能坦诚地接受别人的帮助。另外，好的沟通是成功的一半，通过沟通群策群力、集思广益，达到完美执行任务的目的。

（六）执行到位

就个人而言，执行到位就是将事情做到位，这是一切职业人的基本能力。如果不能说到做到或不能做到位，那么职业人就缺少立身之本，一切设想就会沦为梦想，一切问题仍然会是问题，甚至成为更加严重的问题。

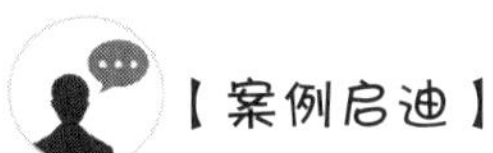

德国最愚蠢的银行

2008年9月15日上午10时，拥有158年历史的美国第四大投资银行雷曼兄弟公司向法院申请破产保护，消息瞬间通过电视、广播和网络传遍地球的各个角落。令人匪夷所思的是，10时10分，德国发展银行居然按照外汇掉期协议的交易，通过计算机自动付款系统向雷曼兄弟公司即将冻结的银行账户转入3亿欧元。毫无疑问，这笔钱将是“肉包子打狗，有去无回”。

转账风波曝光后，德国社会各界大为震惊。财政部部长佩尔·施泰因布吕克发誓，一定要查个水落石出，并严厉惩罚相关责任人。一家法律事务所受财政部的委托，进驻德国发展银行进行全面调查。

几天后，他们向国会和财政部递交了一份调查报告，调查报告并不复杂深奥，只是一一记载了被询问人员在这10分钟内忙了些什么。这里，看看他们都忙了些什么。

首席执行官施罗德说：“我知道今天要按照协议约定转账，至于是否撤销这笔巨额交易，应该让董事会开会讨论决定。”

董事长保卢斯说：“我们还没有得到风险评估报告，无法及时作出正确的决策。”

董事会秘书史里芬说：“我打电话给国际业务部催要风险评估报告，可那里总是占线。我想，还是隔一会儿再打吧。”

国际业务部经理克鲁克说：“星期五晚上准备带全家人去听音乐会，我得提前打电话预订门票。”

国际业务部副经理伊梅尔曼说：“忙于其他事情，没有时间去关心雷曼兄弟公司的消息。”

负责处理与雷曼兄弟公司业务的高级经理希特霍芬说："我让文员上网浏览新闻，一旦有雷曼兄弟公司的消息就立即报告，现在，我要去休息室喝杯咖啡。"

文员施特鲁克说："10 时 3 分，我在网上看到雷曼兄弟公司向法院申请破产保护的新闻，马上跑到希特霍芬的办公室。当时，他不在办公室，我就写了张便条放在办公桌上，他回来后会看到的。"

结算部经理德尔布吕克说："今天是协议规定的交易日子，我没有接到停止交易的指令，那就按照原计划转账吧。"

结算部自动付款系统操作员曼斯坦因说："德尔布吕克让我执行转账操作，我什么也没问就做了。"

信贷部经理莫德尔说："我在走廊里碰到施特鲁克，他告诉我雷曼兄弟公司的破产消息。但是，我相信希特霍芬和其他职员的专业素养，一定不会犯低级错误，因此也没必要提醒他们。"

公关部经理贝克说："雷曼兄弟公司破产是板上钉钉的事。我本想跟施罗德谈谈这件事，但上午要会见几个克罗地亚客人，觉得等下午再找他也不迟，反正不差这几个小时。"

德国经济评论家哈恩说："在这家银行，上到董事长，下到操作员，没有一个人是愚蠢的，可悲的是，几乎在同一时间，每个人都开了点小差，每个人都没有同其他人进行有效沟通，核实并确认自己的信息和行为，结果就创造出了'德国最愚蠢的银行'。"

【本节提示】

职业核心能力训练的目的就在于着力提升职业人的职业核心能力，使职业人系统地了解发展自己职业核心能力的方法，全面提高职业人适应职业工作场所需要的综合能力。职业核心能力的训练包括自我管理能力的训练、解决问题能力的训练、执行力的训练等。

【训练与思考】

1. 分析职业技能和职业核心能力在苗俭的成才道路上分别发挥了什么作用？

2. 你未来从事的职业需要哪些专业基本功？你认为有哪些好的训练方法？

3. 职业核心能力的基本内容是什么？你认为自己在哪些方面还略显不足？

4. 结合本章介绍的职业核心能力的训练方法，谈一谈如何提升自己的职业核心能力？

第六章

职业理想

◆ **学习目标** ◆

1. 了解职业理想的概念和重要性；
2. 理解职业理想的形成过程以及影响其发展的内外因素；
3. 掌握职业理想的特点和作用；
4. 树立职业理想，设计大学生活。

◆ 案例导入 ◆

有一年，一群意气风发的天之骄子从美国哈佛大学毕业了，他们即将开始穿越各自的“玉米地”。(“穿越玉米地”典故：有一片天空地旷的玉米地，果实累累，又布满了大大小小、或明或暗的陷阱。你和你的对手们将要进行一场有趣的竞赛——谁最早穿越玉米地到达神秘的对岸，同时手中的玉米又最多。速度、效益与安全，这就是“穿越玉米地”的三大生存要素，如何平衡、取舍？其中，可以有一万种以上的选择。“穿越玉米地”的过程，就是职业活动的过程。每个人都有自己的“玉米地”，人的一生都是在“穿越玉米地”。)他们的智力、学历、家庭条件都相差无几。临出校门，哈佛大学对他们进行了一次关于职业理想的调查，结果是：

27% 的人，没有明确职业理想；60% 的人，职业理想模糊；10% 的人，有清晰但比较短期的职业理想；3% 的人，有清晰而长远的职业理想。

毕业后的 25 年，他们穿越了各自的“玉米地”。25 年后，哈佛大学再次对这群学生进行了跟踪调查，结果是：

3% 的人，25 年间他们朝着一个方向不懈努力，几乎都成为社会各界的成功人士，其中不乏行业领袖、社会精英；

10% 的人，他们的短期职业理想不断实现，成为各个领域中的专业人士，大都生活在社会的中上层；

60% 的人，他们安稳地生活与工作，但都没有什么特别的成绩，几乎都生活在社会的中下层；

剩下的 27% 的人，他们的生活没有目标，过得很不如意，并且常常在埋怨他人、抱怨社会、抱怨这个“不肯给他们机会”的世界。

（资料来源：吴晓波 . 穿越玉米地[M]. 杭州：浙江人民出版社，2002.）

职业理想是职业人成功开展职业活动的重要前提，也是职业人在职业生涯中渴望达到的一种职业境界。职业理想是职业人根据社会需要和个人追求，在职业发展中通过预想而明确的职业奋斗目标，是职业活动与职业成就的超前反映。职业理想与职业人的世界观、人生观和价值观息息相关，是职业人实现社会理想、生活理想与道德理想的重要条件，与职业人的职业目标、职业期待紧密联系。

本章主要通过对职业理想基本概念的认识，了解职业理想的形成与发展、职业理想的特点、职业理想在职业发展中起到的作用等内容，引导学生通过确立自身职业生涯发展方向，树立正确的职业理想，设计合理的大学生活。

不想当将军的士兵不是好士兵。——拿破仑

第一节　职业理想概述

【导读】

成功不可能一蹴而就，走向中国科学技术界最高领奖台，杨建华跋涉了整整39年。这39年，杨建华用辛勤的汗水和智慧，书写了一名普通工人不断跨越的历史，诠释了平凡的岗位也可成就不平凡事业的真理。

诚然，铆工作业是粉尘与烟气交织，噪声携焊花共舞。但是，杨建华认准了一个道理：既然人生的追求与祖国的事业和企业的发展早已融为一体，就应该让真诚的眷爱释放出奉献的无穷能量。“舞台可以简陋，演出必须精彩；岗位可以平凡，追求必须崇高”，这是杨建华写给自己的座右铭。

为了实现理想，杨建华把青春和汗水全都奉献给了他心爱的事业。初中只念了一年的他曾经不分昼夜，利用一切可以利用的机会学技术，晚上在家学展开、放样等基本功，早上提前到厂练习电焊、铆工等技术。一本从师傅那里弄来的铆工技术书被他翻烂了，他根据书上图形做出的纸模型装了几麻袋。之后，他又啃起了更难的《铆工工艺学》。几年下来，这本书愣是被他吃进脑子里。随便提出一个要点，他就知道在哪一页。厂里搞技术理论大赛，杨建华总是满分。“大学里没有铆工专业，有的话，建华绝对够格儿。”工友们说。

杨建华干出了模样，企业决定提拔他当车间主任，这是他脱离艰苦体力劳动的最好机会，但他却一口谢绝了：“我只有在一线工作，才能感受到最大的乐趣，这里才是我的舞台！”而面对外面企业“高薪聘请”的诱惑，杨建华的回绝则非常干脆：“我哪都不去，给多少钱也不去！我要把党和人民给予的荣誉化为加倍工作的动力，要把组织培养得来的本事全部回报给企业。”

（资料来源：唐成选．平凡岗位铸就精彩人生［N］．辽宁日报，2008-07-02（01）.）

列夫·托尔斯泰曾经说过：“理想是指路明灯，没有理想就没有坚定的方向，没有方向就没有生活。”每个人都会有自己的理想，无论是在生活上还是事业上，这种美好的预想会使人们对自己的未来充满向往和追求。在追求理想的驱动下，人们会开始设计自己的人生和为实现理想而确立奋斗的目标，而个体的职业目标就是个人的职业理想。

一、理想概述

理想是一种社会意识现象，从不同的角度可以分为不同的种类。“功崇惟志，业广惟勤。”理想指引人生方向，信念决定事业成败。没有理想信念，就会导致精神上“缺钙”。中国梦是全国各族人民的共同理想，也是青年一代应该牢固树立的远大理想。

（一）理想的分类

理想是人们对未来生活美好的憧憬和向往，是人们在社会活动中形成并发展起来的，具有实现的可能性。理想也是人们的世界观、人生观和价值观在奋斗目标上的集中体现。

第一，按照理想所属的人群范围来划分，可以分为个人理想和群体理想。个人理想是个体对未来生活体验的美好预想，群体理想是一定群体的共同理想。第二，按照理想奋斗时间的长短来划分，可以分为长期理想和短期理想。长期理想是经过长期实践并坚持不懈奋斗才能实现的理想，短期理想是在较短时期内能够实现的理想。第三，按照理想的内容来划分，可以分为社会理想、生活理想、职业理想等。

（二）理想的作用

理想是社会存在的反映，是社会经济的产物。因此，任何理想都是一定的社会经济关系和其他社会条件的产物，都要随着社会经济关系的发展而发展，随着社会历史条件的变化而变化，不可能脱离当时的现实，并受到一定的时代、阶级地位和阶级利益的制约。每个人活着，总得有个理想。如果把人生比作杠杆，理想信念就是支点。理想不是可有可无的点缀品，而是一个人生命的动力，有了理想就等于有了灵魂。

1. 理想是社会进步的助推器

为了社会的进步、国家的富强，历史上的广大人民群众、具有远见卓识的政治家和仁人志士以及许多杰出的科学家和发明家，为实现改造社会、改造自然的理想而奋斗，从而推动了人类历史的进步与发展。

2. 理想是人生的精神支柱

人一旦树立了正确的、崇高的理想，就有了强大的精神动力和精神支柱，就有了无往而不胜的革命斗志，任何艰难险阻都能克服。尤其在遇到挫折和困难的时候，有没有理想或者有什么样的理想，其结果是不同的。任何人只有树立了正确、崇高的理想，才可能为自己绘制一张未来的蓝图。

二、职业理想的概念

职业理想是职业人依据社会要求和个人条件，借想象而确立的奋斗目标，即职业人渴望达到的职业境界。它是职业发展的奋斗目标，是职业人对职业成就的一种期望和体现，是职业人对未来有可能实现的职业发展的一种预想。但是，并非任何对未来职业的预想都是职业理想。正确的职业理想需要认真考虑两方面的内容：一方面，职业理想是一种职业选择，要求职业人根据社会需求和个人条件选择一种理想的职业，找到一份理想的工作；另一方面，职业理想是职业人在工作和职业活动中，通过不懈努力奋斗来达到职业成就的理想境界，从而取得职业发展中的理想成绩。

三、职业理想的重要性

有人认为，在就业形势严峻的当下，谈论职业理想已经失去了意义，能找到工作赚钱是当务之急。事实上，这种观点是不正确的。不论身处何种境地，人们都应当为自己规划长远而又切合实际的职业理想。

在职业发展过程中，树立正确的职业理想具有重要意义。在职业活动中，职业人的职业理想常常与现实存在矛盾。许多人无法遵循自己确定的求职标准来选择理想职业，导致其中一些人干脆不就业，坐等理想职业的出现；一些人随便找份工作草草了事，靠着工作收入不思进取，天天混日子；也有一些人因为没有能够从事自己的理想职业而怨天尤人，不做出改变，无所作为。归根结底，发生这些现象的原因是职业人在择业或职业活动中没有正确认识职业理想的重要性，没有认清理想与现实之间的关系。

职业理想是职业发展的基础，也是职业人对未来所从事的职业的一种向往和追求。职业理想要具体、现实，要能够落到实处。

在制定职业理想的过程中，要充分结合现实环境，认真思考所制定的职业理想是否合理，同时也要根据自身客观条件，仔细分析自身是否满足所选择职业的要求。职业理想没有既定的标准，完全因人而异。然而，需要强调的一点是，拥有理想职业的前提是基于个体的职业能力。无视主观环境与客观条件，一味投身于自己所谓的职业理想，是盲目而不切实际的。因此，制定合理的职业理想和找到正确的自我定位是毕业生在求职之前需要走好的重要一步。

认清职业理想与理想职业的关系，两者虽有一定的联系，但职业理想不完全等同于理想职业。通常来说，职业人的职业能力、职业理想与职业岗位三者达成一致的情况下，才是理想职业。职业理想是前提，理想职业是结果。职业理想的实现，首先，需要具备相关的职业能力；其次，需要个体坚持不懈地努力奋斗；最后，职业理想的制定只有满足社会需要，才能成为理想职业。而没有职业理想奠定基础的理想职业是空洞的，含有幻想成分。

如果所选择的职业岗位已无空缺，而又需要立即就业，可以适当降低自身要求。实现职业理想的前提是需要有一份职业，然后才能为之努力奋斗。尤其是毕业生，可以先通过一段时期的工作积累经验，再根据自身所具备的条件和实际情况慢慢作出修正，如重新定义职业理想或调整自己的兴趣。

学生毕业后会经历一段特殊的时期——职业探索期。职业探索期一般被认为是毕业生开始职业生涯的最初两年。在这段时期内，有一部分毕业生会存在一种职业理想与现实差距非常悬殊的感觉。然而，实现职业理想的道路不可能一帆风顺，往往会与现实存在一定的差距。处于职业探索期的毕业生应当正确认识职业理想的重要性，在积累工作经验、提升职业能力的同时，合理修正职业理想，调整职业兴趣，积极寻找职业机会，从而为自身的职业生涯发展打下坚实的基础。

四、职业理想的实现条件

（一）了解自己——你能做什么，最难看清楚的是自己

有些毕业生思考问题尚不完全成熟，对于未来从事的职业会存在过多的幻想成分，并非脚踏实地追求自己的职业理想，甚至会好高骛远，将自己置身于一个起点很高的位置思考未来。比如幻想自己所从事的职业能够比他人轻松，工作环境比他人好，能够付出少回报多等。很明显，诸如此类缺乏自我认知而对职业未来盲目的憧憬，犹如“镜花水月”般可望而不可即。任何成功并非一蹴而就，首先要对自己有一个正确的自我认知，从自身角度出发思考职业问题，包括个人的教育经历、职业能力、性格特征、健康状况等，然后才能定位准确，找到适合自己的职业方向，最终为实现职业理想而坚持不懈地努力奋斗。

（二）了解职业——并非所有职业都适合你，你也并非能胜任所有职业

不同职业对求职者提出的职业要求是不同的，每种职业都需要具备基本职业能力，如毕业生应具备表达、思维、观察、沟通等能力，可以应对工作中的常见问题。而一些专门行业则需要具备专门职业能力，如会计、财务、统计等职业，需要从业人员具备很强的计算能力；设计、建筑、工程等职业，对空间判断能力的要求较高；从事美术、装潢等相关工作要有很强的图像、图形鉴别能力。因此，了解职业需要具备的职业能力，然后有针对性地选择职业或提高自己的相关能力，对于适应并接受挑战至关重要。

（三）了解社会——职业的存在和发展与社会需求是紧密联系的

职业的存在和发展随着社会的变化而不断发生变化，了解社会才是成功择业并就业的关键。一般来说，了解社会就是要了解社会需求量、竞争系数和职业发

展趋势。

社会需求量是指一定时期职业需求的总量。这是一个动态又相对稳定的数量，比如老年护理、老年服务与管理等养老服务类职业发展前途较好，社会需求量较大，但愿意从事这些职业的人较少。

竞争系数是指谋求同一种职业的求职者人数的多少。在其他条件一定的情况下，竞争系数越大，就业机会越小。2019 年度国家公务员考试招考共有中央机关 75 个单位和 20 个直属机构参加，计划招录 1.45 万余人，共有 137.93 万人通过报名资格审查，平均竞争比高达 95∶1，为近 5 年来最高，其中最热岗位的竞争超过 4000∶1。

职业发展趋势是指职业未来发展的态势。有些职业一时需求量大，竞争激烈，但随着社会的发展将日趋衰落；有些职业虽然暂时是冷门职业，但随着社会的发展将日益兴旺。因此，了解职业发展趋势、加强对职业发展前景的分析和预测是极其重要的。

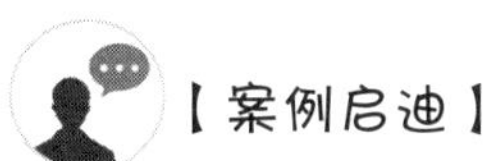

游泳的故事

1952 年 7 月 4 日清晨，美国加利福尼亚海岸笼罩在浓雾中。在海岸以西 21 英里的圣卡塔利娜岛上，一位 34 岁的女性跳入太平洋中，开始向加利福尼亚海岸游去。要是成功了，她就是第一个游过这个海峡的女性。这位女性名叫费罗伦丝·柯德威克。在此之前，她是从英法两边海岸游过英吉利海峡的第一位女性。那天早晨，海水冻得她全身发麻，雾很大，她连护送她的船只都几乎看不到。时间过去了几个小时，千千万万人在电视上注视着她。有几次，鲨鱼靠近了她，被人开枪吓跑了。她仍然在游着。15 个小时之后，她被冰冷的海水冻得浑身发麻，她知道自己不能再游了，就叫人拉她上船。她的母亲和教练在另一条船上。他们告诉她海岸很近了，叫她不要放弃。但她朝加利福尼亚海岸望去，除了浓雾什么也看不到。几十分钟之后，从她出发算起是 15 个小时 55 分钟之后，人们把她拉上了船。又过了几个小时，她渐渐觉得暖和多了，这时却开始感到失败的打击。她不假思索地对记者说："说实在的，我不是为自己找借口。如果当时我能看见陆地，也许我能坚持下来。"人们拉她上船的地点，离加利福尼亚海岸只有半英里！

柯德威克一生中只有这一次没有坚持到底。因为在浓雾中看不到目的地，柯德威克第一次横渡圣卡塔利娜海峡因此遭遇了失败。如果那天没有大雾，她就不会丧失信心而放弃最后的努力。

两个月之后，她成功地游过了同一个海峡。柯德威克虽然是个游泳好手，但也需要看见目标，才能鼓足干劲完成她力所能及的事情。在职业发展上追求成功的过程和横渡海峡是一个道理，要想获得成功，就必须确定一个清晰可见的目标，因为目标是人奋勇前进的动力。当行动有了明确的目标，并能不断地加以对照目标，了解自己与目标之间的距离，就会努力克服一切困难，实现目标，取得成功。在职业发展上，这个重要的目标就是职业理想。职业理想需要看得见、够得着，与社会需求和个人能力相匹配，才能成为一个有效的职业理想，才会形成动力，并努力去实现。

【本节提示】

理想源于现实又高于现实。职业理想源于现实职业选择，又是职业和生活的升华。职业理想不是对未来职业的空想、幻想，而是建立在现实的基础上，要避免不切实际，好高骛远。毕业生需要注意的是，职业理想与现实是存在矛盾的。这种现象一旦发生，既不要怨天尤人，也不要心灰意冷，而是要理性看待。职业理想的实现与个人、职业、社会等因素密切相关，只有务实地规划，才能把职业理想变成现实。制定职业理想目标要明确，阶段要清晰，措施要具体，规划职业理想的过程也是提高自己的过程。

生活好比旅行，理想是旅行的路线，失去了路线，只好停止前进。——雨果

第二节　职业理想的形成与发展

【导读】

吕某，出生于知识分子家庭，从小就是班上的佼佼者，成绩一直非常优异，后来如愿考上北京大学光华管理学院会计学专业，本科毕业后又被保送本专业研究生。

可是，她越来越发现自己并不喜欢会计专业，将来也不想从事会计行业。吕某去了职业咨询所，在咨询师的引导下，她说："我妈妈是一家大公司的会计，她认为会计这个职业很稳定，收入也比较高。当时，我对专业不是很了解，所以就听了妈妈的意见。上大学之后，我才发现自己并不喜欢这个专业。随着对专业方向学习和研究的深入，对日后就业方向和职业发展道路的了解，我越来越发现，从事本专业的工作不是自己想要的生活。而读研意味着自己在会计专业方向上又前进了一步，自己未来的职业道路似乎更要局限于财务、审计、会计师等工作。"说到这儿，她开始焦虑起来，一种强烈的转行愿望开始在她头脑中出现。

职业咨询师对吕某进行了测评。结果显示，她是一个比较外向的女孩，她的职业兴趣偏向社会型和企业型，喜欢与人打交道，喜欢变化和创新，喜欢在快速成长、变化的环境中从事创造性和开拓性的工作，对重复性和细节性的工作则缺乏兴趣和耐心。很明显，会计学和财务工作多偏向于与数据、图标、公式打交道，属于事务型，与吕某的兴趣类型正好相反，所以吕某不喜欢她的专业，也不想从事会计和财务工作。

职业咨询师告诉吕某："职业规划并不是绝对的，职业理想的制定要根据社会环境的发展变化以及对自我和职业了解程度的变化而调整和发展。任何职业和个人都不可能百分之百匹配。制定职业理想时，不是把自己限制在一个很小的职业范围内，而是要开阔视野，充分了解自我和职业特点，还要在积极的行动中根据现实情况不断调整和修正自己的职业方向，最终达到选择理想职业道路的目标。"

职业理想的形成与确立，对职业人的职业能力的培养和职业素质的养成具有重要意义，对职业人正确规划职业生涯起到至关重要的作用。职业理想的形成会受到多方面因素的综合影响，包括社会现实环境、个人实际条件等，因此职业理想的形成与发展会呈现出一定的特征。

一、职业理想的形成

职业理想是职业人在一定的世界观、人生观和价值观的影响下，根据社会需要和个人实际情况，对自己未来可能从事的职业方向、职业发展与职业目标所作出的预想和设计，是个人对职业成就的追求与向往。职业理想在内外因素的共同作用下，经过由简略到翔实、由片面到全面、由反复到专一的长期过程而形成的，其结构包括职业认知、职业情感与职业意志。

（一）职业认知

职业认知是指职业人在社会实践活动中形成的对某种职业的认识和评价，是职业理想形成的前提。职业认知可以通过主观和客观两种方式来形成：从主观形成的角度来说，职业人对某种职业的认知是长期实践的总结，对职业的认知是从了解到掌握的变化过程；从客观形成的角度来说，这种认知是对某种职业的性质、工作内容、薪资待遇、发展前景、社会地位等内容客观了解后才进行分析的。

（二）职业情感

职业情感是职业人对从事某种职业的向往和期待，是一种心理感受与倾注的情感。情感的产生源于职业人自身能够在职业活动过程中获得职业满足，职业情感直接反映职业人对某种职业的主观感受，带有一定的主观色彩。因此，职业情感往往体现在职业人对职业的热情和追求，它潜伏于职业人的内心深处，使职业人较稳定地处于一种积极的状态下，影响职业人的职业行为，使其坚持不懈地努力奋斗。职业情感贯穿于职业理想的形成与发展过程之中，如果职业认知是理性认识，那么职业情感则是感性升华，是坚定职业理想的动力源泉。

（三）职业意志

职业意志是追求某种职业或从事某种职业的人在实践过程中调节行为、克服困难的能力，是在职业追求过程中所表现出来的决心和毅力。职业人对职业活动和职业成就的向往和期待是个人需要的体现，也是在社会环境的综合影响下才形成的。职业意志具有自觉性、持久性和果断性，它是职业情感的升华和强化，是一种更高层次的感性因素，具有较强的主观能动作用。职业理想的形成与发展想要持之以恒，必须要靠职业意志强有力的支撑，否则也无法实现由不成熟、不稳定走向成熟、稳定。

二、影响职业理想形成与发展的因素

职业理想的形成过程是长期的，必然经过不同阶段的发展，是内外因素共同影响的结果。

（一）职业理想形成与发展的内因分析

1. 自身条件是职业理想形成与发展的前提

社会分工形成的不同职业对职业人的自身条件提出的要求各不相同。职业人的自身条件具有差异性，这就要求职业人根据自身体条件进行思考，并对自己的职业理想作出相应的调整。

2. 性格特征驱动职业理想的形成与发展

职业人的性格特征同样存在个体差异性，主要表现在气质、态度和能力等方面。在制定职业理想时，不仅要考虑个人能力，也要结合自身性格特征。外向型性格的人开朗活泼，偏向于从事企业公关、市场销售等社交性的工作；内向型性格的人安静谨慎，偏向于从事公司行政、文案工作等稳定性的工作。

3. 个性倾向影响职业理想的形成与发展

个性倾向包括人的需要、动机、兴趣、价值观等方面。职业理想的形成与发展很大程度上受个人倾向影响。个体的物质需要、精神需要、兴趣爱好等因素，对职业理想的确立起到最为直接的指向作用。

（二）职业理想形成与发展的外因分析

1. 社会发展状况是职业理想形成的依托

随着社会的不断发展，职业分工越来越趋于精细化，现代社会中专业技术人才的需求对职业理想的形成提出了新要求。职业理想的形成关系到职业活动的各个阶段，追求和从事某种职业是每个人在一生中必然经历的一个过程，也是社会发展现状的主要体现。

2. 职业发展趋势是影响职业理想形成与发展的重要因素

当前社会职业呈现出分工愈加明确、专业性与日俱增、新职业层出不穷、职业内容日新月异、职业流动屡见不鲜的新趋势。这种趋势促使职业人在职业选择上打破传统单一性，跟随职业发展作出合理判断。

3. 家庭和学校对职业理想的形成与发展起到至关重要的作用

家庭和学校是学生成长的重要场所，对职业理想的形成与发展起到重要作用。家庭成员从事的职业以及父母对不同职业的倾向通常会影响子女的职业理想。在学校教育中，教师在不同受教育阶段对学生进行职业认知、职业能力、职业规划等内容的教育，也直接关系到学生职业理想的形成与发展。

三、职业理想发展的过程性与表现性特征

职业理想在现实环境与自身条件的共同影响下不断发展，呈现出由模糊到清晰、由多样到单一、由解构向建构的过程性特征。同时，职业理想也呈现出功利化、务实化、趋同化的表现性特征。

（一）职业理想发展的过程性特征

1. 由模糊到清晰的发展趋势

职业理想随着学习深度、实践锻炼、社会阅历、职业规划等的强化而不断发展，职业理想也随之由模糊走向清晰。通过对社会需求和自身情况的分析，逐步确定职业理想的发展方向，并在职业能力的提升和职业规划的设计中深化职业情感、强化职业意志，从而使自身的职业理想清晰化、明确化。

2. 由多样到单一的逐步演变

社会上的各行各业都有其特点，不同的职业性质、职业特点对职业人有不同的吸引力。在对职业和自身状况没有深刻认识之前，其职业理想通常不具单一性，而是对多个职业都有一定好感，难以形成对某一职业的强烈情感和意志。然而，随着个体生理发展、心理逐渐成熟和阅历不断增加，职业人对行业以及自身现实状况的了解也更为客观、深刻，从而逐步形成对某一职业的憧憬。职业理想开始呈现趋向单一的特征，并在职业情感的催化和职业意志的驱动下，集中全力为实现职业理想而努力。

3. 由解构向建构的模式转变

解构是指对已经建立起来的结构进行分解、拆解和清除。建构是相对于解构而言的，是指某一系统结构的建立。职业理想的发展在一定程度上呈现出由解构向建构的模式转变。

解构期是指职业人在对内心形成的多个职业理想进行逐一筛选的过程。职业人在内在需求和外在环境的影响下，容易对多个不同的职业产生好感，从而形成多个模糊的、不稳定的职业理想。然而，在诸多主客观条件的限制下，并非所有的职业都是合适的。因此，职业人会对不合适的职业理想进行逐一筛选，这就是解构的过程。

然而，在之前诸多的职业理想之中，既满足自身需求又符合主客观条件，具有较强可行性的职业理想会被筛选出来，成为稳定的、可持续发展的职业理想，这就进入了职业理想的建构期。职业人开始为实现这一理想做准备，如增强职业认知、提升就业能力、进行职业规划等，从而使职业理想愈加清晰、坚定。

（二）职业理想发展的表现性特征

1. 功利化倾向出现

功利化倾向是指把需要和价值定位在现实的、眼前的、具体的利益和事物上，

形象地说，就是什么都和利益挂钩。当前，在职业理想的形成过程中，开始出现功利化倾向，具体表现在择业意向、就业区域选择、薪资要求等方面。这种功利性观念的出现，直接影响职业理想的方向及稳定性。在求职过程中，职业的社会声望与地位、薪酬福利、所在区域等成为职业人普遍关注的问题。因此，部分大学生在择业和就业上开始出现如下倾向：工作强调经济利益、职业选择多集中在沿海地区及大中城市、追求工作的稳定性与安全感等。

2. 务实化日益明显

更多的大学生在制定职业理想时考虑的是行业性质、就业区域、专业对口性、就业能力、面临障碍等问题，而对自身兴趣、价值实现等方面的关注较少。这一情况也反映出这些大学生在理性与价值的权衡中，更趋向于前者，从而使职业理想的发展呈现出务实化、实际化特征。在这样的观念影响下，容易导致职业理想狭隘，阻碍自身潜能发挥，抑制职业人的积极性和主动性，从而限制职业理想的发展。

3. 趋同化现象普遍

社会对不同行业的评价影响着职业人职业理想的发展，社会地位高、声望好的职业受到多数人的热捧。同时，职业对职业人需求的满足程度影响着职业人职业理想的发展，待遇高、福利好的职业更能满足职业人的需求，吸引更多的人从事该行业。大学生职业理想的趋同化表现为学生自主性缺乏，职业理想的发展并非按照个人意志和兴趣取向，而是受到社会大众和职业发展趋势的影响。趋同化现象的逐渐普遍会加剧就业竞争，不利于个体才能的发挥和价值实现，甚至阻碍职业理想的实现。

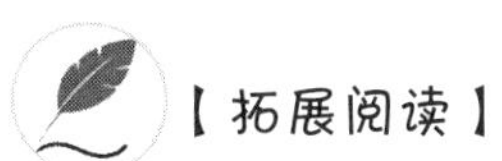

金斯伯格的职业生涯发展理论

金斯伯格把人的职业生涯发展分为幻想期、尝试期和现实期三个阶段。

幻想期：指处于11岁之前的儿童时期。儿童对大千世界，特别是对于他们所看到或接触的各类工作者，充满了新奇、好玩的感觉。这一时期，职业需求的特点是：单纯凭自己的兴趣爱好，不考虑自身条件、能力水平以及社会需要和机遇，完全处于幻想之中。

尝试期：11至17岁，这是由儿童向青年过渡的时期。这一时期，人们的心理和生理正在迅速发育和变化，有独立的意识，价值观开始形成，知识和能力显著增长和增强，初步懂得社会生产和生活的经验。在职业需求上呈现出以下特点是：有职业兴趣，但不仅限于此，更多地并客观地审视自身各方面的条件和能力，开始注意职业角色的社会地位、社会意义以及社会对该职业的需要。

现实期：17 岁以后的青年时期。人们即将步入社会劳动，能够客观地把自己的职业愿望或要求同自己的主观条件、能力以及社会现实的职业需要紧密联系起来，寻找适合自己的职业角色。此时，所期望的职业不再模糊不清，已有具体的、现实的职业目标，表现出的最大特点是客观性、现实性和讲求实际。

金斯伯格的职业生涯发展理论，事实上是前期职业生涯发展的不同阶段。也就是说，实际上揭示了职业人在职业理想的形成与发展过程中，职业意识或职业追求的发展变化过程。金斯伯格的职业生涯发展理论对实践活动曾产生过广泛的影响。不同时期的职业理想具有不同的阶段性特征，需要多方面、多维度、多层次地综合考虑。选择适合自己的职业发展方向，集中目标，强化发展，从而实现个体的职业理想。

【本节提示】

职业理想从形成到进一步的变化发展大致需要经过萌发阶段、初步形成阶段、具体化阶段、调整阶段以及稳定阶段五个阶段。由于职业理想对求职、择业和进行就业准备有直接影响，所以必须首先确定自己的职业方向，然后为之努力奋斗。影响职业理想形成与发展的因素是多方面的，从性质上说，有科学和非科学之分；从时间上说，有长远与近期之分；从主体上说，有共同职业理想和个体职业理想之分。职业理想正确与否，在其形成、变化、发展中并不是独立的，受多方面因素的影响和制约。科学地确立职业理想需要着眼于社会需求、自身条件和未来发展，只有从自身实际出发，适合自己的职业理想，才是最好的职业理想，才能使职业理想朝着积极、健康的方向发展。

我要把人生变成科学的梦，然后再把梦变成现实。——居里夫人

第三节　职业理想与职业发展

【导读】

大导演史蒂文·斯皮尔伯格的电影深入人心，他凭借影片《辛德勒名单》和《拯救大兵瑞恩》两次荣获奥斯卡金像奖最佳导演奖，他的《大白鲨》《E.T.》《侏罗纪公园》等商业片也为全球广大影迷们所熟知。他在36岁时就成为世界上最成功的制片人，在电影史上十大卖座的影片中，他拍摄的影片就有四部。斯皮尔伯格可以将电影的深刻思想性与商业元素完美地结合在一起，让观众体验震撼壮美的画面效果的同时，感受影片所传达出的深刻内涵，让人意犹未尽，回味无穷。这在整个美国电影界乃至全球电影界都是稀有的，斯皮尔伯格能够做到这一切要从他儿时的经历说起。

在他17岁的时候，有一次到一个电影制片厂参观后，他就偷偷立下了目标，要拍最好的电影。第二天，他穿了一套西装，提着爸爸的公文包，里面装了一块三明治，再次来到制片厂。他故意装出一个大人模样，骗过了警卫，进入电影制片厂。然后，他找到一辆废弃的手推车，用一块塑胶字母在车门上拼出来“史蒂文·斯皮尔伯格”“导演”等字样。他利用整个夏天去认识各位导演、编剧等，天天忙着以一个导演的生活来要求自己。从与别人的交谈中学习、观察、思考，最终在20岁那年，他成为正式的电影导演，开始了他的大导演职业生涯。

理想与目标并不是成年人的事情，斯皮尔伯格从小就立志成为最好的导演，拍摄最好的电影，并为之努力奋斗。如果当年的斯皮尔伯格没有为自己制定这样的职业理想，也许今天的斯皮尔伯格可能就走在另一条职业发展的道路上。

职业理想是职业人对未来职业活动的美好憧憬和追求，同职业人的奋斗目标相联系。职业理想作为一种有可能实现的奋斗目标，是职业人达成职业成就的精神信仰和动力源泉。在历史长河中，但凡有成就、有所作为的人，必有明确的目标和坚定的志向，成就的背后是奋斗者的足迹。职业理想一旦明确，职业人就会为之孜孜

不倦地努力奋斗，坚持不懈地实现自己的职业理想，职业理想是成就职业发展的正能量。

一、职业理想的特点

职业理想是社会发展的产物，属于社会意识范畴。它随着社会分工的变化而形成，并随着社会职业的增加而不断丰富和完善，具有社会性、时代性、阶级性、发展性和个体差异性。

（一）社会性

职业理想的社会性由人的社会性决定，职业理想的提出与制定是在一定的社会形态和社会条件下形成的。职业理想能否实现取决于一定的社会因素，也依赖于特定的社会条件。比如职业流动是在双向选择、契约方式就业的条件下形成和发展起来的，是在市场经济条件下为职业人实现职业理想提供的社会条件之一。而在计划经济条件下，情况则大相径庭。职业人通过自己的职业履行公民对社会应尽的义务，不同的职业都拥有其特有的社会责任，职业理想的实现过程就是职业人的社会活动过程。

（二）时代性

无论时代如何发展，任何职业都会受社会生产方式的发展水平所制约，生产方式越先进，社会经济越发达，社会分工越精细，职业种类就越多。科学技术越先进，职业演化越迅速，职业人选择职业的机会就越多，职业理想实现的可能性就越大。也就是说，社会的分工、职业的变化是影响职业人职业理想形成的重要因素。不同时代职业人的职业理想总是受该时代生产力发展水平的制约，而职业理想的发展则表现在历史发展的进程中，具有源于现实又高于现实的特点。

（三）阶级性

职业理想是社会意识的一个主要组成部分，因此必然会受到社会中不同阶级意志的影响，不同阶级的职业观本质上是本阶级的根本利益和要求的反映。在社会主义条件下，形成社会本位的职业观，以为人民服务，为他人、为社会多作贡献为职业目的，与此相符合的职业就受到社会的尊重。社会对某种职业的尊重程度，也直接影响着职业人对某种职业的兴趣和向往程度。

（四）发展性

职业理想的发展性包含两层含义。一方面，职业理想的内容会因时、因地、因事的不同而变化。随着年龄的增长、社会阅历的丰富而逐渐由模糊、幻想变为现实，由波动变化变为趋于稳定。一般来说，儿童对某种职业的向往，大多数是浪漫的想象；到中学阶段，随着知识的不断获得和社会经验的增多，现实成分逐渐增强；到大学阶段，职业理想越来越现实，但仍存在朦胧与波动的色彩；到中年阶段，职业理想基本稳定，并接近实现职业理想或为之努力奋斗。另一方面，职业理想会随着社会进步、经济发展和社会形态的丰富而不断发展，职业人的职业理想也会随着社会的发展、职业演变以及职业声望和职业地位的变化而不断改变。

（五）个体差异性

一个人选择什么样的职业，与他的人生经历、身体状况、兴趣爱好、思想品德、知识结构、能力水平等都有很大的关系。由于自身条件和所处环境的不同，所以职业理想也各不相同。职业理想源于现实，带有明显的个性化特点。

第一，个人的思想政治觉悟、道德修养水平和人生观决定着职业理想的方向；第二，个人的知识结构和能力水平影响着职业理想的追求；第三，个人的性格、气质、情感、意志等非智力因素对个体的职业适应性和职业理想的形成有较大影响；第四，性别、身体等生理特质使得职业理想存在差异性。

“龟兔赛跑”的故事

二、当代职业发展的新趋势

随着信息时代的来临，人们的生活内容日益丰富，职业的种类也随之加速更新。一方面，传统的职业整合了新的运作模式；另一方面，新的职业层出不穷。职业是社会劳动分工发展的必然产物，社会分工是职业划分的基础。在人类发展的历史长河中，职业并非一成不变，而是在多种因素作用下不断变化与发展。社会生产力的发展引起了社会分工的变化，决定和制约着职业的发展和变化，社会经济是直接制约和影响职业变化的重要因素。社会政治制度、宗教、文化、经济发展等诸多因素都会导致许多职业的兴衰。

（一）社会职业结构逐渐改变，职业转型不断加速

1. 单一基础向跨专业、复合型转变

从目前招工、就业的情况分析，职业岗位的要求和劳动方式逐步由简单向复杂转变。随着职业内涵的发展，过去单一技能就能胜任的工作，如今往往需要相关专业的多种知识和技能，更需要跨专业的复合型人才。

2. 封闭型向开放型转变

随着改革开放的深入，职业岗位工作的范围和面向的服务对象越来越广泛，接受信息的渠道越来越多，人与人之间的交往和协作大大加强，所以要求职业人具有开放的观念和心态，彻底摆脱封闭的状态。另外，开放型体现在职业岗位的性质上，也增加了一些以人与人之间联络、沟通、信息咨询和交易为表现形式的内容。

3. 传统工艺型向信息化、智能型转变

传统工艺型在科技含量上相对滞后，在技术更新速度上比较缓慢，难免跟不上时代前进的步伐。生产力发展的关键之一是增加职业岗位的科技含量，改善劳动组织和生产手段，提高劳动生产率。能够熟练应用信息管理方法的智能型操作人员，是今后职业岗位更新、工作内容更新需要的新型人才。

4. 继承型向知识创新型转变

知识经济的到来，要求职业人必须不断树立创新意识，在本职岗位上进行创造性劳动。随着社会的快速发展，完全以继承方式获得的劳动技能和方法已经无法满足社会的需求，国家的知识创新工程将科技成果迅速转化成生产力，劳动效率的迅速提高改变着现有岗位的职业特征。今后，只有创造性人才才能更好地胜任岗位职责。

（二）社会职业种类越来越多，新兴职业应运而生

1. 第三产业迅速发展壮大

社会生产力的提高，解放了劳动力，人们越来越多地需要社会服务行业为他们排忧解难和提供方便。第三产业的劳动人数将迅速增加，信息传播与管理行业的各种职业、文化教育和休闲娱乐等事业、提供各种各样服务项目的社区服务业等将迅速发展壮大，不仅能产生大量的新职业，也能成为吸纳社会劳动力的主要渠道。

2. 行业领域分工不断趋于精细

经济领域是职业种类和职位数量最多的社会领域。改革开放以来，我国经济飞速发展，在经济发展的过程中产生了对各个行业人才的需求。目前，职业已远远超过“三百六十行”。据有关资料记载，大约在 20 世纪 70 年代，世界职业种类已经超过 4.2 万种，目前则更多。职业种类的增多还要归功于现代科学技术的新发展、社会经济的发展、一些边缘科学的开发、社会服务的变化、社会政治体制及管理的变化。随着行业领域分工的愈加精细，一些新型产业和职业在我国不断兴起，租赁业、房地产业等再度兴起，服务性职业的社会地位大大提高，保险业、广告业、旅游业、娱乐业的迅速发展，这些都是经济发展的直接结果。

3. 科技进步与发展形成巨大冲击

现代科技的发展带来了许多新技术、新产品和新工艺，然而这些新技术、新工艺的研究、开发、应用必然导致部分职业的新旧更替。比如计算机技术的发展，使电报发报、电话接线、机械打字等传统职业逐渐走入末路，但随之而来的电子通信网络服务、信息安全以及计算机制造、调试、维修、设计、培训等新职业却一个一个破土而出。因此科技发展使职业发展呈现出这样的特征，即脑力劳动职业发展速度越来越快，体力劳动职业将越来越少，信息时代下社会产业结构的变化将不断加剧，这不仅使得部分职业兴旺、部分职业将被淘汰的现象大大增加，也使得职业人在职业间的流动大大增加。

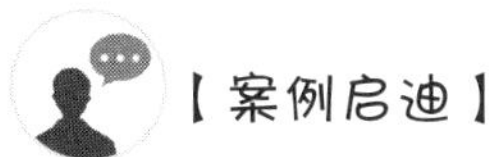

奥运赛场上涌动的传奇

镜头一：巴勒斯坦是一片仍被冲突和动荡困扰着的土地。游泳运动员扎奇娅是一名大学生，由于整个巴勒斯坦只有一个游泳馆，她只能利用周末到几十千米以外的公共泳池训练，而且每次最多只能训练 1 个小时。更糟糕的是，公共泳池的长度并不标准，只有 15 米，训练只相当于洗一次澡。2006 年，扎奇娅曾到约旦参加比赛，那是她第一次在标准泳池里游泳。扎奇娅说："我只有一件专业泳装，训练的时候都不敢穿，担心一旦穿坏了就没法参加比赛了。这次去北京参加奥运会，我会面临许多强劲的对手，但我会向世界证明，巴勒斯坦人站在了奥运赛场上。没有游泳池，但我们不缺梦想。"

镜头二：马拉松选手约翰·斯蒂芬·阿赫瓦里只代表祖国坦桑尼亚参加了一届奥运会——1968 年墨西哥城奥运会，在全部 75 名参赛者中垫底，在此之前、之后他也都没有任何值得一提的好成绩，这在长跑高手层出不穷的非洲可谓平平无奇。但就是这样一位垫底者，却获得了比不少奥林匹克冠军更响亮的名声和更广泛、更深久的影响力。这一届奥运会的马拉松比赛成绩很一般，没有任何亮眼之处。观众们对比赛也没有投注过多热情，颁奖仪式后，就陆续退场了。过了一个多小时，组委会开始安排马拉松沿途的服务站撤离，结果得到一个让所有人都吃惊的消息：有个选手还在跑！这个人就是阿赫瓦里。他在跑出不到 5 千米后因碰撞而摔倒，膝盖受伤，肩部脱臼，但是他并未因此退出，而是一瘸一拐地继续向终点跑去。阿赫瓦里渐渐被所有选手甩在身后。当所有人都认为比赛已经结束时，只有他觉得自己的比赛远未结束。天色已经黑了，由于剧痛，他的速度比一般人散步还慢，膝盖流着血，嘴角也痛苦的抽搐着。当身边出现的一位记者不解地问他："为什么还要坚持这场毫无胜算的比赛？"阿赫瓦里沉默地又"跑"了一会，然后坚定地说出了那句让世人为之震撼的话："我的祖国把我从 7000 英里外送到这里，不是让我开始比赛，而是要我完成比赛……"在他最后跑入会场的时候，他受到了冠军般的礼遇。从此，阿赫瓦里被定格在奥运史册上。几乎没有人记得他的成绩，也无须记得，但人们却永远地记住了他那发自肺腑的感人话语，因为那是对奥林匹克精神最完美的诠释。

职业理想是基于现实而形成的能够在未来实现的目标，是实现目标过程中的坚定不移的心理和精神状态。正确的职业理想是个体不断追求、勇于探索的力量之源，也是获得成功的动力所在。本案例选取的是奥林匹克运动会中的一些真实的故事片断，奥林匹克运动从来不缺梦想，更不缺为之拼搏、为之奋斗的勇气。世界各地的运动员把赛场视作他们的职业理想，用自己的故事演绎着奥运传奇。这些无比生动的画面彰显了职业理想的力量，展示了众多鲜活的生命在信念支撑下不断超越自我、创造奇迹，用自己的力量推动着社会的发展与进步，给自己的人生添上精彩的一笔。

三、职业理想在职业发展中的作用

职业理想是职业人在择业、就业、创业过程中的思想基础和目标导向，在职业发展中起到至关重要的作用，是职业发展规划的动力因素。

（一）导向作用

理想是前行的方向，是奋斗的目标，职业发展的目标通过职业理想来确定，并最终通过职业理想来实现。职业人在职业发展过程中如果没有职业理想，工作热情就会降低，工作效果就会不明显。因此，有明确的、切合实际的职业理想，再经过努力奋斗，职业发展的目标终将会实现。

（二）调节作用

职业理想在职业生涯中可作为参照物，指导并调整职业人的职业活动。当一个人在工作中偏离了理想目标时，职业理想就会发挥纠偏作用。尤其是在职业活动中遇到困难和阻力时，如果没有职业理想的支撑，职业人就会心灰意冷，丧失斗志。此外，如果一个人只把自己的追求定位在找到好工作上，即便是将来有实现的可能，也不能算是崇高的职业理想。因为这样的理想一旦实现，就会不思进取，甚至虚度年华。总之，一个人树立了正确的职业理想，无论是在顺境或者是在逆境，都能够奋发进取，勇往直前。

（三）激励作用

职业理想源于现实又高于现实，它比现实更美好。为了使美好的未来和宏伟的憧憬变成现实，职业人会以坚韧不拔的毅力、顽强拼搏的精神和开拓创新的行动为之努力奋斗。12 岁时，周恩来就发出“为中华崛起而读书”的誓言，表达了他从小就确立了振兴中华的伟大志向。树立职业理想，为实现理想目标而坚持不懈地努力奋斗，这样的职业发展才有意义。

皮尔·卡丹成功背后的故事

【本节提示】

由于职业的差别和人们对自己需要的满足而产生的对职业需要的想法和设计，是在一定世界观、价值观、人生观的影响和支配下形成的，是社会职业存在、职业形态以及职业理想特点的具体反映。未来人才需求呈现高层次、实用化、市场化、变化快等基本特征，这些职业发展的新趋势以及人才需求特征，为大学生职业理想的形成与发展以及正确择业、良好从业、成就事业提供了导向。职业理想的导向、调节和激励作用为职业发展提供了充足的动力，也成为职业人为实现职业理想而艰苦奋斗、勇往直前、坚持不懈的力量源泉。

世界上最快乐的事，莫过于为理想而奋斗。——苏格拉底

第四节　职业理想与大学生活

【导读】

青春亮丽是她的本色，技艺超群是她的魅力。18 岁时，郑雯就被评为国家调酒技师，现在是调酒学校的教练。她曾获得过新世纪花式调酒大赛冠军，参加过很多电视节目的拍摄，日本富士电视台还对她做了专访，被誉为“中国调酒皇后”。

在她 13 岁还是一名初中生时，她的表姐从日本学完调酒回来，在她面前表演花式调酒，花哨的动作、绚丽的弧线让当时的郑雯看得如痴如醉，性格活泼的她从此对调酒有了自己的想法。初中毕业后，虽然家人执意反对，但她还是放弃走进大学校门的机会，选择进入调酒学校专心学习调酒。

如今，堪称“调酒一姐”的郑雯在中国拥有众多“粉丝”，粉丝们称她为“雯子”。她具有独特的表演风格和舞台魅力，有着对调酒狂热的心和对花式调酒独特的见解。2004 年，她在国家劳动部举办的新世纪花式调酒大赛中获得冠军，劳动部在同年破格为其颁发技师证书，她成为中国最年轻的调酒技师，从此获奖无数。2006 年，她被日本富士电视台誉为“中国调酒皇后”，成为花式调酒教练，参加过许多演出，已被全国 84 家电视台报道过，并已参演过 264 个电视节目。2009 年，她被国际调酒师协会邀请参加德国柏林的世界调酒大赛，成为中国搏击世界调酒擂台的第一人。

郑雯对于自己的职业方向，一直都有清醒的判断。曾经有人问过郑雯上大学和学调酒并不冲突，为什么不选择上大学？郑雯回答：“人的精力毕竟有限，埋头做一件事与同时做两件事，效果不一样，人最可怕的是自己不知道自己想要干什么。”正是因为她一直专注于自己的职业理想，对职业生涯作了充足的规划，通过自身不断的坚持和努力，最终在自己的职业道路上大放光彩。

（资料来源：黄春宇．就做一个调酒师［N］. 文汇报，2011-11-30（10）.）

职业理想在整个职业生涯过程中有着导向和调节作用，一个人选择什么样的职业以及为什么选择从事某种职业，通常都是以其职业理想为出发点，任何职业理想

都会受到社会环境和社会现实的制约。

一、加强职业理想教育具有重要意义

大学毕业生是否能够顺利就业，不仅关乎个人与家庭，也是对高校教育模式、教学水平以及人才培养质量的一次真实检验，更重要的是大学毕业生就业问题关系着国家的人才培养、人才规划、人才资源配置和人才培养使用方向等方面。因此，加强高校学生职业理想教育、帮助学生调整职业生涯规划具有重要意义。

（一）有助于促进大学生职业理想的形成

在人的理想体系中，职业理想占据至关重要的地位，往往影响着人的成就大小和一生走向。明确职业理想的人必然百折不挠，能够勇敢地面对挫折和困境，依靠坚定的意志和毅力去克服艰难。然而，一个人如果没有职业理想或者职业理想不明确，思想上便会迷失方向，学习、工作没有目标和劲头。因此，职业理想对一个人的未来生活及其存在价值起着导向作用，决定着一个人的努力方向。职业理想潜移默化地影响着职业人的职业道德和职业行为，要想在学习和工作中自觉增强主体意识和责任感，就要用职业理想来规范、要求自己，树立正确的职业理想，通过坚持不懈地努力奋斗，成为有职业成就的人。

职业理想的形成必然经历由模糊到清晰、由简略到具体、由感性认识到理性认识的发展过程。大学阶段属于职业理想发展的关键时期，处于这一时期的大学生主体意识明显增强，能够综合社会环境开始独立判断。大学生的科学文化知识相对丰富，同时基本具备了良好的逻辑思维能力和一定的综合分析能力。随着对社会认知的加深以及对社会职业的深入了解，大学生有越来越多的机会接触社会，于是开始探索自己的职业前景，规划自己的职业生涯，并对职业进行价值评估。因此，在大学阶段加强职业理想教育有助于帮助大学生进行正确的自我认知，了解社会发展现状和职业发展趋势，使职业理想逐步科学化、系统化，并开始为实现职业理想而努力奋斗。

（二）有助于大学生科学合理地设计职业生涯

职业理想教育是推动大学生进行科学合理的职业生涯设计的助推器。只有明确了职业理想，才能坚定奋斗方向，规划人生目标。美国的戴维·麦坎贝尔说过："目标之所以有用，仅仅是因为它能帮助我们从现在走向未来。"卢梭也说过："选择职业是人生大事，因为职业决定了一个人的未来。"大学生只有明确了职业理想，才能为职业目标的实现制定科学合理的发展规划，并付诸实施。从这个意义上说，职业理想教育有助于帮助大学生进行科学合理的职业生涯设计，有利于促进大学生成长、成才。

（三）有助于大学生尽早适应大学生活

大学阶段之所以是职业理想形成和发展的关键时期，原因在于大学生能够在这个阶段学习文化知识、培养就业能力、积累工作经验和丰富社会阅历。大学阶段是大学生步入社会的过渡期，也是开始职业生涯的准备期。大学有宽松与自律并存的生活和学习环境，没有父母可以依靠，也没有中学阶段对师长和课本的依赖，学习环境弹性加大、课程增多、信息增加且获取知识渠道增多。此时，加强职业理想教育能够帮助大学生形成正确的职业理想，明确目标方向，从而激发兴趣，提高学习的自觉性、主动性，掌握科学的学习方法，培养自学能力以及独立思考问题、分析问题和解决问题的能力。

（四）有助于大学生顺利就业并乐于从业

职业理想影响着职业人的职业选择，不同的职业理想将引导职业人选择不同的职业。实践证明，当职业人在职业生涯过程中始终将职业理想作为奋斗目标时，其开展的职业活动会受到正面影响并产生积极作用。一个正确、合理的职业理想能以巨大的感召力指引大学生进行职业选择，唤起他们的从业热情，在成就事业的征途上奋力拼搏。一旦确立了职业理想，就会为具体的目标而积极准备、努力奋斗。由此可见，职业理想可以帮助大学生有目标可寻，在他们的就业、从业过程中起到积极的导向作用。

二、加强职业理想教育的具体内涵

（一）引导大学生将个人的职业理想与社会的共同理想相结合

个人的职业理想与社会的共同理想有着密不可分的关系，培养大学生树立正确的职业理想，需要引导大学生将个人的职业理想同社会的共同理想联系起来，这样的职业理想才是职业境界中的高级理想，才更有实践的价值。职业是人们在社会生活中的社会劳动分工：一方面，职业是个体经济来源的生活需要，通过付出劳动来获取相应的物质报酬；另一方面，职业又是社会生产的客观社会需要，通过提高社会生产力来提升经济发展水平。从个体需要的角度来看，人们为了谋生和维持生计，任何具备劳动能力的个体都会经过择业、就业、从业阶段，然后从事某一职业，通过劳动获取相应的报酬；从社会需要的角度来看，任何个体能够在生产活动中创造价值，这就要求生活在社会中的每一个人必须在职业活动中承担一定的社会责任，并完成一定的任务。引导大学生把个人的职业理想同社会的共同理想结合起来，充分认识职业活动的社会意义，这样个人的职业理想才有正确的方向，才能体现职业理想和职业活动的一致性。

社会主义职业精神所提倡的职业理想是，主张各行各业的职业人放眼社会利益，努力做好本职工作，全心全意为人民服务、为社会服务。这种职业理想是社会主义职业精神的灵魂。大学生是未来社会的主导者，需要担负起对祖国、对历史、对人民的责任，成为实现理想社会的建设者和实践者。

（二）引导大学生将职业理想与实际情况相结合

充分的自我认知是大学生树立正确的职业理想的重要前提，根据自身的实际条件选择职业，选择的职业要符合自己的专业优势、具备相关职业能力且适合自己的性格特征，切记不能仅仅从自身的兴趣爱好、职业的薪资待遇等角度选择职业，要考虑自己能干什么、能干好什么。社会劳动分工和职业的发展渗透在社会发展需求中，脱离社会需求的职业是不存在的，择业的过程不能只强调个人意愿。因此，职业理想需要认真思考社会需求和个人条件，仅凭个人的兴趣爱好或主观意愿确定的职业理想就是空想、幻想。大学生只有通过坚持不懈地努力奋斗，将理想与现实的差距不断缩小，把远大志向同求实精神结合起来，才能真正实现自我的统一。

大学生实现职业理想的第一步是顺利就业，在职业活动中通过切身体验来感受理想和现实的距离，然后认真分析和思考，并不断修正自己的职业理想。同时，大学生通过就业也能实实在在地接触社会和了解国情。目前，就业难的问题确实存在，只有指导大学生加强职业素养、提升职业能力、调整求职心态和加强职业理想教育，才能够帮助大学生正确定位和规划职业生涯，最终达到预期目标，实现职业理想。

（三）引导大学生以科学发展观为指导，树立职业理想

职业理想并非突然形成，它是一个萌发、稳定、深化和发展的过程。职业理想的萌发，可能在儿童时期就开始了，比如希望成为教师、警察、医生等。然而，随着个体不断成长，职业理想的发展也会进入新的阶段，尤其是处在青年时期或大学阶段，个体对社会的认知不断加深，并且自身的文化知识也有了一定的积累，职业理想在这一阶段会得到进一步深化发展。理想同现实必然存在一定的差距，因为理想不会凭空成为现实。缩小理想和现实之间的距离、实现理想的过程，通常与社会环境以及人的文化知识、性格特征、个人能力等诸多因素密切相关，所以具体理想的确定因人而异。有的志存高远，有的朴实无华；有的追求物质价值，有的追求精神价值；有的侧重于个人和家庭利益，有的侧重于社会和国家利益。随着新技术的出现与社会的不断发展，一方面，新的职业层出不穷；另一方面，传统职业整合了新的运作模式。这样的社会环境更新了职业人的职业观念，职业的多样化引起职业理想的多样性，也为职业人的职业选择提供了更多的可能性。因此，加强职业理想教育、增强职业能力、提升职业素养对当代大学生来说迫在眉睫，职业理想教育要具备渐进性和层次性。

三、职业理想与大学生活的设计

为了使大学生活更加丰富、充实，职业道路走得更加自信，大学生在大学阶段要做好两方面的内容设计：一是职业理想的设计，二是大学生活的设计。职业理想与大学生活密切相关，前者是指向，后者是过程，两者存在密不可分的联系。大学生在职业理想与大学生活的设计过程中，要做到客观地自我认知和自我分析，并充分了解社会需求，然后在实践探索中树立符合社会需求和自身条件的职业理想，设计符合自身特点和志向的大学生活内容，设计要有清晰的框架和条理，具有一定的可行性和针对性。

（一）职业理想与大学生活的关系

职业理想作为大学生职业生涯发展中的核心部分，指导并帮助大学生设计出完整的大学生活内容。如果没有确定的职业理想，那么大学生活便没有目标，可能会使大学生处于一种茫然或无所适从的状态。只有有针对性地学习以及有目标的自我规划，才能真正落实实现职业理想的措施。大学生活不仅培养大学生的主动性和实践性，也是大学生依据自身志向和目标学习文化知识和专业能力的重要阶段，为大学生未来职业选择提供更多的可能。在这个阶段中，大学生有着充实自我、提升能力、积累经验的重要任务。因此，大学生活是大学生从校园人走向职业人的重要转折阶段，对大学生活进行设计有助于职业理想的形成与成熟。

职业理想具有导向作用，职业理想是否明确在一定程度上会影响大学生活的内容。合理科学地设计大学生活是实现职业理想的前提，然后付诸实践，为职业理想的实现打下坚实的基础。所以，大学生职业理想的确定与大学生活的设计两者相辅相成，相互促进。

（二）职业理想的设计

职业理想绝对不只是毕业阶段才能树立，个体在任何阶段都可能萌发职业理想。在现实生活中，大部分学生填报高考志愿时，一般都会将报考专业的就业现状以及职业未来的发展趋势作为首要参考因素。由此可见，越来越多的学生开始关注社会需求以及所学专业日后的发展情况，经过理性分析后设计出最适合自己的职业理想，这从侧面体现了当代学生趋于现实的求学心态，与社会转型期的发展也有很大关联。

1. 需求分析

需求分析是指对需要解决的问题进行详细的分析，理清问题的重点和希望得到的结果。在职业生涯规划中，以确定职业方向为起点，比如未来 5 年认为自己应做的事情，不去限制和顾虑哪些是自己做不到的，给自己头脑充分空间。最终，什么样的成绩、地位、金钱、家庭、社会责任状况能让自己获得满足。

2. SWOT 分析

分析完需求，试着分析自己的性格、所处环境的优势和劣势、职业生涯中可能会有的机遇和挑战。这就要求职业人理解并回答这个问题：我在哪儿？

3. 长期目标和短期目标

根据分析的需求、自己的优势和劣势、可能的机遇和挑战来确定长期目标和短期目标。例如，分析的需求是赚很多钱，有很好的社会地位，可选的职业道路就会明晰起来。职业目标可以选择成为管理讲师，这就要求个人优势包括丰富的管理知识和经验、优秀的演讲技能和交流沟通技能。在这个长期目标的基础上，可以制定相应的短期目标来一步一步实现。

4. 发现阻碍

确切地说，即发现阻碍达到目标的自身缺点以及所处环境中的劣势。这些缺点一定是和目标有联系的，但不是分析自己所有的缺点。它们可能是素质方面、知识方面、能力方面、创造力方面、财力方面或是行为习惯方面的不足。通过发现自己的不足，并下决心改正与克服，这能使自己不断进步。

5. 提升计划

克服这些不足所需的行动计划要明确，要有期限。可能会需要掌握某些新的技能，提高目前的某些技能或学习新的知识。

6. 寻求帮助

分析出自己行为习惯中的不足并不难，但要改变它们却很难。可以寻求父母、师长、朋友、上级主管、职业咨询顾问的帮助，有外力的协助和监督会更有效地提升个人的职业素质。

7. 角色分析

进行角色分析的过程中，首先思考职业本身对个人的要求和期望是什么。大部分人在职业定位时趋于迷茫，对自己未来的角色定位并不清晰。但是，就像任何产品在市场中要有其特色的定位和卖点一样，自身也要思考个人价值以及能够为企业或者社会创造出什么样的价值。

（三）大学生活的设计

设计科学的大学生活是引导大学生提高大学生活质量和效率的关键，帮助个人在认识自我的基础上，确立大学阶段的发展预期、目标和方向，有效安排和管理自己的精力、时间和生活，使大学生活收益最大且效率最高。

1. 以社会为导向，着眼于社会对人才素质的要求

社会是学校人才产品的消费者，社会的需求在不断发展变化，大学生必须根据社会需求不断调整职业目标和方向，以社会需求为导向设计自己的大学生活。大学生感受社会需求主要来自两方面：一是专家、企业、政府等对各类人才规格需求的描述和调查；二是结合高校实际情况，通过产学研、社会实践、就业指导中心等方面主动感受社会信息。

2. 以家庭为参谋，促进家庭、学生、学校之间的互动

家长作为学校所提供服务的间接消费者，非常关注学校的人才培养和学生的成长，家庭对大学生的目标定位、生活规划具有重要影响。根据家庭情况调整大学生活的设计，使家庭不断地了解大学生的在校学习和生活情况，发挥家长与学校形成的最佳人才培养合力。

3. 以学校为主导，合理利用学校提供的学习生活资源

在选择高考志愿时，学生受父母、师长影响较大，常常先选学校再选专业，大多数情况是不了解所选专业与今后职业方向的关系。随着高等教育改革的不断深入，学生选课、选专业的自主权加大，学生要合理利用学习课程、服务设施等学习资源的状况和特点，明确自身职业发展方向，确立大学阶段的学习目标，在未来理想和现实生活之间找到平衡点，并努力探索各种实现路径。

4. 以同学为参照，提供自我教育的案例

在学生群体中，学生之间的比较借鉴、相互启发和行为模仿对学生个体的道德认识、行为方式和价值取向有重要的作用。选择优秀的个人发展目标，设立自身发展的参照坐标，发挥自我教育的重要作用，有助于引导学生有目标、科学地设计大学生活。

5. 以个人为主体，构建大学生活设计的实施过程

根据人力资源管理理论，人的目标与价值的实现以自我目标与价值塑造为前提。自我目标与价值塑造主要具有以下三个特点：（1）自主性：根据自身情况确定、修正和改变自己的目标与价值；（2）能动性：主动发挥自己的潜质与能力，自觉积极地确立自己的目标与价值；（3）创造性：自我目标与价值的塑造不应因循守旧，应结合个人实际创造性地借鉴他人经验，塑造富有个性的目标与价值。

大学生活的设计必须坚持以个人为主体，根据自身的价值取向、兴趣爱好、素质、能力等方面设计大学生活。

【拓展阅读】

你想成为第几只毛毛虫

毛毛虫都喜欢吃苹果，有四只关系很好的毛毛虫，它们都长大了，然后各自前往森林里寻找好吃的苹果。

第一只毛毛虫跋山涉水，终于来到了一棵苹果树下。它根本不知道这是一棵苹果树，也不知树上长满了红红的可口的苹果。当它看到其他毛毛虫往上爬时，稀里

糊涂地就跟着往上爬。没有目的，不知终点，更不知自己到底想要哪一种苹果，也没有想过怎么样去摘取苹果，只好一切全凭运气。

第二只毛毛虫也爬到了苹果树下，它知道这是一棵苹果树，也确定自己的目标就是找到一个大苹果，问题是它并不知道大苹果会长在什么地方。但它猜想：大苹果应该长在粗树枝上吧。于是，它就慢慢往上爬，遇到分枝的时候，就选择较粗的树枝继续爬。它按这个标准一直往上爬，最后终于找到了一个“大苹果”。这只毛毛虫刚想高兴地扑上去大吃一顿，但是放眼一看，它发现这个“大苹果”是整棵树上最小的一个，上面还有许多更大的苹果。更令它泄气的是，要是它上一次选择另一个分枝，它就能得到一个更大的苹果。

第三只毛毛虫也到了一棵苹果树下，这只毛毛虫知道自己想要的就是大苹果，并且研制了一副望远镜。还没有开始爬时，就先利用望远镜搜寻了一番，找到了一个很大的苹果。同时，它发现从下往上找路时，会遇到很多分枝，有各种不同的爬法。但若从上往下找路时，却只有一种爬法。它很细心地从苹果的位置，由上往下反推至目前所处的位置，记下这条确定的路径。于是，它开始往上爬，当遇到分枝时，它一点也不慌张，因为它知道该往哪条路上走，不必跟着一大堆其他毛毛虫去挤破头。最后，这只毛毛虫应该会有一个很圆满的结局，因为它已经有了自己的计划。但是真实的情况往往是，因为毛毛虫的爬行速度相当缓慢，当它抵达时，苹果不是被别的毛毛虫捷足先登，就是已经熟透而烂掉了。

第四只毛毛虫可不是一只普通的毛毛虫，它做事有自己的规划。它知道自己要什么样的苹果，也知道苹果将怎么长大。因此，当它带着望远镜观察苹果时，它的目标并不是一个大苹果，而是一朵含苞待放的苹果花。它计算着自己的行程，估计当它到达的时候，这朵花正好长成一个成熟的大苹果，它就能得到自己满意的苹果。结果，它如愿以偿，得到了一个又大又甜的苹果，从此过着幸福快乐的生活。

第一只毛毛虫是只毫无目标、没有自己人生方向的糊涂虫，不知道自己想要什么。遗憾的是，社会上不少人都是像第一只毛毛虫那样活着。

第二只毛毛虫虽然知道自己想要什么，但是它不知道怎么去摘得苹果，在习惯中作出了一些看似正确却使它渐渐远离人生目标的选择。

第三只毛毛虫有非常清晰的目标与方向，也总是能够作出正确的选择。但是它的目标过于远大，而自己的行动过于缓慢，很难取得成功。

第四只毛毛虫不仅知道自己想要什么，也知道如何去实现自己的目标，并清楚认识应该需要什么条件，然后制订清晰实际的计划，在望远镜的指引下，一步步实现自己的理想。

如果把大学生比作毛毛虫，而苹果就是人生目标——职业成就。爬树的过程就是大学生的职业生涯道路。毕业后，大学生都要爬上人生这棵“苹果树”去寻找未来。如果想要得到自己满意的苹果，成就自己的人生，就要先从大学阶段开始做起，树立明确的职业理想，设计科学的大学生活，为今后的职业发展做好充足准备。

【本节提示】

加强职业理想教育对于职业理想的形成具有重要意义，是职业发展规划的动力因素，可以促使学生理性规划未来发展，并努力在学习过程中提高就业能力和生涯管理能力。如何设计职业理想和大学生活是大学阶段必须着力解决的一个重要问题，设计要合理、科学、切合自身实际。

【训练与思考】

1. 通过本章内容的学习，谈一谈自己对职业理想的认识。
2. 根据金斯伯格的职业生涯发展理论，谈一谈不同时期职业理想的形成特点。
3. 结合自己的专业特长和兴趣爱好，谈一谈自己的职业理想。
4. 为自己设计一个符合自身特点且科学合理的大学生活。

第七章 大学生职业生涯规划

◆ 学习目标 ◆

1. 了解职业生涯规划的概念、影响因素和原则；
2. 理解自我性格和兴趣的探索与培养；
3. 掌握职业生涯规划的设计原则、方法和步骤；
4. 适应职业角色的转变。

◆ 案例导入 ◆

王娜是某大学学生，自从高中时接触了职业生涯规划之后，就确定了从事环保工作的职业目标。高考后，她搜集了大量的学校资料，然后未经父母同意便自作主张填写了北京 ×× 职业学院环保专业的志愿。招生老师感叹道："真没想到这个学生比我还了解我们学校和专业。"读大学后，当其他同学还在懵懂阶段时，她已经按照自己的计划向目标挺进。

她的目标是什么呢？是毕业后先考上本科环保专业，本科毕业后从事自己热爱的环保事业。为此，大一时，她在很好地完成各门功课的基础上，把大部分业余时间用在环保专业知识的学习上，课余时间请教本校和外校的老师，在专业上突飞猛进。大二时，她就去一家环保公司实习并做销售代表。在实际工作中，她更加坚定了日后从事环保工作的决心。大三毕业时，她如愿地考取了本科环保专业。

（资料来源：方伟，王少浪．大学生职业生涯与就业指导：综合院校版［M］．西安：世界图书出版西安有限公司，2011.）

大学阶段是人生中非常重要的阶段，不仅意味着即将走向社会，完成学生角色和职业角色的转换，更重要的是这一阶段的职业生涯规划决定着未来之路。同样，大学生职业生涯规划也是高等院校人才培养体系的重要组成部分，是素质教育和德育教育的重要内容。它对于大学生完成学业、顺利就业、获得良好的职业发展和事业成功起着重要的作用。

本章主要介绍职业生涯规划的基本概念、职业生涯的设计原则、如何客观认知自我、确定职业生涯目标、怎样设计和制定职业生涯规划、如何顺利实现学生角色和职业角色的转换等，使大学生建立职业生涯规划的意识，在对自我性格、兴趣和价值观等方面有基本认知的基础上，学会设计和制定职业生涯规划。

人生重要的不是所站的位置，而是所朝的方向。——李嘉诚

第一节　大学生职业生涯规划概述

【导读】

国外有一家杂志，曾对比利时全国 60 岁以上的退休人员进行了一次专题调查。题目是“你最后悔的事情是什么”“如果你感到自己事业成功的话，你成功的奥秘是什么”。结果有 67% 的人后悔年轻时选错了职业，而感到成功的人中有 90% 以上进行了职业生涯规划。

（资料来源：曹荣瑞 . 大学生职业发展与就业指导［M］. 上海：上海锦绣文章出版社，2012.）

职业生涯规划是对人生之路的计划，它的成效可能需要你用一生来检验。那些前人的反思与总结，对我们刚刚起步的年轻人来说是最好的忠告。

很多在校大学生认为只有走出校园，开始工作了，这时候才需要职业规划。其实，最早的职业规划应该是在高考选择专业时就开始了，否则选择了不适合自己的专业，在学校里或者进入职场后，就需要付出比别人多几倍的时间、精力和成本。而你虽然已经进入大学校园，晚了一步，但是比起已经踏入职场的职业人来说又是提早了，要把握好时间，确保自己少走弯路，规划和遵循最适合自己成长与发展的职业生涯。

一、职业生涯的相关概念

（一）职业

职业是指人们为获取主要生活来源和满足社会需求而从事的相对稳定的、有经济收入的、具有一定社会职能的、有专门类别的社会劳动。它是一个人社会地位的一般表征，是人们的生活方式、经济状况、文化水平、行为模式、思想情操以及社会身份的综合反映，也是一个人的权利、义务和职责的具体表现。

（二）职业生涯

职业生涯是指一个人的职业经历。它是一个人一生中所有与职业相联系的行为与活动，是相关的态度、价值观、愿望等连续性经历的过程，也是一个人一生中职业、职位的变迁以及工作、理想的实现过程。简单地说，职业生涯就是一个人终生的工作经历。

二、职业生涯规划的概念

要想使自己的一生过得有意义，每个人都应该有自己的职业生涯规划。特别是对于年轻人而言，由于他们往往处于职业生涯的探索阶段，所以这一阶段对其职业选择及职业生涯发展有着十分重要的意义。

职业生涯规划是指将个人发展与组织发展相结合，对决定一个人职业生涯的主客观因素进行分析、总结和测定，确立其职业发展目标，并选择实现这一目标的职业，编制相应的工作、教育和培训的行动计划，对每一个步骤的时间、顺序和方向作出合理的安排。职业生涯规划通常分为内职业生涯规划和外职业生涯规划。内职业生涯规划是指从事一项职业时所需具备的知识、观念、心理素质、经验、能力、身体健康等因素的组合及其变化过程。外职业生涯规划是指从事职业时的工作单位、工作地点、工作内容、工作职务与职称、工作环境、工资待遇等因素的组合及其变化过程。内职业生涯规划是外职业生涯规划的前提，它带动外职业生涯的发展；而外职业生涯通常由别人认可和给予，也容易被别人收回。

职业生涯规划能使人审时度势，安排好未来。设计自己的职业生涯，就是将理想转化为实际方案。一个人的事业究竟应向哪个方向发展，可以通过制定职业生涯规划来明确。也就是说，一个人可以对今后所要从事的职业、担任的工作职务等一系列发展道路作出设想和安排。个体职业生涯规划与其所处的家庭以及社会存在密切的关系。

职业生涯规划是一个长期过程，按照规划的时间跨度可以分为短期规划、中期规划、长期规划和人生规划。短期规划是指 1 至 2 年内的规划，主要任务是确定近期目标，规划近期应该完成的任务。中期规划是指 3 至 5 年内的职业目标和任务，在近期目标的基础上设定，这是职业生涯规划中最常用的一种。长期规划是指 5 至 10 年内的规划，主要是设定较长的目标。如规划到一定年龄，其主要任务是设定较长远的目标。人生规划是指整个职业生涯的规划，时间范围是 30 至 35 年，设定整个人生的发展目标和阶梯。

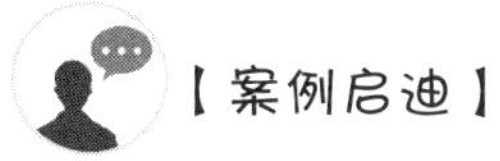

索尼创始人盛田昭夫的故事

索尼创始人盛田昭夫是相当富裕的盛田家族久盼而来的长子。他的父亲对他期望很高，希望他能继承有近300年历史的以酿酒为主的家族产业。但盛田昭夫却迷上了电器，他聪明好学，谦虚谨慎，自己不服输，从小就树立要自己创造一番事业的宏伟志向。

后来，他与人共同创建了索尼公司，制作出日本的第一批磁带。其名声在日本电器界打响，再后来，他用索尼产品打开了美国市场，他说他的成功在于用一生的努力实现了一个梦想，即振兴日本的电器事业。在盛田昭夫身上，他的性格和人生经历都成为他成功的因素，拥有创新意识和超前意识是他成功的重要条件。

三、影响职业生涯规划的因素

职业生涯规划首先要选择职业道路，进而考虑能否获得成功，成就能有多大。人们的职业道路选择、职业发展和事业能否成功，受到个人、家庭与社会多方面的影响。总的来看，影响职业生涯规划的因素包括以下几方面。

（一）个人因素

1. 个性特征

不同个性特征的人适合不同类别的工作。比如性格外向的人比较适合做管理人员、记者、导游等，而不适合做过细的、单调的机械工作。如果从事不符合自己个性特征的工作，就会觉得自己的活力被束缚、思想被禁锢。

2. 职业兴趣

职业兴趣是指与职业选择有关的兴趣，不同职业兴趣的人应该选择不同的职业。比如喜欢具体工作的人可以选择室内装饰、园林、美容、机械维修等职业，而喜欢抽象和创造性工作的人可以选择新产品开发、社会调查、科研等职业。

3. 性别

不可否认性别因素在职业发展中扮演着重要角色。相当一部分用人单位认为婚姻会导致女性业绩下降，男性在婚后业绩反而会上升。因此，大学生（尤其是女生）规划自己的职业生涯时，不可忽视性别差异。

4. 心理需求与动机因素

人们出于自己的主观和客观条件，在不同年龄阶段、不同职业经历状况等情况下，在职业生涯的选择和调整方面，都会有不同的心理需求与动机。就一般情况而言，人在年轻时，意气风发，成功的目标和择业的标准都较高；人到成年，特别是人过中年，就会越来越现实。因为不论是一般的劳动者，还是事业上有成就的人，在有了相当多的职业实践和各种阅历以后，都更容易看到社会环境的约束，其职业目标以及择业、转业的标准会变得非常实际。尽管如此，个人需求与动机以及由此导致的职业行为，仍然是影响个人职业生涯发展极其重要的动力因素。

（二）教育因素

教育是赋予个人才能、塑造个人人格、促进个人发展的社会活动。它奠定了人的基本素质，对人的职业生涯规划有着巨大的影响。获得不同程度教育的人，在进行个人职业选择与被选择时，具有不同的能量，这不仅关系着他职业生涯的开端与适应期是否良好，还关系着他以后的发展以及晋升是否顺利。

大学生都经过了较长时间的专业教育和训练，具有一定的专业知识和技能，这是大学生的优势所在，也是大学生进行职业生涯规划的基本依据。人们所学的专业对其职业生涯往往有决定性的影响，往往决定其职业生涯的前半部分乃至一生的职业类型。用人单位一般会首先选择具有专业特长的大学生，如果大学生的职业生涯规划离开了所学的专业，无形当中就为自己的择业增加了许多困难。

（三）家庭因素

家庭是生活的重要场所，也是造就个人素质以至影响其职业生涯的主要因素之一。一个人在幼年时期，就开始受到家庭的深刻影响，长期潜移默化，会使人形成一定的价值观和行为模式。许多人还会受到家庭教育和各种影响，不自觉地习得某些职业知识和技能。因此，有的教育专家认为，“家长是孩子做人的第一任老师，家庭是孩子生活的第一所学校”。这种价值观、行为模式、职业知识和技能的习得，必然会从根本上影响一个人的职业理想和职业目标，影响其职业选择的方向和种类，影响其选择的冒险与妥协程度、对职业岗位的态度、工作中的种种行为和表现等。一个人的家庭成员，尤其是父辈兄长，在其择业和就业后的流动上，往往给予一定的帮助，这也会对个人的职业生涯规划产生巨大的影响。此外，父母对子女成功成才的不同期待也会影响子女对职业的不同选择。

（四）机会因素

机会也叫机遇，随机出现又稍纵即逝，非常难以把握，但它对个体的发展又有着积极的作用。机会通常会表现为一个难得的职业、一个合适的岗位、一个偶然的发展机会等。

机会虽然具有偶然性，但人不能消极地等待机会。素质与机会有着一定的联系。机会本身是客观存在的，个人的高素质、个人的能动性可能会推动他寻求新的发展机会，并创造出许多机会。从某种意义上说，机会往往更青睐于有准备的人，就如爱因斯坦的那句话“机遇只偏爱有准备的头脑”。当然，我们也要辩证地认识机会，许多事业上的成功者，不是依赖社会给予他的机会或者家庭、亲友、师长给予的帮助，而是在社会中不断探索，在社会留给个人的广阔空间中创业，主动寻求自己的位置，按照自己的意图成就了事业。

（五）社会环境因素

社会环境，首先是指社会的政治经济形势、涉及人们职业权利方面的管理体制、社会文化与习俗、职业的社会评价等大环境。这些大环境因素决定着社会职业岗位的数量与结构，决定着社会职业岗位出现的随机性与波动性，从而决定了人们对不同职业的认定以及步入职业生涯、调整职业生涯的决策。进一步说，社会环境决定了社会职业结构的变迁，从而也决定了人们职业生涯的变动规律。另外，社会环境还指个人所在学校、社区、工作单位、家族关系、个人交际圈等小环境。这些小环境因素决定了一个人具体活动的范围、内容和限制，从而也决定了人们职业生涯的具体际遇好坏，如职业选择的合理不合理、该职业有没有发展前途、自己所在的工作单位是不是有利于自身的发展等。

我们要辩证地分析环境的影响。一般来说，人们不仅要运用好现有的环境并注意环境中的有理因素，也要善于创造新的、好的环境，还要辩证地对待不良环境。通过与不良环境的斗争，塑造自身的强者素质，从而开拓未来，创造发展之路。环境的良好和条件的优越既可能有助于人们职业生涯的发展，也可能使人们产生惰性、封闭性、依赖性和脆弱性。很多富家子弟一生不学无术、一事无成，就是顺境毁人的例子。世界上诸多成功者，如日本经营之神松下幸之助、美国钢铁大王卡耐基，都有着出身穷苦、从小做起、奋力拼搏的成长经历，这正是环境磨炼素质、造就人才、促进成功的真实写照。

大学四年应是这样度过

四、大学生职业生涯规划的类型

大学生职业生涯规划的目的在于引导大学生积极地进行人生价值的思考，树立正确的职业理想，了解自我，合理设计个人职业发展的远景规划和资源配置，明确方向，并为之奋斗。调查发现，大学生常见的职业规划类型有以下五种。

（一）计划型

计划型的学生是指做决定时，有能力预先做好妥善的计划。这类学生认为，职业生涯规划对自我的职业发展有指导意义，他们会尽可能早地规划自己的职业生涯。他们作决定时，既了解社会的客观需要和竞争状况，也了解自己的能力、兴趣和价值观，因此很容易作出恰当的职业生涯规划。

（二）顺从型

顺从型的学生是指顺从其他人为自己所作的决定。这类学生往往遇事没有自己的主观意见，而是听从他人的安排，甚至被动地面对求职择业问题，把它留给学校或亲人解决。他们的惯性思维是：反正学校会推荐，看看能推荐什么样的单位；反正父母会帮我，就让命运来决定。其结果是很难找到适合自己的理想职位。

（三）冲动型

冲动型的学生根据自己的感觉来做事，未经认真思考就作出决定。冲动型的决定有两种结果：一种是所作的决定恰恰是适合自己的，适合自己的兴趣和能力，也就是说刚好发挥自己的优势力量，这样所选择的职业也契合了自己的生涯发展；另一种结果就是只注重自己的感觉，而忽视了其他条件，比如社会市场竞争是否激烈、职业发展前景是否乐观、自己内心深处是否有此需求等，往往造成这些学生一入职就陷入失望和无奈之中。

（四）苦闷型

苦闷型的学生特别善于收集许多与自己或职业有关的资讯，往往容易陷入这些资讯中，难以作出取舍，这些学生会在“过度信息”中徘徊太久而错失良机。

（五）拖延型

拖延型的学生是以“得过且过”的心态来拖延自己作出决定，他们往往认为职业生涯规划对自己没有用处，即使学校老师安排了这门课程并进行指导，他们也不会认真思考适合自己的职业生涯规划。例如有的学生从来没想过自己想要什么样的生活，想要什么样的职位，对什么样的工作感兴趣，等到最后一刻才决定选择何种职位。

五、大学生职业生涯规划的原则

（一）基本原则

1. 长期性原则

拟定职业生涯规划必须从长远考虑，而不能仅仅满足短时间的考量。要围绕人生的大方向并尽可能地制定远期目标，并将之细化，为之努力，最终获得成功。同时，各个阶段之间要有必然的联系。

2. 实际性原则

实现生涯目标的途径很多，在作规划时必须要考虑到自己的特质、社会环境、组织环境以及其他相关的因素，选择切实可行的途径。

3. 可行性原则

可行性原则也叫可行性操作原则，规划并非美好的幻想和不着边际的梦想，而要根据个人的能力、特点、社会发展需要等主客观环境来制定，以事实为依据，实事求是，切实可行，避免纸上谈兵或者畏缩不前。

4. 适时性原则

规划是预测未来的行动、确定将来的目标，规划中的各项措施与主要行动应有明确的时间和顺序上的安排，以作为检查行动的依据。

5. 清晰性原则

规划要清晰、明确，实现目的步骤应直截了当，各阶段的线路划分与安排一定要具体，保证可以按部就班地实施计划，以达到目标。

6. 激励性原则

确定目标应符合自己的性格、兴趣和特长，并能对自己产生内在的激励作用，促进自己努力去完成目标。

7. 持续性原则

人生的各个阶段应该持续连贯地衔接下来，作规划也应考虑到职业生涯发展的整个阶段，各个具体的规划应能持续地连贯衔接，并与人生总规划一致，不能摇摆不定，浪费各个发展阶段的人力资本积累。

8. 适应性原则

未来有很强的不确定性，规划未来的职业生涯目标时会涉及多种可变因素，规划应有弹性或缓冲性，个人的目标与他人的目标应具有合作性和协调性，能够随着环境的变化而适时调整，以增加适应性。如果大学生迈出校门之后发现自己所从事的职业一直没有成功的希望，发现原来的职业规划不适合现在的自己，那么就不要浪费时间，应当马上重新制定职业生涯规划，另外寻找一片沃土。在你重新确定目标、改变航向之前，一定要慎重考虑，不要仓促行事，以免落得一事无成的下场。

9. 挑战性原则

目标和措施要具有一定的挑战性，不是轻易能得到；完成规划目标要付出一定的努力，实现目标后有较大的成就感。

10. 创新性原则

人的职业兴趣、能力提高是一个长期的、持续的发展过程，职业选择不是在面临选择时才做的单一事件，而是一个发展的过程，因而职业生涯规划应是一个长期的、系统的工作。人的自我实现就是潜能充分发挥的过程，这一过程需要不断地有创造性成果予以证明。大学阶段是职业生涯的预备期，大学生的职业规划应贯穿于大学生活的始终，大学生的职业规划应注重大学期间的准备工作。目标应该具有一定的创新性，而不是仅仅保持原有的状态。

11. 收益最大化原则

职业也是个人谋生的手段，其目的之一在于追求个人的幸福。因此，大学生在进行职业选择时，首先应该考虑的是自己个人幸福的最大化，尽可能地在由收入、社会地位、成就感和工作付出等变量组成的函数中找到一个最大值，这就是选择职业生涯中的收益最大化原则。

12. 全面评价原则

全面评价是指对一个人职业生涯的全过程和全方位评价，规划的设计应有明确的时间限制或标准，以便评价和检查，使自己随时掌握执行状况，并为规划的修正提供参考依据。

（二）特殊原则

1. 与个人特征相结合的原则

每个人都具有自己独特的能力系统，并且这个系统中各种能力的发展是不平衡的，即每个人都有强于他人的能力。社会上不同的职业具有不同的特点，要求工作人员具有一定的个人特质。大学生在进行职业生涯规划时，要考虑自己的兴趣、爱好、人格特质，制定出具有个人特色的职业规划。兴趣是最好的老师，兴趣与成功概率有着明显的正相关性。如果一个人对某种工作产生兴趣，在工作中就会具有高度的自觉性和积极性，从而做出更大的成绩。从事一份你喜欢的工作，工作本身就能给你一种满足感，你的职业生涯也会因此变得妙趣横生。大学生对自己的兴趣爱好要有一个客观的分析，并适当进行培养和调整，以发展的眼光来检查这份职业能否帮助自己实现自我价值。人的能力特长对职业选择起着重要的作用，是择业成功的重要条件。大学生应在对自己的能力特长有一个正确的自我认知和评价的基础上，充分发挥自己的优势，扬长避短，择己所长，体现人尽其才、才尽其用，科学地进行职业生涯规划。

2. 与社会需求相结合的原则

社会需求不断演化，旧的需求不断消失，新的需求不断产生，新的职业也不断产生。职业选择作为一种社会活动必定受到一定的社会因素制约，任何人进行职业选择的自由都是相对的和有条件的。如果职业选择脱离了社会需要，将很难被社会接纳。只有把个人志向与国家利益、社会需求结合起来，统筹考虑，才能真正实现自己的职业理想，职业规划才具有现实可行性。

3. 与所学专业相结合的原则

任何职业都要求职业人掌握一定的技能，具备一定的能力条件。用人单位对毕业生的需求，往往首先选择的依据是大学生的专业知识与技能掌握的程度，即专业方向的特长。如果大学生职业生涯规划离开了所学的专业，无形当中增加了个人价值实现的困难等级。因此，大学生在进行职业生涯规划时，应运用比较优势原则充分分析别人与自己，尽量选择冲突较少的优势行业，从而发挥自己的优势。

4. 与身心健康相结合的原则

学生要实现理想，个人的智商、情商、逆商都非常重要。其中智商是个人成功的基础，情商是个人成功的重要指标，逆商决定个人能否将危机转化成机遇。健康的心理能帮助大学生在适应职业市场时保持一种良好的心理状态，充分开发潜能，成为大学生成才和成功的必备条件。大学生在职业选择与实践过程中，要正视生命中存在的困难与挫折，培养和锻炼自己对挫折的承受能力和情绪的调控能力，培养良好的心理素质，在今后的职业生涯中始终保持积极乐观的健康心理和生命态度。

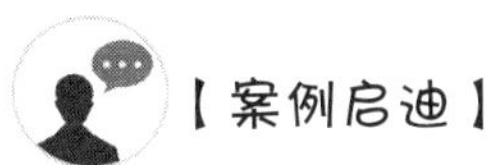

两个大学生的学习生活之路

刘洋：茫然不知路在何方

刘洋升入大学后，觉得完成了父母的心愿，大功告成，终于可以放松了。没有“束缚”的日子真是痛快，他置父母的嘱托、学校的要求于不顾，认为大学就是享受的时候，于是网吧、游戏厅成了他常常光顾的地方。大一结束时，他竟然有三门课不及格。然而，在网络游戏里游刃有余的成功感使他认识不到自己已经偏离了正常的学生生活轨迹。大二期间，他受到两次学业警告；到大三上学期，他已经有48个学分不及格了。父母专程从外地赶来，苦苦相劝，才使他决心改正自己的错误。大四时，他通过重修，学习成绩达到毕业资格。然而面临职业选择时，看着简历上经历、获奖等的空白，他顿觉茫然，不知接下来的路该如何去走。

扈聪：我很清楚自己要走的路

扈聪一进入大学，他就给自己制定了目标：向老师、同学请教，尽快熟悉环境；了解本专业的行业情况，认真学习科学知识，逐步确定今后的职业发展目标；至少加入一个学生社团，组织一次活动，提升能力；积极参加社会活动。下面是他四年的收获。

奖学金：特等奖1次，一等奖2次，二等奖2次，全国大学数学建模竞赛全国二等奖、上海市一等奖。

荣誉：市优秀学生1次，校优秀学生2次，校优秀学生干部1次，校优秀团干部1次，大学生暑期社会实践优秀论文二等奖。

担任职务：学院学生会主席、学习部部长，暑期实践队队员。

大四下学期，经过对专业发展的判断和对自己前途的规划，他选择了读研，继续在专业上进行深造。他说，他很清楚自己要走的路。

（资料来源：曹荣瑞．大学生职业发展与就业指导［M］．上海：上海锦绣文章出版社，2012.）

【本节提示】

职业生涯规划是所有职业问题的核心。进行职业规划是一种未雨绸缪之举，是一种远见，是一种智慧。理想的情况是，每个人在进入职场之前，就应该有一份切实可行的职业规划方案。职业生涯的高效发展和择业成功，离不开个人的深思熟虑，职业生涯规划应该成为一种生活方式。

教育不是注满一桶水，而且点燃一把火。——叶芝

第二节　客观认知自我

【导读】

我国著名的戏剧家曹禺在进入中学前就热衷于看“文明戏”和京剧，也爱看地方戏和电影。他升入天津南开中学以后，成了南开新话剧团的演员。通过演戏实践，曹禺对戏剧产生了浓厚的兴趣，虽然他的父亲希望他学医，但他的兴趣却在戏剧上。中学毕业后，曹禺进入清华大学学习西方语言和文学，他的兴趣进一步发展，开始从事长篇小说和剧作的创作。在大学的最后一年，他创作出了第一个剧本《雷雨》，后来成为我国著名的戏剧家。

（资料来源：刘华，尹志刚．大学生职业发展与就业创业指导教程［M］．上海：上海交通大学出版社，2018.）

在生活与事业上，每个人最大的敌人往往就是自己。当我们一次次走不出自我的天地，在困难和挫折面前徘徊不前时，你可曾想到，问题到底出在哪里？很多时候，问题出现在自己身上。没有清晰而客观的自我认知，怎么能拿出应对问题的科学策略与方法呢？所以，要正确地规划自己的未来人生，首先要客观地认识自我。

一、自我性格类型的探索

（一）性格与职业生涯规划的关系

性格集中体现了一个人的处事方式，只有了解自己的性格，才能知道自己适合从事什么样的工作。性格也是人对现实的态度以及行为方式中较为稳定的个性心理特征。性格是一种与社会联系最密切的人格特征，表现了人们对现实和周围世界的态度，而这种态度也通常会融入个人的行为举止中。性格主要体现在对自己、对别人、对事物的态度和所采取的言行上。

每个人都有自己独特的个性，每个人的心理特征也不尽相同，从而导致每个人

看待问题和处理事情的风格、方式也会有一定的差异。由于一个人的性格涉及其心理过程和个性特征的各方面，因此性格对职业生涯规划有着十分重要的影响。

人们天生会有自己擅长与不擅长的领域，这并没有对错好坏之分。如果在一个合适的环境中能发挥自己的长处，往往更容易取得成功，反之，我们就会觉得别扭、不自在，影响工作的开展。每种性格都有与之相适应的职业范围，如果本身性格与工作氛围环境不相匹配，则会导致个人才能与发展受到一定的阻碍。

（二）MBTI 性格分析

MBTI 全称 Myers-Briggs Type Indicator，是以瑞士心理学家卡尔·荣格的性格理论为基础，由美国心理学家伊莎贝尔·布里格斯·迈尔斯和她的母亲凯瑟琳·库克·布里格斯共同研制。MBTI 是当前比较流行的性格分析方法。

MBTI 向我们揭示了性格类型的多样性，以及由此导致的不同个体之间行为模式、价值取向的差异性。性格类型深刻影响着我们观察事物的角度、思考问题的方式、决策的动机、工作中的行事风格、人际交往中的习惯与喜好。

MBTI 依据个人在性格（外向型与内向型）、信息收集（感觉型与直觉型）、决策（思维型与情感型）、生活方式（判断型与知觉型）方面的不同偏好，可以分成四大类十六种倾向组合。这四大类分别是情感主导型、思维主导型、直觉主导型、感觉主导型，每一大类都包含着四种性格类型。

情感主导者以富有人情味的方式考虑自己的决定对他人的影响，具体包括：内向＋感觉＋情感＋知觉；内向＋直觉＋情感＋知觉；外向＋感觉＋情感＋判断；外向＋直觉＋情感＋判断。

思维主导者一般很有逻辑性，善于分析，做决定非常有条理，具体包括：内向＋感觉＋思维＋知觉；内向＋直觉＋思维＋知觉；外向＋感觉＋思维＋判断；外向＋直觉＋思维＋判断。

直觉主导者是高度直觉型的人，可以在任何地方发现隐藏的信息，具体包括：内向＋直觉＋思维＋知觉；内向＋直觉＋情感＋判断；外向＋直觉＋思维＋知觉；外向＋直觉＋情感＋知觉。

MBTI 职业性格测试的十六种性格分析

感觉主导者相信事实和具体情况胜于其他任何方面，具体包括：内向＋感觉＋思维＋判断；内向＋感觉＋情感＋判断；外向＋感觉＋思维＋知觉；外向＋感觉＋情感＋知觉。

经过以上四个维度的分析，你会得到四种比较偏向的特性，这四个特性就代表了你的性格特征和职业偏好。如果你对自己的分析没有把握，可以通过互联网查询相应的量表进行测量。

二、兴趣的探索与培养

（一）兴趣与职业生涯规划的关系

孔子曰："知之者不如好之者，好之者不如乐之者。"如果对某个领域充满激情，你就有可能在该领域中发挥自己所有的潜力。很多学生在上大学之前，对自己的兴趣并不是太了解，在兴趣不明确的情况下报考了某一专业；在大学的专业学习过程中，大多数学生不了解自己的兴趣所在，也不了解所学的专业与自己的兴趣是否相符，更不知道如何将自己的兴趣与将来的职业发展相结合，从而导致这些学生在今后走入职场选择职业时遇到一些困扰和阻碍。因此，兴趣对于一个人的职业选择十分重要。个人作职业生涯规划时，一定要将兴趣因素主动融入其中，只有这样，才能最终找到真正适合自己的职业。

（二）霍兰德的职业兴趣理论

约翰·霍兰德是美国约翰·霍普金斯大学的心理学教授，是美国著名的职业指导专家，他进一步完善了人格与职业匹配理论，把人格和职业分成了不同的类型，并提出了具体的测量方法，有很强的科学性和预测力。

职业选择是个人人格的延伸，个人的行为是人格与环境交互作用的结果，职业选择也是人格的表现。个人的兴趣组型即人格组型。人的兴趣也可以是多种兴趣的组合，比如一个人喜欢研究，但研究的是社会问题，它可能就是一个社会科学研究人员，社会科学研究人员就是研究型和社会型的组合。

人格形态与行为形态影响人的择业及其对生活的适应，同一职业团体内的人有相似的人格，因此他们对很多情境与问题会有类似的反应方式，从而产生类似的人际环境。

人的兴趣可以分为六种人格类型（即兴趣组型）：现实型（Realistic Type，简称 R）、研究型（Investigative Type，简称 I)、艺术型（Artistic Type，简称 A）、社会型（Social Type，简称 S）、企业型（Enterprising Type，简称 E）和常规型（Conventional Type，简称 C）。每个人的人格属于其中的一种。这六种类型按照一个固定的顺序可以排成一个六角形。

人所处的环境也可相应分为六种类型，即现实型、研究型、艺术型、社会型、企业型和常规型。六种人格类型以及相对应的工作环境模式如表 7-1 所示。

表 7-1　人格（兴趣）组型与职业对应表

类型	人格特点与兴趣倾向	典型职业
现实型	此类型的人具有顺从、坦率、谦虚、自然、实际、有礼、害羞、稳健、节俭、物质主义的特征。 行为表现：爱劳动，有机械操作的能力。喜欢做与物体、机械员、工程师、电工机械、动物、植物有关的工作，是勤奋的技术家。	人际要求不高的技术性工作，如机械员、工程师、电工、飞机机械师等。
研究型	此类型的人具有分析、谨慎、批评、好奇、独立、聪明、内向、谦逊、精确、理性、保守的特征。 行为表现：有数理能力和科学研究精神。喜欢观察、学习、思考、分析和解决问题，是重视客观的科学家。	要求具备思考和创造的能力，社交要求不高，如从事生物、医学、化学、物理、地质、天文、人类等研究的科学家、工程师。
艺术型	此类型的人具有复杂、想象、冲动、独立、直觉、无秩序、情绪化、理想化、不顺从、有创意、富有表情、不切实际的特征。 行为表现：有艺术、直觉、创作的能力。具有想象力和创造力，喜欢从事美感的创作，是表现美的艺术家。	艺术性的，直觉独创性的，从事艺术创作的，如作家、音乐家、画家、设计师、演员、舞蹈家、诗人等。
社会型	此类型的人具有合作、友善、慷慨、助人、仁慈、负责、善解人意、说服他人、理想主义、富有洞察力的特征。 行为表现：有教导、宽容以及与人温暖相处的能力。喜欢与人接触，以教学或协助的方式，增加他人的知识、自尊心、幸福感，是温暖的助人者。	与人打交道，具备高水平沟通技能，热情助人，如教师、心理师、辅导人员、教育工作者等。
企业型	此类型的人具有冒险、野心、独断、冲动、乐观、自信、追求享受、精力充沛、善于社交、获取注意、知名度高的特征。 行为表现：有领导和说服他人的能力。喜欢以影响力、说服力和人群互动，追求政治或经济上的成就，是有自信的领导者。	善于管理，具备领导力，善于言行，有说服力，如企业经理、政治家、法学家、推销员等。
常规型	此类型的人具有顺从、谨慎、保守、规律、坚毅、实际、稳重、有效率、缺乏想象力的特征。 行为表现：有敏捷的文书和计算能力。喜欢处理文书或数字数据，注意细节，按指示完成琐碎的事，是谨慎的事务家。	注重细节，讲究精确办公和事务性，如银行人员、财税专家、秘书、数据处理人员等。

霍兰德认为：环境造就了人格，反过来人格又影响着个体对职业环境的选择与适应；人们总是寻找能够施展其能力与技能、表现其态度与价值观的职业；职业满意感、稳定性和职业成就取决于个体人格类型和职业环境的匹配与融合；职业行为是人格与环境相互作用的结果。

霍兰德用六边形模型来表示六种人格类型和六种职业类型的相互关系（如图7-1所示），边和对角线的长度反映了六种人格类型之间心理上的一致性程度，同时也代表着六种职业类型之间的相似与相容程度。

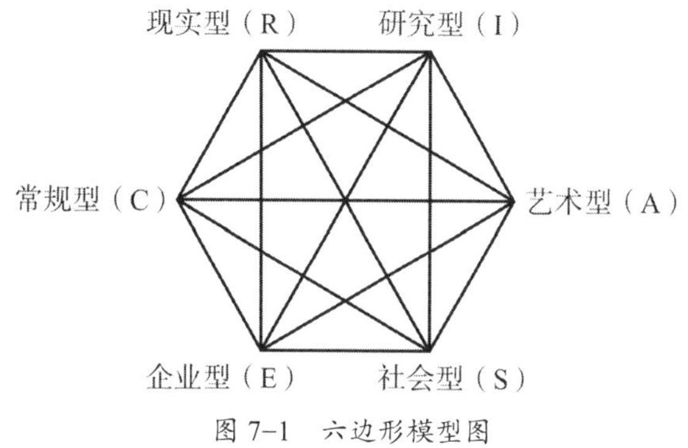

图 7-1　六边形模型图

在六边形模型中，任何两种职业类型之间的距离越近，其职业环境和人格特质的相似程度就越高。比如企业型和社会型距离最近，它们的相似性也最高，社会型和企业型的人较其他类型的人更喜欢与人打交道；而企业型和研究型则具有最低程度的相似性。六边形模型也表明了六种人格类型之间的一致性，一种人格（兴趣）组型与其相邻的类型组成了一个最一致的模型，如“RIC”。而人格类型相反的如“企业型与研究型”“常规型与艺术型”等，距离最远，其一致性最低。常规型的人多墨守成规，而艺术型的人则富有创新精神；常规型的人擅长自控，而艺术型的人则擅长表达。

人与所选职业的适应与匹配也可从该模型中得以体现。六边形模型可以帮助我们对人格（兴趣）组型与职业环境类型之间的适配性进行评估，比如一个社会型人格特质占主导地位的人，在一个社会型的职业环境中工作会感到更舒畅，但如果让他在一个现实型的工作环境中工作，他可能会感到不舒服、不满意。

大多数人都属于六种职业类型中的一种或两种以上类型的不同组合，某种人格类型或类型组合的个体在与之相对应的职业类型或类型组合中最能满足其职业需求，激发职业兴趣，发挥职业能力。一种职业有它的主要兴趣类型，一个人会同时有几种职业兴趣，关键是要弄清自己哪些职业兴趣是强项，从社会需要和自己的能力优势方面选择和确定一种主要的职业兴趣。大学生在选择学业或进行职业生涯规划时，应把自己的职业兴趣与个人的职业能力、人格特征结合起来。

（三）职业兴趣的培养

1. 职业兴趣的培养方法

职业兴趣一旦形成，便具有一定的稳定性，但根据实际需要，还是可以通过多种途径以及自己的努力去改变、发展和培养。在培养职业兴趣时，可从以下几方面努力。

（1）拓展兴趣范围

具有广泛兴趣的人，不仅对自己职业领域的东西有浓厚的兴趣，而且对其他方面也有一定的兴趣。这种人眼界比较开阔，解决问题时也可以从多方面得到启发，在职业选择上有较大的余地。如一个电视节目主持人，利用闲暇时间收集古玩和旧家具，他的“业余爱好”使他能靠鉴定古玩、修复旧物并继续他的职业生活。兴趣范围狭窄、涉足面小的人，对新事物的适应能力就要差一些，在职业选择上所受的限制也多一些。

（2）培养间接兴趣

直接兴趣是由于对事物本身感到需要而引起的兴趣，间接兴趣则不是对事物本身的兴趣，而是对于这种事物未来的结果感到需要而引起的兴趣。人在最初接触某种职业时，往往对职业本身缺乏强烈的兴趣，必须要从间接兴趣着手培养直接兴趣。可以通过了解职业兴趣在社会活动中的意义、对人类活动的贡献等引起兴趣，也可以通过了解某项职业的发展机会引起兴趣，还可以通过实践逐步培养间接兴趣。

（3）坚定中心兴趣

人的兴趣应广泛，但不能浮泛，还要有一定的集中爱好。既广泛又有重点，才能学有所长，获得深邃的知识。如果只有广泛性而无中心职业兴趣，那么往往就会知识肤浅，没有确定的职业方向，心猿意马，这样难以有所成就。所以，还应重点培养自己在某一方面的职业兴趣，促进自己的发展和成才。

（4）实践检验兴趣

只有通过职业实践，才能对职业本身有深刻的认识和了解，才能激发自己的职业兴趣。职业实践活动内容十分丰富，包括实习、社会调查、参观访问以及组织兴趣小组等。每一个人都可以通过参加各种职业实践活动调节和培养兴趣，根据社会需要和自我需要，有意识地培养和发展兴趣，为事业的成功创造条件。

（5）保持稳定的职业兴趣

应在某一方面有持久稳定的兴趣，不能朝三暮四，见异思迁，这样才能投入更多的热情和精力，深入钻研相关内容，才能在事业上有所发展和成就。

2. 大学生职业兴趣的培养

就大学生来说，除了以上的方法外，在就业前还应该做到以下五方面。

（1）拓宽职业认知面

我们要客观地评估和寻找自己的兴趣所在，不要把社会、家人或朋友认可和看重的事当作自己的爱好，不要以为有趣的事就是自己的兴趣所在，不要以为有兴趣就意味着自己有这方面的天赋，而要亲身体验它，并用自己的头脑作出判断。不过，你可以尽量寻找天赋和兴趣的最佳结合点，比如如果你对数学有天赋但又喜欢计算机专业，那么你完全可以做计算机理论方面的研究工作。在就业前，认识的职业种类越多，对职业的性质了解得越细致，你的职业兴趣就会越广泛。职业兴趣越广泛，你的择业动机就越强，择业余地也会相对宽广。最好寻找兴趣点的方法是开拓自己的视野和接触众多的领域。唯有接触你才能尝试，唯有尝试你才能找到自己最喜欢的东西。大学正是这样一个可以让你接触并尝试众多领域的独一无二的场所。因此，在大学学习中，要充分利用学校资源，通过使用图书馆资源、旁听课程、搜索网络、听讲座、打工、参加社团活动、与朋友交流、使用电子邮件和论坛等不同方式接触更多的领域、工作类型和专家学者，找寻自己感兴趣的领域。

（2）珍惜你的专业

我们要在理想与现实之间找到自己的平衡点。有的同学认为一旦学了自己不喜欢的专业，眼前的路也似乎只剩下两条：换专业或者将错就错。在大学中，换专业并不容易，但前途也并不是想象中那样渺茫。

在这种情况下，除了“选你所爱”，大家也不妨试试“爱你所选”。首先，应该尽力试着把本专业读好，在学习过程中逐渐培养自己对本专业的兴趣；其次，一个专业里可能有很多不同的领域，也许你对专业里的某一个领域会有兴趣。现在，有很多专业发展了交叉学科，两个专业的结合往往是新的增长点。多接触、多尝试，也许就会碰到自己真正感兴趣的方向。

其实，一个专业的学习需要一个人很多的能力，一个专业所包含的课程也能够培养一个学生多方面的能力，这些能力对个人职业发展的方向都会起到一定的帮助。当我们学习自己不喜欢的专业时，我们还可以安排自己的业余时间，从事我们真正感兴趣的事情。我们可以尝试课外学习，选修或旁听相关课程；也可以去找一些打工或假期实习的机会，进一步理解相关行业的工作性质；或者努力考自己感兴趣专业的研究生，重新进行一次专业选择。其实，专科、本科读什么专业并不能完全决定毕业后的工作方向，大学期间的学习过程培养的是学习能力，只要具备了这种能力，即使从事的是全新的工作，你也能在边做边学的过程中获取足够的知识和经验。

（3）培养社会责任心

当就业环境和自身素质决定你必须做自己不喜欢的工作时，你应该拿出对社会负责的态度，培养自己的职业兴趣，即所谓的“干一行，爱一行”。事实上，在就业时，多数人并不总是能够选到自己的理想职业。当你还不能选到自己满意的职业时，就必须尽快调整职业理想，适应就业环境，在不理想的职位上培养职业兴趣，干出一番理想的事业来。“把没有意思的工作很有意思地去完成”，美国钢铁大王卡耐基这样告诫人们。

（4）先就业，后择业

多数人的择业实践表明，走上职位的方法多种多样：有被别人安排的、有自己找到的、有撞上的、有捡来的等。除了自己找到的职业外，其他几种就业方法都是被动的。被动得到的职业，你也会对它产生兴趣，其方法是“先就业，后择业”。不少职业，你刚开始从事它的时候，可能对之毫无兴趣。但是，随着你从业时间的延长和职业技能的提高，加之对职业生涯意义的全面了解，特别是当你能够在这些职位上取得一定成绩的时候，你的职业兴趣就会大大增加。只要你专心、深入地从事某种职业，你会发现它有一种使你倾心的魅力。

（5）量体裁衣

陶行知先生讲过一段发人深省的话：“我觉得中学生有一个大问题，即‘择业问题’。我以为择业时要根据个人的才干和兴趣，做事要有快乐，所以我们要根据个人的兴趣来择业。”我们要取得成功，就必须要有才干。才干，一般是指你最突出的某些知识或技能。在通常情况下，才干与兴趣有着互相推动的效应，即兴趣产生才干，才干助长兴趣；同时才干也能产生兴趣，兴趣又会强化才干。但在你初次择业时，应根据自己所具有的才干，即擅长的知识和技能去选择职业。因为根据自己的才干适应职业的状况择业，往往更趋向于职得其人、人适其职的最佳状态。在这种最佳状态下，你的工作才能愈做愈有兴趣，最后可能促使你在某一职业生涯领域内取得成功。

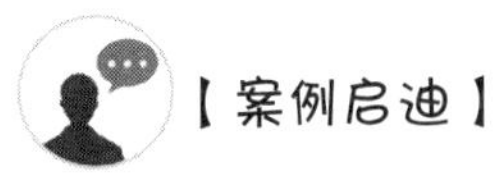

每个人的职业规划都必须量身定做

吉姆学的是经济学专业，但他并不是很喜欢。在他认识的人中，有一位学长也是经济学专业，但后来考了法学硕士，并取得了律师资格证，读完书出来从事经济法律方面的工作，前途似锦。吉姆觉得这个方向不错，自己也去考法学硕士，可那些法律条文都背得头疼，更谈不上通过考试了，前景一片渺茫。

每个人的发展轨迹和经历都有其特殊性，尤其是职业发展上，个人的能力水平、价值观、性格特质等都在影响和左右最终的结果。每个人的职业规划都必须量身定做，才能取得属于自己的成功。

【本节提示】

“认识你自己”，人类对这一话题的关注早在几千年前就开始了，而且是一个永恒的话题。中国古代哲人老子就强调过：“知人者智，自知者明。胜人者有力，自胜者强。”鼓励人们认识自己，把握自我。只有在充分了解自己的基础上，才能作出一份最适合自己的职业生涯规划。

教育不在于使人知其所未知，而在于按其所未行而行。——园斯金

第三节 职业生涯规划的设计

【导读】

美国小伙子比尔·拉福立志做一名优秀的商人。中学毕业后，他考入麻省理工学院，没有选择贸易专业，而是选择了工科中最普通、最基础的专业——机械专业。大学毕业后，他没有马上投入商海，而是继续去芝加哥大学深造，攻读为期三年的经济学硕士学位。更出人意料的是，获得硕士学位后，他还是没有从事商业活动，而是报考了公务员。在政府部门工作了五年后，他辞职去了通用公司。又过了两年，他开办了自己的商贸公司。二十年后，他的公司资产从最初的 23 万美元发展到 2 亿美元。他说，他的成功应感谢他父亲的指导，他们共同制定了一份重要的生涯规划，最终这份生涯设计规划使他功成名就。

（资料来源：曹荣瑞.大学生职业发展与就业指导[M].上海：上海锦绣文章出版社，2012.）

职业生涯，涵盖人一生的职业历程。人的职业生活是人生全部生活的主体，在其生涯中占据核心与关键位置。人们的职业生涯千差万别：有的人从事这种职业，有的人从事那种职业；有的人一生变换多种职业，有的人终身在一个岗位上；有的人不断追求，事业成功，有的人穷困潦倒，无所作为。造成职业生涯的差异有个人能力、心理、机遇方面的影响，也有社会环境的影响，然而一个理想、精彩的职业生涯更离不开职业人在职业初期对自身职业生涯的精心设计。

一、职业生涯规划的设计原则

职业生涯规划的过程是职业人探索自我、科学决策、统筹规划的过程，为了保证职业生涯规划的实用性和科学性，应该遵循以下四个原则。

（一）量体裁衣原则

这是做好职业生涯规划应当始终遵循的原则，也是最重要的原则。人与人之间

的实际条件有很大差异，他们的发展潜力无疑也会有很大不同。因此，职业生涯规划是一项完全个性化的任务，没有统一的定式，需要结合个体的具体特点进行设计。

职业生涯规划前，不仅要对个体的内在素质，如知识结构、能力倾向、性格特征、职业喜好等进行全面测评，而且要对个体外部的职业环境和职业发展的资源等进行系统的评估。既考虑个体的职业发展动机，又考察其成功的可能性，从而为个体设定相应的职业发展目标和具体的职业发展规划。

（二）可操作性原则

每个人都说有目标和计划，但并非每个人都可以实现自己的目标，完成自己的计划，甚至有些人根本不知道自己是否完成了计划。这就是目标和计划的可操作性。职业生涯规划是为个体设定达成理想目标的步骤，因此这些内容本身应该具体明确，不能是空洞的口号。

职业生涯规划的可操作性，主要包括目标的现实性、计划的可行性和效果的可检验性。所谓目标的现实性，是指个体目标的设定应该建立在个体现实条件的基础上，是对个体现实资源的真实评估和科学预期，是可以达到的目标，而不是好高骛远的空想。所谓计划的可行性，是指为个体制订的计划非常具体，是依据他们现有能力制订的可以完成的行动计划。所谓效果的可检验性，是指目标的实现情况和计划的执行情况以客观事物为标准，可以度量和检查。

（三）阶段性原则

对职业生涯发展来说，人生的不同阶段承担着各自的发展任务，需要解决相应的发展问题。因此职业生涯规划也应该结合个体的年龄特征，确定具体的发展方向，制定阶段性的发展目标。在现实与最终目标之间设定阶段性目标，就像从山脚到山顶的一级级台阶，每迈一步都能够感到自己在朝终极目标前进，奋斗的过程就变得不那么缥缈，而是更具体、更真实。

当然，在个体自身条件或外界环境发生改变时，所设计的理想目标和阶段性目标都需要适时完善与修正。因此，这就要求所规划的目标存在可调整的空间，可以根据实际情况进行改变。即使是最终目标，也需要结合不同阶段性目标的完成情况适时修正。

（四）发展性原则

发展性原则是指为个体设计职业生涯规划时，不仅仅局限于个体当前的发展，而且要考虑到个体未来的职业发展空间，职业生涯规划要有超前性和预测性。因此职业生涯规划应该基于影响职业发展的核心因素和本质因素，而不是表面现象。比如个体对企业文化的认知、合作与责任意识的水平可以长期影响个体的职业发展，而个人的外部形象和面试技巧仅仅能够说明个体短期的职业状况。因此职业生涯规划要评估更核心和本质的因素，从个体长期发展的角度设计职业生涯规划。

二、职业生涯规划的设计方法和步骤

（一）通过综合评估确定职业目标和路线

许多职业咨询机构和心理学专家进行职业咨询和职业规划综合评估时，常常采用的一种方法就是有关五个“W”的思考模式。从问自己是谁开始，然后顺着问下去，共有五个问题。

- Who are you？你是谁？
- What do you want to do？你想干什么？
- What can you do？你能干什么？
- What can support you？环境支持或允许你干什么？
- What you can be in the end？你最终的职业目标是什么？

1. 第一个问题“我是谁”

应该对自己进行一次深刻的反思，可以通过性格、兴趣和能力等量表测验，对自己有一个比较清晰的认识，优点和缺点都应一一列出。

2. 第二个问题“我想干什么”

这是对自己职业发展心理趋向的检查。每个人在不同阶段的兴趣和目标并不完全一致，有时甚至完全对立。但随着年龄和经历的增长而逐渐固定，并最终锁定自己的终身理想。

3. 第三个问题“我能干什么”

这是对自己能力与潜力的全面总结。一个人职业的定位最根本的还要归结于他的能力，而职业发展空间的大小则取决于自己的潜力。对于自己的潜力应该从几方面着手去认识，如对事的兴趣、做事的韧力、临事的判断力以及知识结构是否全面、是否及时更新等。

4. 第四个问题“环境支持或允许我干什么”

这种环境支持在客观方面包括社会价值观的变化、社会中各种人才的供给状况、社会和法律政策、社会各行业对人才的需求情况等。本地的各种状态包括经济发展、人事政策、企业制度、职业空间等；人为主观方面包括同事关系、领导态度、亲戚关系等，两方面因素应该综合起来看。有时我们在职业选择时常常忽视主观方面的因素，没有将一切有利于自己发展的因素调动起来，从而影响了自己的职业切入点。在国外，通过同事、熟人的引进找到工作是最正常也是最容易的。当然，我们应该知道这和一些不正常的“走后门”等是有本质区别的。这种区别就是这里的环境支持建立在自己的能力之上。

5. 第五个问题“我最终的职业目标是什么”

明晰了前面四个问题后，就会从各个问题中找到对实现有关职业目标的有利和不利条件，列出不利条件最少、自己想做而且又能够做的职业目标，那么自然就有了一个清楚明了的框架。最后，将职业生涯规划列出来，建立个人发展计划书，通过系统学习、培训，实现就业理想目标：选择一个什么样的单位，预测在单位内的职务提升步骤，如何从低到高逐级而上。比如从技术员做起，在此基础上努力熟悉业务领域，提高业务能力，最终达到技术工程师的理想目标；预测工作范围的变化情况，不同工作对自己的要求及应对措施；预测可能出现的竞争，如何相处与应对，分析自我提高的可靠途径；如果发展过程中出现偏差，如果工作不适应或被解聘，如何改变职业方向。

（二）职业生涯规划的设计步骤

1. 自我认知

自我认知实际上就是“知己”的过程，它是职业生涯规划的基础和起点。只有对自己有了充分的认识和了解后，职业生涯规划才能更准确。

自我认知包括对生理自我、心理自我、理性自我、社会自我的认知。对生理自我的认知是指对自我的相貌、身体健康、智力情况等方面的认知。对心理自我的认知是指对自我性格、兴趣、气质、意志、能力、价值观等方面的评估与判断。对理性自我的认知是指对自我的思维方式、道德水平、情商、逆商等因素的评价。对社会自我的认知是指对自我在社会上所扮演的角色以及在社会中的责任、权利、义务、名誉、他人对自己的评价和态度等方面的评价。

2. 制定职业生涯策略

在确定了职业生涯发展目标和职业生涯发展路线之后，为了达到目标，就需要制定职业生涯发展策略的行动规划。职业生涯策略是指为了实现职业生涯目标而采取的各种行动和个人资源的配置措施。制定职业生涯策略既要决定“应该做什么和怎么做”，也要决定“不能做什么”，还要包括个人资源的配置计划。具体来讲，职业生涯策略包括：（1）工作策略，即为了达到工作目标，计划采取哪些措施提高工作效率，通过这些努力实现个人在工作中的良好表现与业绩；（2）学习与培训策略，即计划采取哪些措施提高业务能力，计划采取哪些措施开发潜能，还包括现实学习或工作之外的一些前瞻性准备，如业余时间参加课程学习或有针对性的教育和培训，掌握一些额外的专业知识和技能；（3）人际关系策略，即如何在职业领域构建人际关系网络，为未来的发展寻找更广泛的支持与合作空间。

3. 职业生涯策略的主要内容

职业生涯策略可以细化为具体计划和措施，同时还要明确每项计划的起讫时间和考核指标。（1）具体计划。生涯路线发展是一步一步走过来的，生涯目标的实现也是一点一点积累起来的。如果没有具体的行动计划，目标就不可能实现。所以，需要列出详细的工作和学习计划，如每年学什么，要列出具体的科目；每年干什么，要列出具体的任务。(2)具体措施。列出具体的计划后，还要列出实施每项计划的具体措施，并且措施要切实可行。如果没有具体的措施或者措施不可行，那么计划就无法实现。(3)起讫时间。对每项计划列出切实可行的具体措施后，还要明确每项计划的起讫时间，即什么时间开始以及什么时间结束，否则你的计划也会落空。明确每项计划的起讫时间是约束自己按计划行动的重要手段。(4)考核指标。在明确了具体计划和措施以及起讫时间后，还要确定用什么指标来检查或衡量计划的完成进度，这一点非常重要。如果没有考核指标，计划就极有可能被搁浅，生涯目标也就无法实现。

4. 职业生涯策略的实施

职业生涯目标是职业生涯规划的关键，职业生涯策略和具体计划是实现职业生涯目标的保证，但是仅仅设定目标、制定策略和计划，如果不去实施、不去行动，那么再好的目标也是空想，再好的策略和计划也是一纸空文。因此要实现自己的职业生涯目标，就必须将策略和计划转化成实际行动。在生涯策略的具体实施中，一定要排除一切干扰目标实现的种种因素，坚持不懈地为实现自己的生涯目标而努力。

（三）职业生涯规划的反馈与修正

在行动的过程中，需要通过不断评估和反馈来检验和评价行动的效果。职业生涯规划也需要经过实践检验而不断完善。在进行职业生涯规划时，由于每个人自身和外部环境的不同，对未来目标的设定也就有所不同。一个人不可能对外部环境了如指掌，也不可能完全了解自己所有的潜能，这就需要我们在职业发展道路上，根据自身因素和外部环境的变化以及实施过程中所得到的各种反馈信息，不断地对职业生涯规划进行修正。职业的重新选择、实现目标的时限改变、职业生涯策略和路线甚至整个职业生涯目标的调整都属于修正范畴。反馈与修正的目的是纠正最终目标与阶段性目标的偏差，保证职业生涯规划的有效性，使通向最终目标的职业生涯道路一路畅通，更快、更好地实现自己的人生目标。

影响职业生涯规划的因素很多，除了个人自我认识的偏差外，还有许多外界的环境因素。其中，有的因素可以预测，有的则无法预测；有的因素可控，有的则不可控。这就要求我们必须根据实际情况的发展变化，不断地对职业生涯规划进行评估和修正。

实施职业生涯规划时，必须为日后可能的计划修正预留余地，修正的依据是每次成效评估后反馈回来的信息。至于计划修正的时机，必须考虑下列几点：第一，定期检测预定目标的达成进度；第二，每一阶段目标达成时，要依据实际效果修正未来阶段目标可采用的策略；第三，客观环境的改变影响到计划的执行；第四，有效的职业生涯设计还要不断地反省和修正职业生涯目标，反省职业生涯策略是否恰当以及是否适应环境的改变，同时可以作为下一轮职业生涯规划参考的依据。

总之，反馈与修正是职业生涯规划的重要环节，也是保障职业生涯规划能否实施的关键环节。只有不断地反馈与修正，才能保证目标的合理性和措施的有效性，才能保证职业生涯目标的最终实现。

三、职业生涯规划方案

一份完整的职业生涯规划方案主要包括自我评估、职业定位、目标及实现时间、定期评估。

自我评估包括对自己的性格、气质、能力、兴趣的分析。SWOT 分析可以客观评价自己的优势、劣势、机遇和挑战。分析条件包括观念、知识、经验、能力、潜力、健康等因素，正确认识自身条件和准确测评自身潜力，找出与制定目标的能力差距和发展潜能；还要对社会大环境进行分析，了解所在国家或地区的政治和经济趋势、所选定的职业在社会环境中的地位、社会发展趋势对此职业的影响和社会对此类职业人才的需求。

职业定位是指对职业的选择，比如教师、秘书、工程师、营销员、计算机程序设计员等。

职业生涯目标可以分为多项互不排斥的目标，包括职务目标、能力目标、成果目标、经济目标等。为了顺利进入每一个新阶段，应根据新阶段的特点制定分目标，即根据观念、知识、能力差距将职业生涯长期的远大目标分解为有时间规定的中期、短期、近期目标，直至将目标分解为某一确定日期可以采取的步骤。

定期评估的目的在于衡量自身发展的实际结果与预期目标之间的差距，并辨别差距产生的原因是目标制定的不科学，还是实践上的不足。

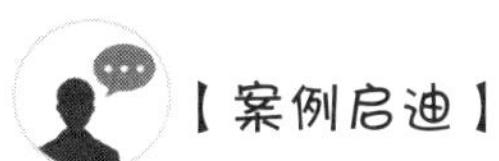

个人职业生涯规划方案

李建波，男，高职在校大三学生，在职业咨询师的帮助下设计了个人职业生涯规划方案。

（一）自我分析

1. 性格

性格品质：自信心强，能吃苦，具有一颗善良的心，待人真诚，能得到别人的尊重。

个人素质：兴趣广泛，适应性较强，人际交往能力、语言逻辑性和表达能力较强。

个人气质：自我形象较好，具有一定亲和力。

学习能力：学习能力较强，领悟性较强。

2. 优势

从小生活条件艰苦，具有不怕苦的精神，这是我最宝贵的财富。另外，善于交际，认识的朋友较多，在以后的求职或创业道路上，这都是很好的资源。乐观、开朗、大胆、创新、有责任感，有不服输的精神。

3. 劣势

工作经验很少，有过兼职经历，经济基础很弱。做事不够细心，作决定时优柔寡断，时常怀疑自己的能力，惰性较大。

4. 职业兴趣

职业兴趣前三项是：企业型、事业单位型、社会型。

5. 职业能力

可从事关于销售和服务行业的工作。

6. 职业价值观

看重对人们生活环境的质量及对社会的价值意义。

（二）职业定位

1. SWOT 分析

优势因素 (S)：年轻、精力旺盛、热情，性情平和、乐于助人，责任心很强。

劣势因素 (W)：对工作的质量要求太高，对新事物过于热情。

机遇因素 (O)：专业知识与文化程度较高的人才缺乏。

挑战因素 (T)：现今激烈的竞争。

2. 结论

职业目标：创建属于自己的销售公司。

职业发展策略：积累创业经验。

职业发展路径：进入大型销售公司，积累创业经验。

具体路径：大学毕业进入销售行业——进入大型销售公司，积累社会经验和创业资本——创建销售公司。

（三）计划实施

按照计划名称、时间跨度、总目标、分期目标（计划内容）来罗列。

1. 短期（大学最后一年），2015—2016 学年，成为市场营销专业的优秀毕业生。

（1）暑假：机动车驾驶证。

（2）7 月—12 月：计算机强化，通过全国计算机二级考试。

（3）9月—10月：参加普通话培训及测试，并取得好的等级。

（4）11月起：寻找适合自己的实习单位。

2. 中期（毕业后五年计划），2016—2020年，成为优秀的销售人员、销售主管。

（1）虚心学习，坚持不懈。

（2）努力掌握最前沿的专业销售知识。

（3）将所学尽可能地应用到销售实践以及管理工作中。

3. 长期（毕业后十五年计划），2016—2030年，积累创业经验和资本，创建销售公司。

（四）评估调整

最后，职业生涯规划是一个动态的过程，必须根据各阶段实施结果的情况以及环境变化进行及时的评估与修正。

（资料来源：曹荣瑞. 大学生职业发展与就业指导[M]. 上海：上海锦绣文章出版社，2012.）

【本节提示】

大学生进行职业生涯规划时，需要从个体的实际情况出发，择己所好，择己所长，择世所需，制定具体可行的发展规划，同时兼顾近期目标与未来发展的关系，才能保证职业生涯规划的科学性和实用性。

教育人就是要形成人的性格。——欧文

第四节　学生角色与职业角色的转换

【导读】

有一个自以为是的年轻人毕业以后一直找不到理想的工作。他觉得自己怀才不遇，对社会感到非常失望。痛苦绝望之下，他来到大海边，打算就此结束自己的生命。

这时，正好有一个老人从这里走过。老人问他为什么要走绝路，他说自己不能得到别人和社会的承认，没有人欣赏并重用他。

老人从脚下的沙滩上捡起一粒沙子，让年轻人看了看，然后就随便扔在地上，对年轻人说："请你把我刚才扔在地上的那粒沙子捡起来。"

"这根本不可能！"年轻人说。

老人没有说话，接着从自己的口袋里掏出一颗晶莹剔透的珍珠，也是随便扔在地上，然后对年轻人说："你能不能把这颗珍珠捡起来呢？"

"这当然可以！"年轻人回答说。

诚然，每一位大学生都希望成为一颗耀眼的珍珠，因为在我们面前，有不少人已经是珍珠了，但你知道他们成为珍珠的历程吗？年轻人崇拜成功者，无可厚非，但我们往往缺乏的是如何看待成功者的足迹。从因果关系来讲，没有过程哪来的结果？有什么样的过程，当然就有什么样的结果。同时，我们也必须知道自己现在只是一颗普通的沙粒，而不是价值连城的珍珠。若要使自己卓然出众，就必须经过一番艰苦的努力，才能使自己成为一颗耀眼的珍珠。

作为一名大学生，经历了十几年的求学拼搏，即将告别校园，走向社会，在全新的社会舞台上展示才华，而在实现自己的人生理想和社会价值之际，无不踌躇满志。如何顺利地在新的环境中、新的工作岗位上不断积极上进，干出一番事业；如何更充分地认识自我和积极适应职业环境，从而尽快完成从学生角色到职业角色的转换，建立和谐的人际关系，迈出人生发展的关键一步，是每个毕业生关注的焦点。

诸如上述学生角色和职业角色在转换过程中可能常常出现的问题，如果能够顺利地进行转换，将为大学生今后的职业发展奠定一个良好的基础；如果得不到正确有效的矫正，就会严重阻碍毕业生的角色转换，直接影响毕业生的成长和工作。因此，正确的角色认知、积极调整并改善自身的心理状况是毕业生实现角色转换至关重要的方法。

一、角色认知

毕业生从学校步入社会，从学生转变为职业人，要完成学生角色向职业角色的转换。大学生对学生角色的行为规范十分熟悉，但对职业角色的要求比较陌生。两者相比有许多不同，而且后者的要求更高。不同之处主要表现在社会活动方式、社会责任、独立性要求等方面。因此，每一个即将就业的大学生必须对这种职业角色的转换有清楚的了解，以便在校期间有针对性地做好准备。

（一）学生角色

大学阶段是人生中增长知识、发展智力、求学成才的关键阶段。社会活动方式主要是接受教师传授的知识，努力学习以专业知识为主的多方面知识，培养以专业能力为主的各种能力。因此，这是一个接受教育、储备知识、培养能力的重要阶段。学生对社会的责任通常体现在学习的过程。教师要教育学生以社会为己任，家长要引导孩子增长才干，以适应日后社会的竞争，但此时社会责任的体现具有潜在性、后续性。另外，人的独立性归根到底是经济的独立，只有通过劳动取得报酬，才可能承担起社会责任和家庭责任，此时才能称其为真正的“社会人”。由于大学生以学习为主，经济上主要依靠家庭，始终处于被人扶助的环境之中。所以，可以这样界定学生角色：在社会教育环境中，依赖非自身劳动收入的资助，学习知识，培养能力，全面提高自身素质，完善自身知识结构，努力成长为合格的社会人才。

（二）职业角色

职业角色的个性表现非常具体，彼此差异明显，但是千差万别的职业角色却有其共同的特征：职业角色扮演者具有自己的社会职位和一定的职权，遵守相应的职业规范，具有一定的基础知识和业务能力，履行一定的义务，经济独立。职业角色的要求是运用知识和能力向社会提供劳动、创造价值。

职业人的社会责任体现在工作对象中，工作质量的高低不再是个人范畴，其对社会产生的影响是直接的，因此要从社会角度加以评判，并对社会责任有着更高的要求。所以，可以这样界定职业角色：在某一职位上，以特定的身份，依靠自身知识和能力，并按照一定的规范具体地开展工作，在行使职权、履行义务、为社会作出贡献的同时，取得相应的报酬。

（三）学生角色和职业角色的区别

在学校读书和在社会工作，两者所处的环境、扮演的角色、承担的主要任务都有很大的不同，对社会的认识和感受也有很大的差别。了解并掌握学生角色和职业角色的区别，对于尽快实现角色转换有很大的帮助。学生角色和职业角色的差异主要表现在以下几方面。

1. 社会角色不同

学生角色是接受教育，储备知识，掌握本领，接受经济供给和资助，逐步完善自己的过程；职业角色则是用自己掌握的本领，通过具体工作为社会付出，独立作业，具有一定的权利和义务，以自己的行为承担责任的过程。

（1）社会责任不同

学生角色的主要责任是努力学习知识，使自己德、智、体、美、劳全面发展，掌握为社会服务的本领。责任履行得如何，主要取决于本人知识掌握的多少和能力培养的程度。而职业角色的主要责任是以特定的身份履行自己的职责，依靠自己的本领或技能为人民服务，完成某个事项的过程。责任履行得如何，不仅会影响个人价值的实现，还会影响单位、行业的声誉。

（2）社会规范不同

学生角色规范主要是从教育的角度出发规范学生的行为，将其培养成合格的人才。职业角色规范则是社会提供的职业人的行为模式，因职业的不同而不同。这些规范既具体又严格，违背了就要承担一定的责任，甚至要承担法律责任。

（3）社会权利不同

学生角色的权利主要是依法接受教育，并取得经济生活的保证或资助。职业角色的权利则是依法行使职权、开展工作，并在履行义务的同时，取得报酬。

2. 人际关系不同

现代的人际关系，即是人与人之间的相互交往关系，由个人与个人之间、个人与群体之间、群体与群体之间三个层次组成，其内容包含着互相依存、互相渗透又互相转化的利益关系、思想关系和心理关系。学习是学生的主要任务，努力把自己培养成合格的社会主义事业的建设者和接班人是学习的主要目的。能否学好科学文化知识，提高自身的素质和能力，主要取决于学生本身，由内部因素决定。竞争只是促进学习的手段，并未从根本上影响学生的利益，由此决定了学生的人际关系比较简单。成为职业人以后，竞争是不可避免的，谁能迅速转换角色，谁的能力强、素质高，谁就能在竞争中取胜，并获得一定的收益。竞争的胜败关系到利益的分配，由此决定了职业人的人际关系是复杂的。

3. 生活管理方式不同

学生的学习生活是一种集体生活，住的是学生宿舍，若干人住同一间宿舍，集体在食堂用餐。学校实行统一的生活作息制度，对学生提出了统一的行为规范，学生按照统一的时间表、统一的要求进行学习和生活，违反了纪律就要受到处分。在社会上，单位只在工作时间内对员工提出要求，其他时间主要由员工自行支配。在遵守国家法律法规和社会公德的前提下，员工在生活上享有很大的自由，没有严格统一的管理方式来约束。

4. 对社会认识的内容、途径不同

学生是受教育者，他们对社会的认识和了解主要来自书本和课堂学习，认识的途径主要是间接的，认识的内容主要是理论性的。他们对社会的期望值很高，有完美的理想，充满着浪漫的色彩。职业人则通过亲身的实践加深对社会的认识和了解，认识的途径是直接的，认识的内容主要是实践性的、具体的，带有现实主义色彩。理想与现实总是存在着一定的差距，有的毕业生走上社会后，仍然用在学校时的思维方式去认识社会，因此遇到现实矛盾，容易产生困惑、迷惘、彷徨甚至失望，无法适应工作环境，难以转换角色；有的毕业生则能正确认识这一差距，通过艰苦奋斗，最终实现职业理想。

二、完成角色转换的途径

根据社会心理学的角色理论，学生角色向职业角色的转换，必然伴随着角色冲突、角色学习和角色协调等一系列过程。因此，大学生就业前应该对择业素质、自我评价、职业能力等进行深入细致的了解和分析，合理定位，找出不足，提高心理承受能力，加强角色认知，做好上岗前的各项准备。

（一）正视现实，敢于面对现实

大学生在学校所接受的几乎全是正确的、健康的教育，所以其世界观、人生观和价值观的形成和发展比较顺利。但是，由于他们的社会阅历比较浅，所以在对社会和人生价值的认识上往往表现出较为理想化的倾向。在现实社会中，尤其是面对社会不良现象时，他们既看不惯，又无能为力，经常感到困惑和迷茫。因此，毕业生要充分认识和认真对待这些矛盾和冲突，大胆面对现实，努力消除不适应。

（二）立足本职，树立新的意识

毕业生在走上工作岗位之前，往往对角色转换的认识模糊，对即将从事的职业缺乏全面准确的了解。因此，应当树立以下几方面的意识，形成正确的职业观念。

1. 独立意识

毕业生走上工作岗位后，没有了教师的呵护，缺少了家长的关爱，成为社会认可的、具有独立资格的、真正意义的社会人，在生活上要自理，尤其在工作中要独当一面，承担一定的社会责任。

2. 团队意识

人是社会的人，社会的发展与进步离不开人们的密切协作。但由于学生角色中心任务的特殊性和学校环境的相对封闭性，使得一些毕业生的协作精神和团队意识远远不能满足职业的要求。实践证明，在人的社会联系高度紧密的今天，一项大型工程的开展、一项科研项目的完成和一个生产过程的组织与管理，单靠某个人的力量显然是不够的，必须几个、几十个甚至成百上千个人共同劳动、互相配合、互相协作才能完成。这就要求每一个成员都要有互相协作的团队意识，从整体利益出发，建立和谐的人际关系，创设一个友好的合作氛围。

3. 主人翁意识

大部分毕业生要参与生产、管理和决策等实践活动，对所在单位和部门承担社会责任和义务。一个人工作成绩的好坏，不仅与自己的前途有着密切的联系，而且与单位和部门的兴衰荣辱休戚相关。因此，毕业生要牢固树立主人翁意识，立足本职，做好工作。

（三）坚持学习，不断完善自我

毕业生已经具备了获得职业技能的基础条件，即比较扎实的基础知识和专业知识。但是，社会角色的适应是一个自我不断学习、不断完善的循序渐进的过程。初到工作岗位，自身的知识量不一定足够大，知识结构也不一定合理，因此毕业生要根据职业的特点、性质、工作程序及其相互关系，不断学习新知识，增强素质和能力，提高工作技能和业务水平。

（四）把握自己，慎重重新选择

毕业生要根据自己的专业、特长、兴趣等，寻找适合自己的工作，以免走不必要的弯路。但是，因为自身能力、机遇或者工作单位等方面的变化，一些毕业生就业后需要重新选择职业。这就要求毕业生准确地了解自己和把握自己，具体情况具体分析。一方面，珍惜第一次职业的选择，认真、实事求是地分析自己所从事的现有职业，并从中提升自我，充分发挥自己的才能；另一方面，在实践中进一步充分认识自我，挖掘自身的潜力，合理、适时地调整自己的岗位，更好地发挥自己的聪明才智。

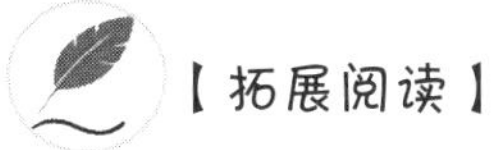
【拓展阅读】

一分耕耘，一分收获

某职业技术学校2000届毕业生小周，在校期间勤奋好学，思想活跃，尤其重视实践能力的培养，毕业的前半年因其专业成绩、操作技能、外语成绩均很优秀，被学校推荐到新加坡的一个跨国公司从事模具制造工作。工作中，小周踏实肯干，吃苦耐劳，与公司里的上司和同事的关系处理得十分融洽，工作得心应手，技术提高得很快，两个多月后即能独立制造较复杂的模具。他还利用业余时间自学英语、管理和专业方面的知识，业务水平大幅提高，薪资不但高于同去的其他同学，还高于新加坡籍员工。3年工作期满后，公司再三挽留他继续留职，许诺大幅度提薪并帮助他办理"绿卡"，但小周还是按时回到国内发展。他到深圳一家大型模具企业应聘业务主管，在面试中，人事部门经理看中了他的水平、能力和经历，但他的学历（当时仅是中专）远不符合公司要求。经理直接带他见董事长，董事长与他谈了二十多分钟，当即任命他为业务主管，具体负责模具生产经营和生产安排，第二天即到公司上班，待遇非常优厚。2004年6月，进公司不到一年的小周又被提升为负责拉丁美洲的业务主管，经常到美国、智利、澳大利亚等国洽谈业务，年薪二十余万元，公司免费提供住房一套。小周成为公司十分倚重和看好的高级管理人才。

小周的例子告诉我们，无论是在哪里，有一分耕耘，就会有一分收获。

【本节提示】

大学生毕业后将完成从学生到职业人的过渡，要尽快适应角色转换，为职业发展奠定良好的基础。一是要在心理上为进入职业角色做准备，迅速积累社会经验，尽早成熟；二是了解职业成功的因素，重视积累相关的知识与技能，培养良好的职业道德品质，尽快成为合格的职业人。

【训练与思考】

1. 为什么要进行职业生涯规划？
2. 结合自身条件，设计一份切实可行的职业生涯规划。
3. 根据角色转换规律，大学生应该如何重塑自我、主动适应社会？
4. 写一篇自传体文章，题目是《我的人生我做主》。

第八章 求职通道

◆ 学习目标 ◆

1. 了解就业形势和就业政策；
2. 正确收集就业信息，制作高质量的个人简历；
3. 理解求职过程的心理问题以及自我心理调适；
4. 掌握面试过程的礼仪和技巧。

◆ 案例导入 ◆

毕业生何飞学的是一个冷门专业，他知道自己的专业不好求职，于是，便采取“漫天求职”的办法，以为简历投递的范围越大，求职成功的可能性越大。所以，他把自己精心设计、制作的求职信和个人简历等材料复印了两百多套。然后，从网站上收集了一大批有意向的单位，并按照上面单位的地址、电话等信息写好，再是装信封、贴邮票……当投递完最后一份简历时，他心里踏实多了，认为这下可以不用担心了。

然而，一个多月之后，甲单位回信了：“对不起，本单位近期没有用人计划，你是一位优秀的毕业生，相信一定会找到满意的工作。材料退回，请查收。”乙单位则明确答复：“你的专业我们单位已不需要……”丙单位的下属单位给他发来了邀请函，可他对该单位所提供的工作条件、工作环境、薪资待遇并不满意。再往后，什么消息都没有了，两百多份求职信石沉大海，并没有达到他的预期结果。

何飞非常苦恼地到校就业办公室向老师寻求帮助。就业办公室的老师非常有耐心地为他作出指导：“你的积极性和主动精神是非常好的，但找工作一定要有明确的目标，要根据自己的实际情况和对方的需求情况有的放矢地投送简历等材料。首先，你要做的是收集就业信息；然后，才是联系单位，参加应聘等。”他按照老师的指导，重新制作了个人简历、求职信等材料。在网络收集用人需求信息的基础上，根据自己的实际情况和兴趣爱好，有选择、有重点地参加了几场招聘会，很快就收到了六家单位的面试通知。最后他参加了三家单位的面试，并与其中一家单位正式签约。

毕业生初次求职是通过自我推荐等方式完成的，而自我推荐不仅要有目标性，还得讲究一些方式和方法，有选择性地投送自荐材料或者直接上门应聘，以提高求职成功率。当然，在最初求职时，毕业生对就业市场的情况可能不是很了解，可以适当地扩大求职的范围，把“求职网”撒大一点。但是，一定要牢记，这只是一种“火力侦察”的手段，在进行一番摸底后，要及时根据自己的求职目标，有针对性地对求职信息进行分类处理、跟踪，选择重点突破方向。

本章主要介绍高校毕业生面临的就业形势、就业信息的采集、求职简历的制作、求职心理问题及自我调适、面试过程与技巧。使毕业生选择合适的就业方向、有效筛选就业信息、提高简历制作水平、掌握面试技巧、学会自我心理调适，从而在激烈的就业竞争中处于有利位置。

运筹帷幄之中，决胜千里之外。——司马迁

第一节　就业形势的分析

【导读】

2018年11月27日，教育部印发了《教育部关于做好2019届全国普通高等学校毕业生就业创业工作的通知》（以下简称《通知》）。

《通知》要求拓宽就业领域，着力促进高校毕业生多渠道就业。各地各高校要引导毕业生到基层就业，继续配合相关部门组织实施好“特岗计划”“大学生村官”“三支一扶”“大学生志愿服务西部计划”等基层就业项目；鼓励和促进高校毕业生到实体经济就业，充分发挥中小微企业吸纳毕业生就业的主渠道作用；服务国家战略开拓就业岗位，引导毕业生到重点地区、重大工程、重大项目、重要领域就业，鼓励毕业生到中西部地区、东北地区和艰苦边远地区就业创业；充分利用平台经济、众包经济、共享经济、数字经济等新业态，支持鼓励毕业生实现多元化就业。

《通知》要求推动双创升级，着力促进高校毕业生自主创业。各地各高校要全面深化高校创新创业教育改革，将创新创业教育贯穿人才培养全过程；落实完善创新创业优惠政策，进一步完善落实税费减免、创业担保贷款、创业培训补贴等优惠政策，进一步细化创新创业学分积累与转换、弹性学制管理等政策；加大创新创业场地和资金扶持力度，加强创新创业平台建设，多渠道筹措资金，支持大学生自主创业；加强创业指导与服务，建立健全各级各类大学生创业服务平台，为大学生创业提供深度服务。

《通知》提出，强化服务保障，着力提高就业创业指导服务水平。各地各高校要健全精准信息服务机制，提升毕业生就业能力，强化就业困难群体帮扶，切实保护毕业生就业权益，加快高校就业创业指导队伍建设，积极发挥高校毕业生就业状况反馈作用。

《通知》强调，加强组织领导，着力深化思想教育和宣传引导。各地各高校要强化组织领导，认真落实就业工作“一把手”工程，切实做到“机构、场地、人员、经费”四到位，深化思想教育和宣传引导，进一步加强就业工作规范管理。

（资料来源：中华人民共和国教育部．教育部关于做好2019届全国普通高等学校毕业生就业创业工作的通知［EB/OL］.（2018-11-27）［2021-02-02］.http://www.moe.gov.cn/srcsite/A15/s3265/201812/t20181205_362495.html?from=timeline.）

当前，我国就业总量压力依然很大，高校、职校扩招以来，毕业生数量猛增，每年都有几百万毕业生涌向人才市场，如2019年应届高校毕业生高达834万人，再创新高，这就使得就业问题变得复杂、突出、紧迫，在今后较长时期内，就业形势都将比较严峻。同时，就业结构性矛盾也更加突出，表现在劳动者充分就业的需求与劳动力总量过大、劳动力素质与职业要求不相适应、部分专业大学生供过于求与紧缺专业人才短缺等方面。

就业是民生之本。实施就业优先政策，实现高质量就业，这是我国转变发展方式、优化经济结构、转换增长动力的内在要求，也是解决就业结构性矛盾的重要抓手。

一、目前的就业形势

（一）严峻的就业形势

就业结构性矛盾仍然存在，具体表现为部分企业“招工难”与部分劳动者“就业难”问题并存且有常态化趋势。随着经济结构战略性调整的推进，就业结构性矛盾将会更加复杂，不论是产业转型升级，还是节能减排、淘汰落后产能等，都将对就业结构产生深刻影响。技能人才短缺问题日渐凸显，结构性失业问题也会进一步加剧。与此同时，就业总量压力依然很大，劳动力供大于求的格局并未改变。

（二）我国大学生的就业状况

近年来，绝大多数高校毕业生是在中小企业就业，在中西部就业的毕业生比重逐步提高。从专业来看，工科毕业生就业率较高，理科和文史哲类毕业生就业率较低。从毕业学校来看，重点大学就业率较高，普通本科和独立院校就业率较低，高职就业率比较稳定。值得关注的是，已就业者中，部分毕业生流动性较高。

二、我国就业发展趋势及就业展望

（一）就业发展趋势

1. 所有制结构

从所有制结构上看，国家采取鼓励、支持和引导个体及非公有制经济发展的政策，为我国非公有制经济的发展提供了很大的空间，私营、个体经济成为增加就业的重要途径。

2. 产业结构

从产业结构上看，我国产业经济发展逐步向第三产业转移，第三产业有很大的发展潜力。第三产业从业人员逐年增加，成为扩大就业的一个主要出路。除了传统的商贸服务业、餐饮业外，保洁、绿化、保安、公共设施护卫等都成了新兴的就业岗位。

3. 企业结构

从企业结构上看，中小企业和民营企业成为我国新增就业的主体。中小企业比重大，创造的最终产品和服务的价值多，提供的产品、技术、出口所占比例也不低；中小企业和民营企业为人们的日常生活提供了及时而快捷的服务，满足了人们的日常生活需要。因此，中小企业和民营企业可以为高校毕业生的职业发展提供更加广阔的空间，更利于高校毕业生发挥自己的优势，避开自己的不足。

（二）毕业生的就业政策方向

作为教育改革的重要组成部分，探索并建立一种新的就业机制，使其能够适应社会主义市场经济体制的要求，是毕业生就业制度改革的目标。市场经济的发展需要政策方针的不断完善，而就业服务、就业政策、就业法规建设、社会保障机制建设等也要同时加强。

1. 提供健全的就业服务

在国家就业方针政策的指导下，政府应加大毕业生就业宏观调控的力度，建立提供人才需求信息、就业咨询指导或职业介绍等社会中介组织，通过发布社会就业率以及国家各行业和各地区的人才需求信息等，指导毕业生作出正确的职业选择，为毕业生提供健全的就业服务。

2. 实行完全自主择业的就业方式

就业市场化是毕业生就业不可逆转的趋势。就业市场化是指由原来单一的计划派遣方式转向用人单位与毕业生之间“双向选择、供需见面”，使毕业生通过多种方式就业，如录用、聘用、自谋职业等。只有这样，才有利于人力资源配置的市场化。

3. 建立健全社会保障机制

随着国家人事制度改革的不断深化，“自主择业”“双向选择”的用人机制以及全员劳动合同制、全员聘任制的实行，劳动者从“企业人”“单位人”变为“社会人”，这就要求毕业生认识到人事代理制度完善的重要性。只有更好地完善人事代理制度，才能更有效地为这种转变提供社会保障服务。

4. 加强就业政策和就业法规建设

现在，毕业生择业期延长，就业难现象更加明显，就业市场化与保障国家重点建设单位需要之间的矛盾更加突出。上述问题的解决，要求不断加强和完善国家的就业政策。同时，稳定的毕业生就业法规可以明确就业工作的基本原则，明确劳动人事部门的职责以及用人单位、毕业生的权利和义务，使就业程序真正做到公正、公开、公平。只有通过条例法规的形式，才能更好地规范毕业生就业市场、就业行为，使得政府有法可依。

超半数大学生毕业后到中小微企业就业

麦可思研究院发布的一则报告显示，超半数受访大学生毕业后在中小微企业就业，同时越来越多的大学毕业生将中小微企业作为职业生涯发展的“首发站”。此外，在中小微企业就业的大学毕业生，就业质量连续五年提升。

这份调查数据来自麦可思研究院对2013届、2014届大学生毕业半年后社会需求与培养质量的抽样研究，以及2015届至2017届大学生毕业半年后培养质量的跟踪评价，共收集样本超过130万份。

1. 中小微企业吸纳超半数大学毕业生

调查数据显示，2017届大学毕业生就业比例最高的用人单位规模是“300人及以下规模的中小型用人单位”（55%），其中本科毕业生这一比例为51%，高职高专毕业生为60%。

调查数据还显示，越来越多的大学毕业生将中小微企业作为职业生涯发展的“首发站”。2013届至2017届本科毕业生在中小微企业就业的比例由45%上升到51%，高职高专毕业生的比例由56%上升到60%。

2. 就业质量连续五年提升

就业质量的连续提升，也是在中小微企业就业的大学毕业生共有的一大特点。

调查数据显示，在月收入方面，在中小微企业就业的2017届本科生毕业半年后的月收入为4353元，较2013届（3212元）增长了1141元；高职高专生毕业半年后的月收入为3649元，较2013届（2765元）增长了884元。

在就业满意度方面，在中小微企业就业的2017届本科生毕业半年后的就业满意度为66%，高出2013届（57%）9个百分点；高职高专生毕业半年后的就业满意度为64%，高出2013届（52%）12个百分点。

在工作与专业相关度方面，在中小微企业就业的2017届本科生毕业半年后的工作与专业相关度为70%，高出2013届（68%）2个百分点；高职高专生毕业半年后的工作与专业相关度为63%，与2013届（63%）持平。

3. 超六成在中小微企业就业的毕业生对现状满意

调查数据显示，超六成毕业三年后在中小微企业就业的2014届大学生对自己的就业现状表示满意，其中本科为67%，高职高专为63%。

在薪酬方面，毕业三年后在中小微企业就业的2014届本科生月收入为6500元，比毕业半年后（3457元）增长了3043元。毕业三年后在中小微企业就业的2014届高职高专生月收入为5420元，比毕业半年后（2996元）增长了2424元。

在职位晋升方面，超五成毕业三年后在中小微企业就业的2014届大学生获得了职位晋升，其中本科为52%，高职高专为60%；晋升类型主要是“薪资的增加”“工作职责的增加”“管理权限的扩大”。

【本节提示】

由于就业形势在不断变化，所以认真了解就业形势和相关政策，把握就业趋向，更利于求职者为自己定位。高校毕业生应当选择合适的就业方向和准确的工作目标，不再处于盲目求职的状态。

古之立大事者，不惟有超世之才，亦必有坚忍不拔之志。——苏轼

第二节　就业信息的收集

【导读】

23岁的小刘去年毕业于上海某高校经贸管理系，当年7月，他在一家公司成功应聘上“市场部经理”。第一天去上班时，公司老总让小刘这个“经理”去推销产品，美其名曰“了解市场”。

小刘说：“我在那儿干了快一个月，天天出去推销。”一名与他关系不错的员工偷偷告诉他，公司最初招聘时就是要招推销员，怕招不来人，故意说成是“市场部经理”，他这才发现上了当。

这是典型的“粉饰岗位”的招数。因为担心招不来业务员、推销员、代理员等，招聘单位就把职位“美化”成“市场部经理”“事业部总监”等，以此来诱惑大学生。当应聘成功后，招聘单位便会以“先熟悉工作”或“到一线先锻炼锻炼”为幌子，欺骗求职者继续工作下去。

目前，求职信息的主要来源有招聘会、网上求职、学校就业指导中心、报纸招聘广告以及亲戚朋友推荐五种途径。每个途径都有自己的特点和优势。

一、就业信息的主要来源

（一）招聘会

通过招聘会这种形式，可以使求职者和用人单位直接见面，相互推销自己，所以是目前求职者经常选择的求职途径。据统计，大约有20%的成功求职者是通过招聘会获得职业的。但这种形式主要适用于刚刚毕业不久的大学毕业生或对工作职位要求不太高的白领人士。

招聘会有很多种，如综合型招聘会、专场招聘会、行业招聘会、学校招聘会等。只有有选择性地参加招聘会，求职的效果才会明显。特别是专场招聘会，如师范类、综合类、医药类等；或是分行业的专场招聘会，如金融、电力、互联网技术等。

在专场招聘会上，用人单位的需求明确而集中，专业人才通过这类招聘会求职的成功率自然会更高。

学校召开的招聘会也不可以错过。一般学校召开的招聘会，不会限制外校学生入场。所以，聪明的毕业生会及时了解同类学校校内招聘会的时间、地点、招聘单位的情况，从而及早做好准备，准时前往，寻找更多的就业机会。

（二）网上求职

现在互联网的发达带动了网上求职的便捷，因此网上求职也成了求职者的必要选择。这是一种特殊的求职形式，避免了人群大范围集中和近距离接触，给天南海北的求职者提供了平等的表现机会。所以，网上求职受到了越来越多求职者的青睐。

网上求职已经大规模地推广，大部分求职者会选择网上择业，而用人单位也会通过网络进行招聘，这些大多是通过搜索职位信息和求职者的个人信息实现的。

求职者在发布相关信息时，有一些技巧可言，比如求职方向是“网页制作”，最好写成“网页（主页、网站）制作”，这样被检索到的概率就会更大一些。个人资料一定要注意详细填写工作经历和教育经历，这是招聘单位最为看重的两项内容。

网上求职时，如果要求填写薪资要求，一定要灵活处理。一味地“面议”，反倒容易失去一些招聘单位的选用。薪资是你的自信心、能力和经验的量化指标。你的“明码标价”有时更有利于招聘单位作出选择，也省去应付那些不能提供该薪资的单位与你联络的麻烦。

网上求职除了被动求职外，还可以主动求职。很多知名公司都在网上把公司简介、公司招聘情况等一一清晰地列了出来。求职者可以及时通过发邮件来投递简历或在企业网站上直接填写简历。

主动求职时，发送简历后不能空等结果，可以运用职位搜索、与用人单位联系等多种方式，增强求职针对性，增加推销自己的机会。

虽然网上求职是一种很便捷的方式，但是虚假招聘消息或虚假简历极大地挫伤了求职者或招聘单位的积极性，个人隐私问题也会给求职者带来麻烦，这些都是网上求职存在的弊端。

（三）学校就业指导中心

学校就业指导中心是毕业生与社会连接的纽带。学校的就业部门和各级主管毕业生就业工作的部门与社会各界保持着紧密的联系，每年都会在毕业工作启动前向有关用人单位征集需求信息。此外，每个学校都与很多单位建立了长期的校企合作关系，可以为毕业生提供大量的就业岗位。目前，所有高校均为毕业生建立了就业信息相关网站，用人单位的招聘需求都会及时发布在网站上。毕业生应该经常登录自己学校的就业网站，及时查看招聘信息，选择适合自己的岗位进行应聘。一般学校组织的招聘会不会要求应聘者有工作经验，求职的成功率往往比社会上举办的招聘高。

除此之外，每所学校组织的双选会也是找工作的最佳途径之一。近年来，用人单位都越来越重视校园招聘，可以说高校是可以集中挑选高素质人才的最佳场所，也是最便捷、成本最低的人才引进渠道。用人单位往往带着对学校以及对该校学生的认可而来，而且对工作经验没有要求，所以毕业生的应聘较易获得成功。

（四）报纸招聘广告

通过报纸进行求职招聘是最传统的方式，众多的求职者通过报纸上的招聘广告获得企业的招聘信息。在相当长的一段时间内，通过报纸广告应征求职仍是一种可用的择业手段和途径。

报纸招聘广告的真实性、有效性较大，因为登广告要花钱，同时广告版面大小也可以反映出企业的实力和对人才的需求程度。它的不足之处在于，如果单位好、职位好的话，竞争力也很大，几百人争抢一个职位的情况经常发生。

报纸广告当然也包括自我推销式的求职广告，也就是把自己的简历和求职信刊登在广告上，以寻求工作单位。因为这种求职方式成本较高，所以不太适合普通求职者。在报纸广告上查找招聘信息的时候，可以优先考虑专业的人才类或招聘类报纸，一些日报、晚报也有人才类或招聘类专版。

通过报纸求职往往要求求职者遵守求职程序，比如先邮寄简历，简历初审之后再通知面试等。作为求职者来说，应该严格遵守这样的程序，不要自作聪明贸然造访。遵守程序既是对用人单位的尊重，也是对自己的尊重。

（五）亲戚朋友推荐

通过亲戚朋友推荐找到工作最快、最可靠，成功率也较高。亲戚朋友的推荐分为两种情况：一种是一般员工的推荐，推荐人的表达方式很重要，如果引起人力资源部门的反感，将会造成负面的效果；另一种是有支撑力度的推荐，甚至可以影响人力资源部门的决策，如果你有类似资源，也不要轻易错过。但这种推荐有个前提，就是你必须符合该单位该职位的任用条件。

二、就业信息的筛选

一般来说，信息收集越广、求职视野越宽、信息判断和定位越准确、信息筛选质量越高，自我就业的成功率就越高。因此，鼓励毕业生主动、充分利用各种渠道和手段，广泛、全面、有效地收集各类就业信息，积极寻找就业机会。求职者拥有的就业信息越多、越有用，就越有可能找到合适的工作。求职者需要面对就业信息数量大、范围广和时效快的现实。针对一项特定的职业而言，它包含大量的相关信息，比如单位性质、工作内容、月收入、福利、工作地点、人际气氛、上班时间、考核方式、培训机会、升迁发展和领导方式等。

就业信息的收集仅仅是择业工作的第一步，收集的信息越多，机会就越多。同时，还需要对这些信息进行一番真假虚实的鉴别和筛选。只有后一项工作处理好了，真实有效的信息才会对求职活动发挥真正积极的推动作用，起到事半功倍的效果。

（一）一般原则

1. 收集讲真实

收集讲真实就是要了解信息的真实程度。各种来源的招聘信息可谓真真假假，有的求职信息纯粹是空穴来风；有的信息则仅仅是单位出于一种宣传目的，而非真心实意地想录用新人，这样的招聘广告含有大量的水分；有的则是一些单位尤其是一些非法机构发布的虚假性、欺诈性的聘用信息，它们常通过收取报名费、中介费和面试费等来达到骗取学生钱财的目的。由于信息的虚假常会导致求职者的抉择失误，甚至上当受骗，给求职过程带来不必要的麻烦和损失，因此求职者一定要对那些用人单位的信息多加了解、考察、分析和核实，尽早将值得怀疑、可信度低的信息排除在外。

2. 筛选讲时效

筛选讲时效就是要求掌握的就业信息具有时效性。一般而言，就业信息具有一定的有效期，发布信息的时间越近，越具有较高的使用价值。过时的信息常常会误导求职者的求职活动。因此，对求职者来说，及时获得新的职位信息，就会增加求职成功的概率。

3. 求职讲专职

求职讲专职就是在求职时要有的放矢，缩小范围，从所有接触的信息中找到适合自己具体情况的有限信息。求职者应当格外关注那些与自己的专业、性格、兴趣、能力和特长相符的职位信息，因为它们更适合自己的发展，成为自己未来职业的可能性更大。

（二）具体要素

对于一份职位招聘广告来说，真实性、有效性和适合性只是评判其使用价值的一般原则，优秀的用人需求信息还应当包括以下几方面的具体要素。

1. 单位情况的介绍

单位情况的介绍包括单位名称、性质以及上级主管部门，单位的发展历史、现状及远景规划，在本行业中的实力或排名等。单位的整体发展状况为应聘者提供了一个实现自我价值的大环境。对应聘者的具体要求包括：对求职者思想政治、人品修养和职业道德等内容的要求；对年龄、身高、体重、相貌和体力等生理内容的要求；对学历、专业方向、学习成绩和职业技能的要求；有的单位还可能对个人的职业兴趣、职业能力、性格和气质等心理特点提出要求。

2. 招聘职位情况的介绍

招聘职位情况的介绍包括所招聘职位的收入福利、工作地点、工作时间、工作环境和发展前途等方面的具体内容。这方面的信息与毕业生切身利益的关系最为密切，也最能够吸引他们关注的目光。毕竟，现在对该职位感兴趣的毕业生说不定就会成为该单位未来的正式员工。通过筛选和过滤，庞大而繁杂的就业信息就只剩下最重要、最有价值的部分，求职者应该立即行动，及时使用这些财富，向用人单位发出反馈，以免错失良机。

三、筛选适合自己、高质量就业信息的原则

（一）准确性和真实性

近年来，社会出现了各种营利性中介机构，它们利用一些过时的或虚假的就业信息吸引毕业生，使毕业生白费力气地到处奔波。在这方面，毕业生应该保持高度警惕，特别是要防止陷阱信息，避免自己卷入传销等恶性事件中。简而言之，毕业生必须了解信息源的准确性和真实性。

（二）实用性和针对性

毕业生首先要充分认识自己，然后根据自己的专业、特长、能力、性格等方面的综合因素整理匹配信息，避免出现收集范围过大或盲目收集信息的现象。

（三）系统性和连续性

将相关求职、就业的信息收集起来，然后进行分析、加工、整理与分类，形成能客观、系统地反映当前就业市场和就业动向的有效就业信息，为自己的择业提供真实可靠的依据。

大学生求职防骗攻略

1. 不要将个人有效证件借给他人，以防被冒用。

2. 不要将个人信息资料（如银行卡密码、住址、电话、手机等）轻易告诉他人，以防被人利用。

3. 对陌生人不可轻信，不要将钱物借出。

4. 防止以“求助”或利诱为名的诈骗行为，一旦发现可疑情形，应及时向父母、

教师或保卫处(派出所)报告。

5. 切不可轻信小广告或网上勤工助学、求职应聘等信息。

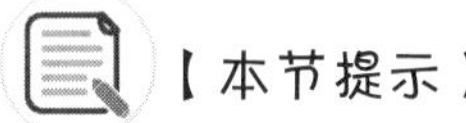

毕业生应利用各种渠道和手段，广泛、全面、有效地收集各类就业信息，并依据收集讲真实、筛选讲时效、求职讲专职的原则，对信息的真假虚实进行鉴别和筛选。一般来说，信息收集越广、求职视野越宽、信息判断和定位越准确、信息筛选质量越高，自我就业的成功率就越高。

有很多人是用青春的幸福作为成功的代价。——莫扎特

第三节　求职简历的制作

【导读】

1. 针对职位制作简历

对不同的职位，招聘单位的侧重点是不同的，一定要根据应聘职位来制作简历，才能有的放矢，充分发挥简历的作用。简历是否能吸引眼球，取决于应聘者对应聘职位的认识。招聘人员都明确了解招聘的职位，他只会注意那些看起来符合职位要求的简历。

2. 突出简历要点

应该了解招聘者的招聘重点，不要堆砌太多的章节，不要把所有次要的职责都列出，只写主要的。删除那些无用的东西，能给招聘人员留下印象的也就是两三点，太多项会超出人的记忆限制。提炼并突出这几点，更容易给人留下清晰的印象。

3. 注意简历细节

招聘人员更看重素质和态度。素质和态度往往从简历的细节处体现出来，所以大部分招聘人员会特别重视细节，往往一个错别字就会导致简历被淘汰，你可能没意识到这是个错别字。

4. 格式恰当，篇幅适宜

很多招聘人员反映，每次都会收到一些质量很差的简历，格式杂乱无章，条理不清楚。虽然简历不一定能体现出一个人的能力水平，但是因为收到的简历非常多，所以这样的简历只能淘汰。此外，招聘人员好像总是时间不够，耐心不足，第一印象不好的简历就随手放一边了。简历格式要注重条理，同时篇幅应控制在刚好满足每份 1 分钟左右的浏览。

一、简历撰写摘录

应届毕业生标准简历范文摘录

求职意向：

姓　名：xxx　　性　别：x

出生年月：xxxx 年 x 月 x 日　　健康状况：xx

学校专业：xxxx　　电子邮件：xxxx

联系手机：xxxx

工作经验：

xxxx 年 x 月至 xxxx 年 x 月　　x 公司　　x 部门

（简要描述职位及工作内容，也可描述兼职工作）

教育背景：

xxxx 年至 xxxx 年　　xxxx 大学 xxxx 专业

（根据个人情况酌情增减）

x 语：听、说、读、写能力优秀

标准测试：全国大学英语四、六级考试

计算机水平：

编程、操作应用系统、网络、数据库……（根据个人情况酌情增减）

获奖情况：

xxxx、xxxx、xxxx（根据个人情况酌情增减）

附言

（请写出你的希望或总结一句精炼的话）

例子：相信您的信任与我的实力将为我们带来共同的成功！希望我能为贵公司贡献自己的力量!

个人简历是学生用来介绍自己的学历、工作经历、技能和工作经验、成绩等情况的书面报告。那么，什么样的求职简历符合用人单位的要求呢?

个人简历的基本要求是内容简明扼要，形式直观，一般一页纸就足够了，而且要突出重点，简历中尽量不要提供与工作职责不相关的信息。

二、简历的内容结构

（一）个人基本情况

个人基本情况包括性别、出生年月、籍贯、家庭地址、政治面貌、民族和健康状况等。

（二）通信联系方式

通信联系方式包括联系电话及电子邮箱等主要联系途径。该部分内容不多，但绝对不能遗漏，它是招聘单位与求职者联系的主要途径，在简历中应重点突出这些内容。

（三）求职目标

根据招聘单位的招聘信息说明自己主要应聘什么职位，一般写上 1 至 2 个，而且这两个求职目标不要相差太远。如果你写了应聘的职位是机电技术员，同时又写了应聘业务员的职位，招聘人员会因你的目标飘忽不定而作出对你不利的决定。

（四）教育和培训背景

教育和培训背景要证明你的知识水平、所拥有的技能和能力，包括正规教育、非正规的成人教育和专业培训等。

（五）工作经历

工作经历包括实习、勤工俭学、兼职工作、志愿者和雇用型的工作等。

（六）常规性技术和技能

常规性技术和技能包括电脑技能、语言技能、沟通能力、交际能力和团队精神等。

（七）专业技能

一般列举与应聘职务有直接联系的所学专业。

（八）奖励记录

奖励记录包括各级各类的奖励记录，应附复印件。

（九）自我评价

在简历的结尾留出一格，用一两百字写一份个人鉴定。职业生涯规划前，不仅要对个体的内在素质，比如知识结构、能力倾向、性格特征、职业喜好等进行全面测评，也要对个体外部的职业环境和职业发展的资源等进行系统评估。

三、简历的格式规范

（一）按简历形式划分

个人简历是一份描述自己过去的、完整的、正式的总结性报告，同时也是毕业生推销自己的广告。简历是求职人员必备的一份资料，应通过简历来完整、清楚地展现自己。简历按形式可以分为表格式、册子式和文章记述式。

1. 表格式

这种格式综述了多种资料，易于阅读，通常适用于年轻、缺乏工作经历但具有所学课程、课外活动、业余爱好、实习工作、校外兼职经验等背景的大学毕业生求职使用。因为资历尚浅的应聘者必须显示各种不同的资料，他们不深的资历很少需要分析和说明。

2. 册子式

做简历时，用多页的半文章式的活页格式组成履历。一般来说，这种简历可以有 4 页、8 页，甚至更多。这种格式的优点是能在小册子简历中容纳一份分别打印、专门设计的求职信，将求职信和个人简历合为一体。

3. 文章记述式

这种格式可以用较少的资料表格、较长的资料文字记载，表格的数量和文字记载的长度也可以变化。它特别适合年长的和资历丰富的应聘者，因为通过这种形式的简历，可以展现他们的科研成果、主持某项工程的工作经验或在某项工作上的专长，更能引起用人单位的重视。当然，太多的叙述有时会影响简历的目的，这是使用这种方法制作简历时需要注意的。

（二）按简历内容划分

简历按表达内容可分为时序式、功能式和设计式。

1. 时序式

时序式简历即按照时间顺序来排列个人受教育经历、工作经历以及其他个人资料的简历。这是一种最常用的简历表，这种简历的优点是简洁、清晰，比较受广大用人单位招聘人员的喜欢，但这种时序式简历并不一定对应聘者有利，尤其是应聘者最近从事的工作并不能给人留下较深刻的印象时。

2. 功能式

功能式简历只强调曾经工作的种类（功能），而不含任何特别的时间顺序。这种简历的主要优点是突出自己的实际成就，引起招聘者的注意；缺点是招聘者不得不排出他们自己推算的时间顺序。这种简历一般适合那些已有一定工作经验的应聘者，不太适合刚刚毕业的学生。

3. 设计式

艺术界、广告界、宣传界和其他设计创造类型领域里的应聘者在准备简历时往往会打破标准的简历格式。设计式简历必须运用想象力，当设计式简历寄给其应聘单位时，这种简历可以有力地证明应聘者所富有的想象力和创造性。设计式简历一般只运用于创造性行业，要避免在银行业、商业、交通运输业和制造业等行业中运用。

【拓展阅读】

“一页简历”，够了吗

小亮毕业于新闻学院，他的求职目标是新闻媒体。与别人不同的是，他的简历永远不是一页，而是一本。除了个人的基本情况、实践经历、获得荣誉等常规项目外，他还会附上自己在报社实习期间发表的作品。由于作品有一百多篇，所以他的简历最厚时就像一本书。小亮认为，厚的简历才能反映出自己的成果和做事的态度。

一位人力资源经理的意见可能颇有代表性：“我们都喜欢简练的一页简历，这也是大多数知名企业的招聘官的普遍看法。”但对于某些注重实际经验和表达创意的行业，也可以多附些自己的作品。

【本节提示】

简历可以反映出一个人的基本态度，也是毕业生在求职路上的敲门砖。求职者应当完善个人的基本信息，规划自己的目标方向，提高自己简历制作的水平。优秀的简历永远是打开企业之门的金钥匙。

一分钟的成功，付出的代价却是好些年的失败。——勃朗宁

第四节　求职心理问题及自我调适

【导读】

毕业生小陈学习成绩和其他方面条件都不错，在就业的初期满怀信心。但由于所学专业冷门等原因，小陈在求职过程中面试了几家单位都碰了壁，结果产生了自卑感。在后来的择业过程中表现越来越差，陷入恶性循环，以至于到了新的用人单位那里，只能被动地问人家"学某某专业的要不要"，其他什么话都不敢讲，最终未能找到就业单位。

小陈的失败是由于自卑心理在作怪。在择业遭受挫折后，小陈从此一蹶不振，对自己的评价过低，丧失了应有的自信心。择业时，小陈缺乏主动争取和利用机遇的心理准备，不敢主动、大胆地与用人单位交谈，也就不能很好地表达自己。越是躲躲闪闪、畏缩，越不容易获得用人单位的好感，这种心理严重妨碍了一部分毕业生正常的就业竞争。

一、大学生择业中常见的心理问题

一般来说，大学毕业生择业时会出现以下心理问题。

（一）就业焦虑

就业焦虑是指毕业生在择业过程中表现出来的焦虑、不安等情绪。大学毕业的双向选择制度使当代大学生择业呈现多元化的趋势，在拓宽大学生职业选择面的同时，也增加了大学毕业生择业的责任和心理压力。有的学生面对用人单位严格的录用程序（如笔试、面试、心理测试）而感到胆战心惊，有的因性别、学历层次等限制因素而不敢大胆求职，有的因自己学习成绩不佳而烦恼，有的因自己能力低而紧张焦虑。

许多毕业生在择业过程中希望自己可以谋求到理想职业，但是又怕自己会被拒绝，还有的担心自己择业失误而终身遗憾，对自己未来的职业规划感到迷茫，没有方向感。因此，他们对就业产生了各种不必要的担心，以致造成精神上的严重焦虑

和紧张。毕业前，他们会出现过度焦虑，如果不能在一定时间内化解，则会严重影响学生主观能动性的发挥，影响学生的身心健康，将给求职带来不必要的困难，甚至造成择业失败。

（二）自卑心理

自卑心理是指认为自己各方面都不如人，低估自己的实际能力。综合表现为对自己的能力、品质评价过低，甚至可能伴有一些特殊的情绪表现，如害羞、不安、失望等。在择业过程中，有自卑心理的毕业生主要表现为不相信自己、缺乏自信心、缺乏勇气、不敢竞争等。

自卑心理不仅使一些毕业生消极失望，而且有碍于其本身才智和能力的正常发挥。大学生产生自卑心理一般有以下几种情况：第一，某些冷门专业的学生看到就业市场中对自己专业的需求少、待遇相对不高或在求职中多次遭到拒绝，就容易消极失望；第二，一些不善言辞、比较内向的大学生看到其他应聘者口若悬河，而自己什么也说不出来，从而产生消极情绪；第三，在校表现和成绩并不突出的大学生看到别人的简历上奖励、证书、成果一大堆，自己什么也没有，也容易自我评价过低。

（三）自负心理

自负心理是指不能正确估计自己而产生的一种心理现象。自负心理在部分毕业生身上表现比较突出。部分毕业生过高地估计个人的能力，自认为高人一等，缺乏对自己的正确评估。有的认为自己已经学了很多知识，各方面条件也不错，肯定会被好的单位选中；有的认为自己接受了高等教育，择业中应该高于其他社会成员。在自负心理的影响下，他们在求职中总是好高骛远，看不上这个单位，瞧不起那种职业，在自己的择业目标与现实求职中产生了很大的差距。

部分毕业生的就业期望值过高，就业目标锁定在大城市、大企业、高地位、高层次、高报酬的工作，不愿意去小企业、偏远地区和广大农村就业。有的毕业生倘若不能如愿，情绪就会一落千丈，从而产生失落、烦躁、抑郁等心理。

自卑与自负是毕业生择业中常见的心理问题，在择业中出现这种问题的原因是对自己缺乏正确客观的评价，同时对职业缺乏深入的认识。在择业过程中，自卑与自负时常存在交织现象，如一些大学生在求职比较顺利时容易自负，一旦出现挫折就会转变为自卑；一些大学生虽然对自身条件比较自卑，但是真正遇到用人单位时却表现得很自大，对薪资待遇要求很高。

（四）依赖心理

依赖心理是指在就业中不愿主动求职，缺乏独立意识，没有个人独立的选择和作决策的能力，只是依赖父母、教师或学校。一些毕业生自己不去找工作，只等着父母或亲戚朋友出面四处奔波，到处找关系和托人情，甚至还怀恋过去那种统包统分的制度，希望学校解决就业问题。当别人为自己找的工作不合心意时，就抱怨父母或学校。还有不少毕业生由家长陪着参加招聘会，职业的好坏完全由父母决定，缺乏自我独立的择业能力。

（五）从众心理

从众心理即指个人受到外界人群行为的影响，在自己的知觉、判断、认识上表现出符合公众舆论或多数人的行为方式。

一些毕业生在择业中往往会出现从众心理，具体表现是在求职中缺乏择业的主动性，不考虑自己的兴趣、特长、专业优势等特点，盲目听从或跟随别人的意见，盲目寻求热门职业。有这种心理的毕业生往往不是根据自己的实际情况，而是跟在别人后面投递简历和求职。

（六）怕吃苦心理

目前，在毕业生求职过程中，普遍存在攀高心理，选择理想职业的标准是三高，即起点高、薪资高、职位高。起点高是要求工作环境好，又有发展前途，最好是弹性坐班的单位；薪资高是注重经济收入，追求高水平的生活；职位高是要求社会地位高，最好是国家机关单位、大公司、大企业。

有些毕业生所选择的工作要求满足“六点”，即名声好、牌子响、工作轻、离家近、效益高、管理松，这是典型的贪图享受怕吃苦的表现。在这种怕吃苦心理的驱使下，毕业生职业选择面就很窄，最终形成千军万马过独木桥的局面。学校一宣布某名企招聘员工，几个名额能有几百人参加；而一些国家需要但不能满足以上条件的单位求贤若渴却无人问津。这种局面的直接后果是增加了毕业生求职的失败率和困难性，有些毕业生长时间找不到工作就是因为死守这“六点”。怕吃苦心理严重影响了毕业生择业的成功率，因此毕业生在求职前就应该克服怕吃苦心理。

（七）消极等待心理

有些毕业生就业意识比较淡薄，对职业的选择缺乏明确的思考，缺乏竞争意识，平时也不参加招聘会，有单位来了就看看，如果不满意就等下去，满意时也不主动争取，期待着有单位会主动邀请。还有些毕业生“这山望着那山高”，不肯轻易就业，明明已经找到工作，但迟迟不肯签约，总希望会遇到更好的单位。

（八）挫折心理

挫折心理一方面与学校缺乏社会实践活动有关，另一方面与许多学生害怕失败的心理有关。比如一些毕业生在择业过程中只找那些把握大的职业，而对竞争强的职业不敢问津，害怕求职失败遭受挫折。不少毕业生只想一次性求职成功，一旦在求职过程中遭受挫折，就会一蹶不振，陷入苦闷、焦虑、失望的情绪之中。他们对求职过程中的挫折，既缺乏正确的评估，又缺乏相应的承受能力，不能及时调整心态，也不会总结求职过程中的经验和教训。

二、大学生择业心理问题产生的原因

导致大学生择业心理问题产生的原因很多，综合起来可以概括为自身因素、社会因素和家庭因素。

（一）自身因素

1. 自我认知不准确，择业目标定位出现偏差

有些毕业生缺乏正确的自我认识，对自己的各方面特点缺乏清晰的判断，在择业过程中对自己的职业目标定位不准。在择业过程中，过分地重视物质条件和薪资待遇而忽视自身的特点和目标的长远发展，结果导致择业目标与自身条件差距过大而出现困难，同时难以及时有效地调整心态，甚至出现精神过度紧张、情绪异常沮丧，进而形成巨大的心理压力，产生各种心理问题。

2. 对就业形势缺乏分析，择业目标脱离现实

部分毕业生对就业形势缺乏客观准确的分析，择业时缺乏理性思考，抱有侥幸心理，期望值居高不下，择业目标与现实产生巨大的差距；择业时存在过分重视大单位、大企业而轻视小单位、小企业的现象，对于人才匮乏的边远贫困地区和地方基层岗位工作不屑一顾。这样，缩小了个人的就业面，容易导致就业失败，进而在就业过程中出现心理问题。

3. 自身素质较差

毕业生的自身素质既包括文化专业素质，又包括心理素质。有的毕业生在大学期间没有好好地利用学习资源，导致自身具有的文化专业知识不能满足市场的需求。在心理素质方面，毕业生一般为初次择业，缺少心理调整技巧，心理承受能力较弱，难以正确地调节在择业过程中遇到的问题和挫折。除此之外，毕业生初入社会，缺乏处理事情的经验和能力，对自身缺少客观的分析，择业过程中往往具有很强的盲目性，这也导致毕业生出现自负、自卑等不良心理状态。

4. 存在一定的人格问题

大学生择业心理问题的产生与其人格特点息息相关。人格特点是个体多年来家庭影响、学校教育、社会人际关系的交互作用及其个人特质有机结合的产物。大学生在择业中表现出的信心缺乏、过度依赖、自卑怯懦、怀疑偏执等心理状态，是其多年来形成的人格特点在就业过程中的具体体现。当这些大学生进行正常学习、生活等活动时，这些人格特点表现得还不十分明显，但当遇到就业这个重大特定事件产生的压力时，他们的人格特点就全被放大，各种各样的择业心理问题也会伴随出现。

（二）社会因素

1. 供需矛盾不断扩大，就业竞争愈加激烈

大学每年在扩招而就业岗位却没有相应的增多，导致扩招剧增的大学毕业生与就业岗位无法维持平衡。因此，就业的供需矛盾不断扩大，就业竞争日趋激烈，毕业生自然而然地产生越来越大的心理压力，从而出现各种心理问题。

2. 大学毕业生结构性矛盾依然存在

近年来，尽管国家和各个高校在化解大学毕业生结构性矛盾上作出了较大的努力，但矛盾仍然无法彻底消除。如大学毕业生的知识结构、能力水平与社会需求之间仍然存在一定的差距，西部生源不足和东部生源过剩矛盾仍没有得到有效化解，用人单位热衷追求重点大学毕业生的现象依然存在等。这些矛盾会加剧大学毕业生就业形势的严峻性，从而导致其各种心理问题的出现。

（三）家庭因素

家庭的经济状态、家长的价值观、家长的教育观念等，在无形中直接或间接地影响到大学生的择业观。目前，我国的家庭普遍对孩子的期望值较大，家长把自己的希望寄托在子女身上，企图通过上大学的子女来改变家庭的状况，有些家长甚至将自己没有实现的人生理想强行施加在下一代身上。这使得大学生背负着很大的就业压力，担心自己找不到令家人满意的好工作。有些家长在子女择业时，过分强调工作的收入和稳定性，往往没有考虑子女的主观愿望、个性特点、能力特长等，从而导致大学生偏离了自己所喜爱的职业和发展方向。这无形中让大学生背上了沉重的包袱，在很大程度上影响了大学生的就业心理。

三、大学生择业心理问题的自我调适

大学毕业生要通过自我心理调适，培养良好的心理素质，积极应对在择业过程中可能出现的心理问题，并争取成功就业。

（一）树立科学的择业观和职业价值观

就业市场化、自主择业的方式给大学生带来了许多机遇，但仍有部分毕业生对残酷的就业市场认识不足，对就业市场的实际情况了解不够。在择业过程中，通过对就业市场、就业形势的情况进行深入了解与深刻体验后，毕业生必须学会面对现实和接受现实，必须明白现实社会的情况就是如此，不管是抱怨还是气愤都没有用，就业情况不可能在短时间内就能改变。与其成天怨天尤人，浪费了时间，影响了自己心情，还不如勇敢地面对和接受当前所面临的现实，脚踏实地地寻求解决问题的好办法。

就业市场上的用人单位招不到人、许多毕业生找不到工作的现象仍然客观存

在，这是因为大学生的就业期望值普遍较高。因此，毕业生要根据自己的实际情况和就业形势，树立科学的择业观，适当调整自己的就业期望值。调整就业期望值是要在职业生涯规划和职业发展观念的基础上，确定自己的人生轨迹。有一种说法是“求其上，得其中；求其中，得其下；求其下，无所得”，意思是说对事情的期望值不要太高，因为事情的结果通常和所期望的目标有一定的差距，要有从最坏处着想、向最好处努力的思想准备。树立一种长远的职业发展观，摒弃那种择业就是“一次到位”、要求职业绝对安稳的观念。大学毕业生刚刚走出校门，虽然具备了一定的知识技能，但人生经历、社会经验还欠缺，无法获得一个十分理想的职业。所以，可以采取“先就业，后择业，再创业”的办法。也就是说，在择业时不要期望过高，先选择一个职业，在工作中不断提高自己的社会生存能力，积累实践经验，然后再凭借自己的经验和实际努力逐步实现自我价值。

随着现代社会的发展，对大学生来说，职业存在的意义已经不是仅仅满足个人的生存需要，职业可以从低层次到高层次等多方面满足人们的需要。大学毕业生要充分认识到职业对个人职业发展、社会进步所起到的重要作用，在择业时要将目光放得长远一些，建立整个人生的职业生涯目标。在择业时不能单纯考虑经济收入、工作条件、地点等现实因素，还要考虑职业对个人生涯发展的影响与作用，更应着重考虑职业能否实现个人价值。因此，通过对社会需要的考察，重建自我职业发展、获得事业成功的职业价值观。对于那些现在经济发展水平不太高，但发展潜力大、创业机会多的企业单位也要重视。总之，盲目地选择一些表面上看来不错但不适合自己、自己才能不能得到有效发挥的单位，最终的结果会使自己后悔。大学毕业生要建立适应当前市场经济发展现状、符合人才需求规律的职业价值观，指导自己正确择业。

（二）准确自我定位，积极把握机遇

大学生就业中出现的许多心理问题与大学生不能正确认识自我有关，因此，准确地认识自我的职业心理特点并接受自我是调节就业心理必不可少的途径，可以帮助自己找到合适的职业方向。要客观、正确地认识自己德、智、体等诸多方面的情况，对自己的优点、缺点、性格、兴趣、特长等具备深刻的认识，知道自己喜欢什么样的职业、需要什么样的职业、自己的择业标准以及自己目前所能从事什么样的工作。许多毕业生参加求职活动后，发现自己的能力和水平与自己预想的相差较大，从而容易出现各种失望、悲观、不满等情绪。因此，在认识自我特点后，还要接受自我，要勇敢地面对当前存在的问题，不能以消极等待的心态来面对。因为当前自身的特点是客观现实，在毕业期间要有大的改变是不可能的，必须要承认自己的现状，学会扬长避短。更重要的是用发展的观点看待自己，要知道有些缺点并不可怕，可以先就业，然后在工作岗位上不断发展自己。

大学生就业中的机遇因素也是非常重要的，因此了解并接受职业以后，还要学会抓住属于自己的机遇，这样才能保证以后的求职顺利。首先，必须要多收集相关的职业信息，多参加一些招聘会，并根据已定的择业标准进行选择；其次，一个工作的好与不好、适合与不适合是相对的，不能盲目选择，要时时记住，只有适合自己的才是最好的；最后，要注意机遇的时效性，在发现就业机会时要主动出击，不能犹豫，也不要害怕失败，要有敢试敢闯的精神。

（三）增强心理承受能力，勇敢面对就业挫折

面对竞争激烈的就业市场，大学生在求职过程中总会遇到许多困难、挫折，比如有些专业区分“热门”与“冷门”、女生求职时出现性别歧视等问题。面对这些问题，要学会调整心态，用冷静和坦然的态度面对，客观地分析自己失败的原因，进行正确的归因，提高自己对各种突发事件的心理承受能力。

首先，在就业形势不佳、就业竞争激烈的情况下，出现求职失败是在所难免的，不能期望自己每次求职都能成功，要做到有充分的心理准备来面对可能出现的求职挫折；其次，应把求职过程看作一个重新认识自我、认识社会、认识职业生活、适应社会的过程，通过求职活动发展自己，促进自我成熟；最后，求职失败并不意味着自己的能力不行，实际上每个大学生都有自身的优势，出现求职失败有多方面原因，可能与你选择求职单位的方向、单位的企业文化、个人价值观等方面有关，还可能存在一些其他偶然因素。总之，要正确分析自己失败的原因，调整自己的求职策略，多接受困难的磨炼，增强自己的心理调节与承受能力，以便在下次求职中取得成功，这对今后的职业生活也非常有意义。

（四）做好就业技能准备，增强就业竞争实力

从进入校门开始，大学生就要自觉把自己的专业学习与职业发展联系起来，认真学习，建立合理的知识结构，掌握扎实的专业理论知识，培养自己的实践操作能力、科学思维能力、组织协调能力等。只有如此，才能在激烈的就业竞争中具有优势。

焦虑感及其调适

有的同学面对用人单位复杂的录用程序感到心惊胆战，有的对自己向往的单位严格的录用条件失去了信心，有的因学习成绩不好而烦恼，有的因自己能力低而紧张，还有的女生怕性别歧视带来求职困难。

没有社会经验的大学生面对择业这一重大人生课题时，产生焦虑情绪是正常现象。一般来说，适度的焦虑可以产生压力，这种压力是对自己惰性的进攻，可以增强人的进取心。但是心理上过度焦虑、沮丧、不安，自己又不能在一定时间内化解这些情绪，就会产生心理障碍或心理疾病，会严重影响主观能动性的发挥，埋没潜能和才华，给就业带来不必要的困难，影响择业进程，造成择业失败。

克服焦虑心理，关键是要更新观念，打破中国传统的事事求稳、求顺的思想，树立市场竞争的新观念。市场经济是竞争经济，生活在市场经济中，竞争是伴随一生的。大学生求职过程就是竞争过程，有竞争必定有风险和失败，确立了竞争意识，不怕风险和挫折，必定能克服或缓解焦虑心理。当然，还应克服求职心切、急于求成的思想，客观地分析自己，合理地设计求职目标，尽量减少挫折，增强求职勇气，缓解焦虑情绪。

【本节提示】

从生活到工作，每次面对的机会都是对我们心理方面的挑战，焦虑、依赖、消极、自卑、自负、从众等各种心理问题都会影响我们的选择。分析择业心理问题产生的原因，调整自己的心理，正确地认识自我，选择适当的调整方式，学会自我调适，让自己变得阳光、自信，充满正能量，从而在激烈的就业竞争中占据有利的位置。

一个不注意小事情的人，永远不会成功大事业。——卡耐基

第五节　面试过程和技巧

【导读】

一个商务管理专业的应届毕业生去应聘某公司的市场部企划专员，面试官包括人力资源部经理和市场部经理。这个毕业生可能会被问到的问题有以下几个。

（1）请用 1 分钟时间做个简单的自我介绍。

（2）关于大学生活的问题：请问你的成绩在班上处于什么位置？请问你最喜欢什么课程？为什么？请问你参加过哪些社会活动，你认为这些活动的意义是什么？请列举一个你参与策划组织的活动，你在这个活动中扮演什么角色，当时要完成什么任务，你采取了什么行动，最后的结果如何？

（3）关于职位方面的问题：你认为企划专员的主要工作内容是什么？请问你对我们公司了解多少？请问你如何看待某行业的市场竞争状态？

（4）你希望自己 3 至 5 年后做什么？

（5）你期望的收入是多少？

（6）请问你有没有什么问题要问？

另外，还有可能问到一些专业上的问题：什么是市场营销？什么是管理？请列出一个案例并进行分析或请你做一个市场策划方案。

面试是一个由规则控制的社会性的相互行为，它意味着将彼此相反的角色分配给应聘者和招聘者双方，并且由面试官控制局面和提出问题，应聘者回答提问。

面试官有权决定面试结果，他们可能直接给你答复，也可能事后再通知你面试结果。因此，对于应聘者来说，面试很有压力。

一、用人单位面试的目的

在面试中，用人单位为了进一步了解你，会使用一系列技巧。他们想知道以下问题的答案：你能胜任这份工作吗？你适合招聘部门和职位吗？你会热情主动地

工作吗?

你的工作能力虽然是一个很重要的标准,但它只是众多标准中的一方面。重点是你是否适应用人单位,是否服从管理。许多用人单位在招聘广告中明确提出招聘人才的专业技能、个人素质或能力,所以了解用人单位的需求是面试有效准备的基础。

二、面试的结果

面试是双向的,用人单位有权决定是否让你从事这份工作,许多毕业生对应聘的工作也有自己的选择。面试就是你有机会考虑自己期望的工作,然后再考虑他们提供的工作是否与你的期望一致。

了解自己想从面试中得到什么样的结果很重要。第一次参加面试就通过的概率很小,面试也是需要学习的,每次面试后都要去分析面试失败或成功的原因,不断地在面试的实践中积累经验。

三、面试技巧

(一)准备阶段

1. 问清楚应聘公司的名称、职位、面试地点和时间等基本问题

最好顺便问一下公司的网址、通知人的姓名和面试官的职位等信息。最后,别忘了道谢。这里提醒大家,尽量按要求的时间去面试,因为很多企业都是统一面试,如果错过时间可能就错失了机会。

2. 提前了解应聘公司的背景和应聘职位的情况

应聘公司的背景包括企业所属行业、产品、项目、发展沿革、组织结构、企业文化、薪酬水平、员工稳定性、关键事件等,了解得越全面、深入,面试的成功率就越高,同时也有助于企业的判断。

应聘职位的情况包括职位名称、工作内容和任职要求等,这一点非常重要。同一个职位名称,各家企业的要求不尽相同,了解得越多,面试的针对性就越强。可以在亲友和人脉圈(包括猎头)中搜索一下有没有熟悉、了解这家企业的,他们的感受和信息无疑具有非常重要的参考价值。

(二)面试阶段

一次好的面试总是组织有序的,所有问题都与工作和个人素质联系紧密。以下是面试中经常涉及的问题。

1. 自我介绍

面试官经常问以下问题:请简单介绍一下你自己,你是什么样的人,请用三个

词汇介绍一下你自己。

2. 实践经历

关于实践经历的问题具体包括：你参加过哪些社会实践活动？你在实践活动中的主要职责是什么？你觉得你完成的最难的工作是什么？

3. 就业方向

你将会被问到怎样规划自己的职业生涯以及对这个职位是否特别感兴趣。具体包括：你为什么想得到这份工作？这份工作究竟有什么地方吸引你？在这一领域，你还应聘过其他工作吗？你还向哪家公司提交过求职申请？你申请过与这个工作不同的工作吗？

4. 对用人单位的了解

关于对用人单位的了解的问题具体包括：你对我们单位了解多少？我们单位有哪些产品或服务？你认为我们单位面临的关键问题是什么？

5. 把握提问的机会

这同样是面试官对你评价的一部分。你应该抓住机遇，不仅要收集相关信息，还要进一步给人留下好印象。聪明的提问可以帮助你在面试中取胜，因此一定要提前准备好一些适当的问题，具体包括以下几点：表现出对所申请工作或部门有更多的了解，表现出对所申请的单位的产品或服务感兴趣，询问自己应聘职位的职业阶梯发展计划。

（三）结束阶段

多数面试官很有时间观念。你要尊重这一点，要对面试官的结束信号迅速作出反应。面试官会告诉你何时能获知面试的结果。

四、面试问题的解析

面试的形式多种多样，有一对一、多对一、一对多、多对多的形式，也有小组讨论、情景模拟游戏等其他丰富的形式。无论面试的形式是什么样的，都是围绕考核应聘者的职业素质和综合能力是否胜任招聘岗位而展开的。

（一）毕业生的基本情况

这部分内容可以提前准备好，针对应聘的岗位和自己的优势进行准备，要重点突出，条理分明。

提问的方式有：请你用 1 至 3 分钟的时间简单介绍一下自己。一般招聘应届毕业生时，安排的面试比较集中，很多时候面试官问这样的问题是为了了解应聘者的基本情况，或者趁应聘者介绍的时候可以浏览简历，以便更进一步提问，同时考察应聘者的表达能力。

（二）根据基本情况进行深入提问

主要内容涉及学习成绩、社会实践、兼职实习等，并且可能会要求举出实际例子来说明应聘者谈到的活动或能力。面试官主要希望从应聘者的过往经历和表达中发现应聘者的优缺点，考察应聘者的逻辑思维能力、团队合作能力等基本素质。应聘者在回答时应该以事实为依据，前后一致，逻辑严密，表达清晰。

（三）求职目标及对所应聘单位的了解情况

面试官问这方面的问题主要是希望了解应聘者希望工作的岗位、地点、应聘原因以及对所应聘单位和岗位的熟悉程度。应聘者提前做好充分准备，对所应聘的单位和职位了解得越深入越好，如果被录用，工作的适应力就越强。

（四）对个人未来职业发展的规划

一般单位到大学招聘应届毕业生是希望培养一些后备骨干，希望他们有比较长远的工作和发展打算。应聘者应该对自己三五年之后做什么有一个比较清晰的认识，并有一个比较长远的职业生涯规划。

（五）对薪酬的期望

一方面，面试官通过这个问题了解应聘者的薪酬期望是否与公司可提供的标准吻合；另一方面，也想了解应聘者对自己的定位和对所应聘岗位的了解程度。应聘者没有什么不好意思，也不必过于谦虚，最好根据当地市场行情来回答。如果自己足够优秀，可以比市场行情略高一些。

这些问题你招架得住吗

1. 请你用1分钟介绍自己

出色的求职者都能在1分钟内把自己推销出去。所以，这1分钟大家必须好好把握，不能浪费表现自己的机会。对于应届毕业生来说，如果自己的社会经验不足，那么就可以说一说自己的个人情况，比如姓名、来自哪里、读什么专业、取得什么样的成绩、考取了什么证书等，让面试官听完以后觉得你这个人学习能力较强、有上进心就可以了。

2. 你有什么缺点

在回答这个问题的时候，一定要深思熟虑，不能直接把明显的缺点暴露给面试官，但是也不能夸大自己的能力，把自己说成一个只有优点没有缺点的人。聪明的求职者会避重就轻地坦诚说出自己的一些缺点，对于你的坦诚，其实面试官也是看在眼里的！

3. 你可以接受加班吗

面对这个问题，最好的回答就是你可以接受加班。其实，有时候面试官问你这个问题并不是公司真的需要天天加班，而是看你有没有吃苦耐劳的精神。如果你这时候否定回答，那么不好意思，你就被淘汰了。

4. 你没有工作经验，说说你能胜任这份工作的理由

应届毕业生没有工作经验是很正常的，所以在回答这个问题的时候可以适当地谈一谈自己对这个行业的一些了解，让面试官感到你对这个行业感兴趣。另外，你要把自己在学校学到的相关技能列举出来，并且说明你愿意不断学习、不断进步。

5. 你对薪资有什么要求

对应届毕业生来说，对薪资不能有太高要求，只要面试官给出的薪资合情合理就可以了。但是你可以提出，实习期结束后希望可以根据自己的能力提高薪资。

6. 你的家庭情况是什么样的

面试官问你这个问题其实就是想了解一下应聘者的性格、价值观、成长环境等。聪明的人是会强调自己家庭和睦，父母非常重视自己的教育，注重培养自己的责任感。也可以说说自己想回报父母，对父母的感激之情。没有人不喜欢一个有责任心、懂得感恩的人。

【本节提示】

在面试官的构成中，一般有人事主管、所招聘岗位的直接主管，有的最后需要公司的总经理亲自面试。除了以上内容外，在面试中还会涉及一些与应聘岗位有关的专业知识，并且一般由直接主管来提问，这部分内容就看应聘者的基本功和专业能力了，面试前要准备一些与应聘岗位有关的专业知识。

【训练与思考】

1. 收集就业信息的方式有哪些？
2. 大学毕业生在择业中出现心理问题的主要原因是什么？如何进行自我调适？
3. 简述求职礼仪需要注意哪些方面。
4. 简述面试需要注意的问题和基本的交流技巧。
5. 模拟一场面试过程。

第九章
就业与就业权益

◆ 学习目标 ◆

1. 了解上海市高校毕业生就业手续的办理；
2. 理解就业协议和劳动合同的作用及有关法律效力；
3. 熟悉劳动争议的处理程序，预防就业陷阱。

◆ 案例导入 ◆

北京某大学硕士毕业生李某，在2006年毕业前与一所高校签订了由教育部统一印制的《全国普通高等学校毕业生就业协议书》(以下简称《就业协议书》)，高校人事处在《就业协议书》上签署了意见并加盖了人事处印章。但李某毕业后到该校报到时，却被告知要与自负盈亏的后勤集团签订劳动合同。后勤集团的劳动合同规定，李某的服务期限为3年，如果未满3年辞职，必须支付1万元违约金。此外，劳动合同对工资的规定也比《就业协议书》的约定少。

尽管劳动合同改变了《就业协议书》的约定，但李某还是无奈地在劳动合同上签了字。《就业协议书》的法律效力如何?《就业协议书》和劳动合同哪个管用?

当《就业协议书》与劳动合同约定的内容发生冲突时，大学毕业生应与用人单位在协商的基础上调解冲突。如果协商不成，导致双方不能签订劳动合同，大学毕业生不能按时、正常到用人单位工作，可以依据《就业协议书》的约定向用人单位追究相应的违约责任。

该案例中，用人单位在与李某签订了《就业协议书》后，又要李某与后勤集团签订劳动合同，这就违反了《就业协议书》，因为不能由单方面改变用人单位。李某最后与后勤集团签订了劳动合同，就视为双方协商变更了用人单位，所签订的劳动合同生效，《就业协议书》因此失去了法律效力。

至于案例中的工资问题，则是李某认识上的错误。一般情况下，用人单位与大学毕业生约定的工资待遇为工资总额，应从中扣除应缴纳的社会保险费及个人所得税。所以，个人的实际工资一般低于约定的工资。

本章主要介绍高校毕业生就业的有关政策法规和办理手续、《就业协议书》与劳动合同的签订、劳动争议的处理，使毕业生能够有效自我保护、避免就业误区、防范就业陷阱，为今后的就业、工作、生活规划出一条合理的路线。

人所缺乏的不是才干而是志向，不是成功的能力而是勤劳的意志。——部尔卫

第一节　就业引导

【导读】

华中科技大学校长李元元对毕业生的寄语是："面对一个个困难，你们一定要坚信办法总比困难多，凭借自己的意志、智慧和奋斗，一定能在危机中育新机、于变局中开新局，迎来'柳暗花明又一村'！"

一、毕业生的相关概念

（一）毕业生

毕业生是指在学校规定年限内，修完教育教学计划规定的内容，德、智、体、美、劳已达到毕业要求，准予毕业，由学校发给毕业证书的学生。国家和上海市有关政策中提到的"毕业生"，一般特指列入国家统一招生计划、培养方式为"非定向"的普通高等学校、科研机构、中等专业学校的毕业生。定向、委培、成人教育、自学考试、远程教育等其他培养方式的毕业生以及留学归国人员按有关政策执行。

（二）结业生和肄业生

结业生是指在学校规定年限内，修完教育教学计划规定的内容，未达到毕业要求，准予结业，由学校发给结业证书的学生，结业后是否可以补考或重修、是否补毕业设计、论文和答辩以及是否颁发毕业证书，由学校统一规定。对合格后颁发的毕业证书，毕业时间要按发证日期填写。肄业生是指学满一学年以上退学的学生，学校应当颁发肄业证书。

（三）试用期

试用期是指用人单位与毕业生在劳动合同中约定的相互适应的时间阶段。《中华人民共和国劳动合同法》（以下简称《劳动合同法》）第十九条规定：劳动合同期限三个月以上不满一年的，试用期不得超过一个月；劳动合同期限一年以上不满三年的，试用期不得超过二个月；三年以上固定期限和无固定期限的劳动合同，试用期不得超

过六个月。同一用人单位与同一劳动者只能约定一次试用期。以完成一定工作任务为期限的劳动合同或者劳动合同期限不满三个月的，不得约定试用期。试用期包含在劳动合同期限内。劳动合同仅约定试用期的，试用期不成立，该期限为劳动合同期限。《劳动合同法》第二十条规定：劳动者在试用期的工资不得低于本单位相同岗位最低档工资或者劳动合同约定工资的百分之八十，并不得低于用人单位所在地的最低工资标准。

（四）《毕业生就业推荐表》

《毕业生就业推荐表》（以下简称《就业推荐表》）是学校就业主管部门为应届毕业生求职择业出具的证明材料，由毕业学校或所在省（市）毕业生就业工作主管部门统一制定样式，经由学校毕业生就业主管部门盖章后有效，主要包括毕业生姓名、性别、毕业学校、专业、学历、学制、培养方式、毕业时间、奖惩情况等内容，一般用于毕业生向用人单位自荐以及用人单位向有关部门申报接收落户等行政审批手续。

（五）劳动合同

劳动合同是劳动者与用工单位之间确立劳动关系、明确双方权利和义务的协议。《劳动合同法》第十七条规定：劳动合同应当具备以下条款：用人单位的名称、住所和法定代表人或者主要负责人；劳动者姓名、住址和居民身份证或者其他有效身份证件号码；劳动合同期限；工作内容和工作地点；工作时间和休息休假；劳动报酬；社会保险；劳动保护、劳动条件和职业危害防护；法律、法规规定应当纳入劳动合同的其他事项。

（六）《就业协议书》与劳动合同的区别

《就业协议书》由教育部制定样式，各省级毕业生就业主管部门印制，按照教育部关于《全国普通高等学校毕业生就业协议书》的管理办法执行，上海地区高校使用的《就业协议书》是由上海市教育委员会印制的《上海高校毕业生、毕业研究生就业协议书》，涉及培养学校、毕业生、用人单位三方主体（有的省份使用毕业生和用人单位两方协议）。劳动合同是根据《劳动合同法》的规定制定的双方合同，只涉及毕业生和用人单位。

《就业协议书》是普通高等学校毕业生和用人单位在正式确立劳动人事关系前，经双向选择，在规定期限内就确立就业关系、明确双方权利和义务而达成的书面协议，是民事协议（民事合同）的一种；是用人单位确认毕业生相关信息真实可靠以及接收毕业生的重要凭据；是高校进行毕业生就业管理、编制就业方案以及毕业生办理就业落户手续等有关事项的重要依据。劳动合同更进一步确立了双方的权利和义务，其内容涉及劳动报酬、劳动保护、工作内容、具体劳动纪律、服务期限、违约责任等方面，内容更为具体，劳动权利和义务更为明确。

《就业协议书》的签订一般先于劳动合同。《就业协议书》的期限自签订之日起至毕业生到单位报到、单位正式接收后自行终止；劳动合同的期限由用人单位确定。

（七）《全国高等学校毕业生就业报到证》

《全国普通高等学校毕业生就业报到证》（以下简称《就业报到证》）在历史上曾有《统一分配工作报到证》《派遣报到证》等名称。《就业报到证》是由教育部统一制定样式，毕业学校所在省、自治区、直辖市毕业生就业工作主管部门签发的毕业生有效证件。《就业报到证》是列入国家统一招生计划的普通高等学校毕业生到单位报到的证明。学校相关部门依据《就业报到证》为毕业生办理档案投递、组织关系转移和户籍迁移等手续，就业单位所在地公安部门凭《就业报到证》为毕业生办理落户手续，就业单位凭《就业报到证》为毕业生办理相关工作手续。

《就业报到证》上有“报到期限”一栏，毕业生一般应在此栏规定的时间内到工作单位报到或按单位规定的时间前去报到。

（八）高校毕业生人事档案

高校毕业生人事档案主要包括以下内容：高中（中专）阶段的学籍材料以及参加高考的报名材料，高中以上学习阶段的学籍材料以及每阶段的报考材料，就业通知书，党团材料等。

人事档案记录着一个人的经历和社会实践活动等方面的情况，在我国现行人事制度下，是单位进行人事管理和个人调动时的参考依据。人事档案的保管和接转受《中华人民共和国档案法》的保护。

二、上海市高校毕业生就业手续的办理

（一）就业手续的办理期限

2002 年，国务院办公厅转发了《关于进一步深化普通高等学校毕业生就业制度改革有关问题意见》，规定“对毕业离校时未落实工作单位的高校毕业生，人事档案管理机构对保管其档案免收服务费用。学校可根据本人意愿，将其户口转至入学前户籍所在地或两年内继续保留在原就读的高校，待落实工作单位后，将户口迁至工作单位所在地。超过两年仍未落实工作单位的高校毕业生，学校和人事档案管理机构将其在校户口及人事档案迁回入学前户籍所在地”。根据这条规定，高校毕业生从毕业之日起的两年时间，是就业手续的办理期限。毕业两年内允许进行首次办理《就业报到证》，毕业一年内允许进行《就业报到证》违约或改派办理。其他“三支一扶”等项目学生，凭服务期满证明，可以在期满后，按应届生予以办理就业手续，即以期满时为起始时间，进行两年内首次办理，一年内违约或改派办理。

（二）《就业报到证》的办理流程

上海高校毕业生离校前首次办理《就业报到证》，由所在高校到上海市学生事务中心（以下简称中心）进行集中打印，由高校负责发放。离校后首次办理《就业报到证》及改派或违约办理要准备以下材料。

1. 首次办理《就业报到证》

（1）出具《上海高校毕业生打印报到证申请表》（学校就业部门盖章）。

（2）出具《就业协议书》原件（学校和单位盖章，有单位组织机构代码证和信息登记号）。

（3）上海生源要出具其为上海生源的有效证明，如身份证、户口簿、户籍证明等；非上海生源，要出具本人的《关于同意非上海生源高校毕业生办理本市户籍的通知》。

2. 改派或违约办理《就业报到证》

（1）出具《上海高校毕业生打印报到证申请表》（学校就业部门盖章）。

（2）出具新单位的《就业协议书》原件（学校和单位盖章，有单位组织机构代码证和信息登记号）。

（3）出具与原单位解除协议的证明，若是上海生源，还要出具上海生源的有效证件，如身份证、户口簿、户籍证明等。

（4）出具原单位的《就业报到证》（上下两联）。

3. 非上海生源超过办理年限，办理回原籍报到证

此类学生的档案、户籍毕业后未能及时迁回原籍的，可以由学校就业相关部门根据学校户政科、档案室、所属派出所的户档情况，发起档案、户籍的情况说明报告，中心根据实际档案、户籍情况，如确认保留在学校且需要迁回的，可以给予办理，年限可以不受两年的时间限制，可至中心业务受理大厅进行办理。

（三）《就业报到证》的丢失处理

《就业报到证》是毕业生办理人事关系的必备材料，应妥善保管，避免丢失或涂改。如果《就业报到证》丢失，应由毕业生本人提出申请，由学校上报发证部门申请补发新证或出具遗失证明。

（四）毕业生人事档案的接转

毕业生如已落实就业单位且单位能接收人事档案，则由单位提供详细的人事档案接收地址，由学校按照此地址寄往用人单位。不能独立接收人事档案的单位（如各类非公有制企业）应写明人事档案存放、挂靠的上级主管部门或委托立户存档的政府所属人才中介机构名称，以便于人事档案的接转。如毕业时尚未落实就业单位或就业单位不能接收人事档案关系，应按照毕业生生源所在省市的相关规定，由学

校寄回生源省、市、县的对应接收机构。

（五）用人单位信息登记的办理手续

可以直接登录用人单位管理服务平台，也可以登录上海学生就业创业服务网，点击用人单位管理服务平台栏目即可。

若单位已办理过当年用人单位信息登记，直接通过信息登记凭证上告知的账号和密码登录平台；若尚未办理过当年用人单位信息登记，则可通过网上单位注册后获取账号和密码，并可通过相关步骤实现网上信息登记的申办及其他各项服务；若单位已办过信息登记号，但忘了用户名和密码，可与中心取得联系，带好公司的营业执照副本复印件、组织机构代码证复印件、介绍信及本人身份证到中心重置用户名和密码。

信息登记按照网上步骤提交后，中心的工作人员将会及时进行审核。如果审核通过，则在单位首页上显示该单位的信息登记号；如果审核被退回，则显示退回理由，单位完善信息后再次提交。

三、非上海生源毕业生进沪就业手续的办理

（一）非上海生源毕业生进沪就业户口的办理

非上海生源应届普通高校毕业生落实具体工作单位后，要准备好相关材料，交由用人单位进行申报。符合申请条件的用人单位可以在规定的截止时间内，通过网上申报、现场受理的方式，为本单位录用的非上海生源应届普通高校毕业生提交办理上海市户籍的申请。

（二）非上海生源毕业生进沪就业居住证的办理

非上海生源应届普通高校毕业生进沪就业申领上海市居住证须具备相应的条件，先领取《高等学校毕业生进沪就业通知单》，准备齐相应材料后，按照相关文件规定办理。

【本节提示】

高校毕业生应当了解就业的相关信息、政策法规和办理手续，为今后的就业、工作、生活规划出一条合理的路线，不让自己步入就业的误区。

对于成功的坚信不疑时常会导致真正的成功。——弗洛伊德

第二节 《就业协议书》与劳动合同的签订

【导读】

应届毕业生王某与某私企达成工作意向，双方签订了《就业协议书》。一个月后，王某毕业了，并顺利进入用人单位开始工作。但该企业始终不愿意与王某签订劳动合同，其理由是：双方在《就业协议书》中并没有明确要求何时签订劳动合同，更何况关于工资、劳动期限等条款在《就业协议书》中已有约定，双方没有必要为此再另行签订劳动合同。而王某觉得双方确实没有约定什么时候签订劳动合同，单位不签劳动合同似乎也有道理，就不再向单位提起此事。不料，一日忽被裁员，公司一分赔偿金也没给，王某后悔莫及。

《就业协议书》与劳动合同是不同的，《就业协议书》作为一份简单的格式文本，很多诸如工作岗位、工作条件等劳动合同必备条款并不在其中直接体现。因此，单凭《就业协议书》对于学生正式报到就业后的劳动权利无法全面保障。

毕业生在签《就业协议书》前，应先对企业和岗位进行全面了解，包括工作条件、薪资待遇、工作时间、工作强度等，同时还应该结合自己的实际情况和求职目标进行考虑，目标明确后再签订。

一、《就业协议书》的签订

（一）签订《就业协议书》的原则

1. 双方主体合法原则

双方主体合法原则是指签订《就业协议书》的当事人必须具备合法的主体资格。毕业生必须具备取得毕业证的资格，如果学生在毕业时未取得毕业证，用人单位可以不予签订劳动合同而无须承担法律责任。用人单位则应具有录用毕业生的计划和录用自主权，否则毕业生可进行单方解除协议而无须承担违约责任。学校应在毕业生与用人单位签订《就业协议书》的过程中进行指导和监督。

2. 平等协商原则

平等协商原则是指三方在签订《就业协议书》时的法律地位是平等的，任何一方都不得将自己的意志强加给另一方。三方当事人的权利和义务应是一致的。除了《就业协议书》规定的内容外，三方如有其他约定事项可在“备注”栏中进行补充。用人单位在签订《就业协议书》时不得要求毕业生交纳过高数额的保证金。

（二）签订《就业协议书》的步骤与程序

1. 签订《就业协议书》的步骤

《就业协议书》作为劳动合同的一种形式，毕业生和用人单位之间针对就业协议的要约与承诺内容如下。

（1）要约

要约是指希望他人向自己发出要约的意思。在毕业生择业过程中，毕业生持学校统一印制的《就业推荐表》或复印件参加各地供需洽谈会，进行双向选择，或向各用人单位寄发书面材料，即视为要约邀请。用人单位收到毕业生的材料以后，通过测试、面试、实习等途径对毕业生进行全面考察。在筛选的基础上，将表示同意录用毕业生的意向以口头通知、接收函、回执或电子邮件等形式反馈给学校毕业生就业工作部门或毕业生本人的视为要约。

（2）承诺

承诺是受约人同意要约的意思。承诺应当在合理期限内向要约人发出，承诺生效时合同成立。毕业生收到用人单位回执或通过其他方式得到用人单位的答复后，从中作出选择，在合理的期限内向用人单位表明自己愿意去单位工作的承诺，并到学校毕业生就业工作部门领取《就业协议书》，承诺到达单位时就业协议成立。

2. 签订《就业协议书》的程序

由毕业生本人在《就业协议书》上以文字的形式，明确表达自己同意到选定单位应聘工作的意愿，同时签署本人姓名。由用人单位人事部门负责人代表单位签署同意接收该毕业生的文字意见，并签字盖章。如果该用人单位没有人事录用权，则还要报送其上级主管部门签字盖章，予以批准认可。

用人单位必须在与毕业生签订《就业协议书》起的 10 个工作日内将《就业协议书》送至学校毕业生就业工作部门。学校毕业生就业工作部门审核并签字盖章，在合法合理的情况下纳入就业方案，并及时将《就业协议书》反馈到各方手中。

毕业生在签订《就业协议书》时，必须严格按照规定的程序进行。首先，毕业生领取《就业协议书》；其次，毕业生与用人单位达成一致意见后，与用人单位签约；最后，将《就业协议书》交到学校毕业生就业工作部门审核，并由学校在相应栏目中签署意见。

需要注意的是,《就业协议书》的签订按程序应最后到学校就业办盖章,这是因为由学校最后把关更有利于维护毕业生的合法利益。有些毕业生要求学校先盖章,再交至用人单位,这样用人单位容易写上有损毕业生权益的条款,对毕业生产生不利后果。学校把关的意义还在于确认签约手续是否完备,否则由于手续不齐等原因,会导致上报方案时通不过或派遣后学生到用人单位无法报到,严重影响毕业生就业。

(三)签订《就业协议书》时应注意的问题

毕业生选择就业的第一家单位,在某种程度上将影响其以后的职业发展轨迹,因此在签订《就业协议书》时要采取慎重的态度,须注意以下事项。

1. 仔细查阅用人单位的相关信息

在选择一家单位后,毕业生一定要仔细了解用人单位的相关信息,一般包括单位的规模、管理制度、用人机制、培训体系、发展方向等。其中,单位的性质也比较重要,国家机关、事业单位、国有企业一般都有人事档案接收权。民营企业、外资企业在招收员工的过程中,不需要经过所在地人社局或人才交流中心的审批,《就业协议书》上有用人单位的签章才有效,但对毕业生的档案和户籍不具有接收和保管的资格。

此外,毕业生还要明确工作条件和薪资待遇,了解用人单位详细的薪资额度和福利状况,不要随意放弃自己的权利。对劳动报酬有特殊要求的,应在《就业协议书》的补充条款中加以明确。到单位报到后,还应在劳动合同中进一步明确劳动内容、薪资待遇、保险福利、合同期限等事项。毕业生还应对不同地方人事主管部门的特殊规定有所了解。

2. 明确违约责任

学校毕业生就业主管部门在毕业生签订《就业协议书》的过程中实行监督和管理职责,并依据国家和各省的有关政策对毕业生就业流向实施必要的宏观调控,毕业生签订《就业协议书》必须在有关政策和规定范围内进行。

每个毕业生只能与一家用人单位签订《就业协议书》,《就业协议书》生效后,如果一方违反协议,另一方有权要求其继续履行协议、支付违约金或赔偿损失。如果支付违约金,《就业协议书》中应就违约金的具体数额作出约定。不少单位为了"留住"毕业生,往往以高额违约金约束毕业生,毕业生应该在协商中力争将违约金降到最低。

3. 注意约定条款的合理性和可接受性

目前,毕业生使用的《就业协议书》有统一格式,由于地区不同、用人单位之间存在差异,《就业协议书》中不可能规定得很全面、详细,许多内容要靠毕业生与用人单位协商补充条款,然后备注。因此,毕业生在与用人单位进行约定时要注意:

约定的条件是否合理，约定的条款毕业生本人能否承受。毕业生与用人单位约定的备注条款，要注意必须有毕业生和用人单位双方的签字，否则当发生争议时，由于没有双方的签字，备注条款很难生效。《就业协议书》中的空白处如果没有补充条款，必须全部划去，并注明是空白。

需要提醒毕业生的是，在签订《就业协议书》时，要认真谨慎对待附加协议。这种附加协议的法律效力几乎等同于劳动合同，一定要仔细斟酌后再签，切不可草率。必要时，可以向有关部门或指导教师咨询，以免因某些条款的不合理而损害自身利益。

4. 注意与劳动合同的衔接

注意《就业协议书》中双方约定的内容与未来劳动合同内容的衔接。毕业生应在《就业协议书》中就工作服务期限、试用期、工资待遇、社会保险等有关内容以补充条款形式作出约定，以免报到后发生纠纷、遭受不必要的损失。一般毕业生到用人单位报到后，要和用人单位签订劳动合同。因此，在签约前了解劳动合同的内容是十分必要的，尤其重要的是劳动合同的工作期限、试用期和薪资待遇等关键问题。

劳动合同的内容即劳动合同条款，一般应有以下几款：劳动合同期限、工作内容、劳动保护、劳动条件、劳动报酬、劳动纪律、劳动合同终止条件、违反劳动合同责任。除了这些必备条款外，当事人还可以协商约定其他内容。劳动合同应以书面形式订立，不能采用口头形式。

5. 注意试用期与见习期的时间

外企、合资企业、私企一般采用试用期，根据合同期的长度，可以为 1 至 3 个月不等，通常试用期为 3 个月，不得超过 6 个月。国家机关、学校、研究所一般采用见习期，通常为 1 年。试用期和见习期不可同时实施。

6. 注意无效协议

无效协议是指欠缺《就业协议书》的有效要件或违反《就业协议书》订立的原则，从而不发生法律效力的协议，无效协议自订立之日起无效。以下两种情况下的协议属于无效协议：第一种是《就业协议书》未经学校同意视为无效。如有的《就业协议书》经学校审查认为对毕业生有失公平或违反公平竞争、公平录用的原则，学校可以不予认可。第二种是采取欺骗等违法手段签订的《就业协议书》无效。如用人单位未如实介绍本单位情况，根本无录用计划而与毕业生签订《就业协议书》。无效协议产生的法律责任应由责任方承担。

7. 注意事先约定就业协议的解除条件

《就业协议书》签订后对当事人具有法律约束力，任何一方当事人不能随意解除，否则即为违约。如果有些未来可能发生的情况需要与单位解除就业协议的，比如考研、出国等，毕业生可以与单位事先约定解除就业协议的条件，并在《就业协议书》备注栏注明升学或出国等，否则按违约处理。

一般来说，就业协议的解除分为单方解除和三方解除两种情况。

单方解除包括单方擅自解除和单方依法或依协议解除。单方擅自解除协议属于违约行为，解约方应对另两方承担违约责任。单方依法或依协议解除是指一方解除就业协议有法律上或协议上的依据，如学生未取得毕业证，用人单位有权单方解除就业协议，解除方无须对另两方承担法律责任。

三方解除是指毕业生、用人单位、学校三方经协商一致，解除原先签订的《就业协议书》，使《就业协议书》不发生法律效力。此类解除应是三方当事人真实意思表示一致的体现，三方均不承担法律责任。三方解除应在就业计划上报主管部门之前进行，如就业派遣计划下达后三方解除，还须经主管部门批准办理调整改派手续。

（四）《就业协议书》的违约及办理程序

1. 违约行为

违约行为是指签订《就业协议书》的当事人一方没有履行协议约定的义务或履行义务不符合协议约定的行为。根据《中华人民共和国合同法》规定，无论违约方主观上是否有过错，只要不存在不可抗力或其他法定免责事由，义务人就应当承担违约责任。

2. 毕业生违约的后

《就业协议书》一经毕业生、用人单位、学校签署即具有法律效力，任何一方不得擅自解除，否则违约方应向权利受损方支付协议条款所规定的违约金。从实际情况来看，就业违约多为毕业生违约。

毕业生违约，除了本人应承担违约责任、支付违约金外，往往还会造成其他不良的后果，主要表现在以下几方面：一是对用人单位来说，用人单位在录用毕业生上做了大量的工作，有的甚至对毕业生将要从事的具体工作也有所安排。一旦毕业生因某种原因违约，导致用人单位的录用工作成为徒劳，用人单位再选择其他毕业生，在时间上也不允许，最终给用人单位工作造成损害。二是对学校来说，个别用人单位可能将毕业生的违约行为认为是学校的行为，从而影响学校和用人单位的长期合作关系。由于毕业生出现违约行为，所以用人单位对学校的推荐工作表示怀疑，也会影响今后学校的毕业生就业工作。三是对其他毕业生来说，用人单位到学校挑选毕业生，一旦与某毕业生签订《就业协议书》，就不可能再录用其他毕业生。如果出现违约的情况，将造成就业职位的浪费，影响其他毕业生就业。因此，毕业生在就业过程中应慎重选择，认真履约。

3. 违约手续及程序的办理

为维护就业计划的严肃性，学校对就业中的违约行为实行宏观控制。《就业协议书》生效后，一般不允许违约，但因特殊情况其中一方提出违约的，必须经学校和另一方同意后，才能办理违约手续，并承担违约责任。具体来说，办理违约需要以下书面材料：单位同意改派的公函、原《就业协议书》和《就业报到证》、本人的改派申请。

具体程序是：毕业生向原接收单位提出改派申请，该单位同意后，双方解约，该单位出具将毕业生退回学校或同意将毕业生改派到其他单位工作的公函，公函须说明解约缘由；毕业生应要回原来的《就业协议书》和《就业报到证》；毕业生到学校就业工作部门领取改派申请表，并提供以上相关材料，交纳相应的违约金；学校同意改派的，由学校毕业生就业工作部门办理相关违约手续和报批手续，给毕业生换新的《就业协议书》；毕业生凭新的《就业协议书》与新用人单位签订协议。

如果用人单位无故要求解约，毕业生有权要求对方严格履行就业协议。为保障毕业生的合法权益，学校将积极向违约单位及其上级主管部门和省毕业生就业主管部门反映情况，由毕业生和用人单位协商解决。在协商未果的情况下，毕业生应通过法律途径维护自己的合法权益，可以要求用人单位支付违约金，进行补偿。

二、《劳动法》与劳动合同

（一）《劳动法》

1.《劳动法》的制定原则

《劳动法》制定的直接原则是保护劳动者的合法权益。它的基本任务是通过各种法律手段和措施有效地保证劳动者的合法权益不受侵犯。劳动者依法享有各项权利，比如劳动安全保障权、取得劳动报酬权等，同时劳动者也必须依法履行劳动义务。此外，《劳动法》的制定还体现了按劳分配的原则、合理配置劳动力资源的原则、促进生产力发展的原则等。

2.《劳动法》的作用

《劳动法》的实施，主要有以下四方面的作用：一是全面建立了劳动合同用人制度，通过劳动者与用人单位依法签订劳动合同建立劳动关系，为建立现代企业用人制度、实现劳动关系法治化创造了条件；二是最低工资制度在全国范围内全面建立，工资支付的有关规定得到了较好的落实，劳动者依法享有取得劳动报酬的权利；三是社会保险制度改革不断深化，建立了覆盖城镇各类企业的基本养老、失业保险制度，基本医疗保险制度正日趋完善；四是建立了劳动保障监察制度，进一步展开劳动争议处理工作。

（二）劳动合同

1. 劳动合同的概念

劳动合同是求职者与用人单位确立劳动关系、明确双方权利和义务的协议。在劳动合同中，求职者和用人单位是平等的合同主体，因此双方签订劳动合同应当平等、自愿、协商一致。劳动合同是求职者和用人单位建立劳动关系的有效凭证，是确立劳动法律关系的形式，是调整劳动关系的手段，也是处理劳动争议的重要依据。

2. 劳动合同的种类

劳动合同的种类繁多，根据不同形式的劳动关系，划分的种类也不同。劳动合同按照期限分为固定期限合同、无固定期限合同和临时工劳动合同等。劳动合同按照劳动者与用人单位不同形式的劳动关系可以分为录用合同、聘用合同、借调合同、停薪留职合同等。

3. 劳动合同的主要内容和条款

劳动合同是维护劳动者和用人单位合法权益的保障，应当包括以下八方面内容。

第一，劳动合同的期限。劳动合同的期限是指劳动合同具有法律约束力的时段，一般可分为有固定期限、无固定期限和以完成一定的工作为期限三种。其中，最常见的是有固定期限的劳动合同，时间一般在 1 至 10 年。无固定期限的劳动合同具有特殊性，关于无固定期限的劳动合同的签订，可参考相关规定。

第二，工作内容。工作内容是劳动合同的核心条款，它既是用人单位使用劳动者的目的，也是劳动者为用人单位提供劳动以获取劳动报酬的原因。主要内容包括劳动者的工种和岗位以及应完成的工作任务。

第三，劳动保护和劳动条件。劳动保护是指用人单位为了防止劳动过程中的事故、减少职业危害、保障劳动者的生命安全和健康而采取的各种措施。劳动条件是指用人单位对劳动者从事某项劳动提供的必要条件。

第四，劳动报酬。劳动报酬是用人单位向劳动者支付相对劳动的对应报酬。劳动者的劳动报酬包括工资、奖金和津贴等。劳动报酬必须符合国家法律、法规的规定，如工资不得低于最低工资的标准、工资支付的期限和形式不得违反有关规定等。

第五，社会保险。目前，执行的社会保险包括养老保险、基本医疗保险、失业保险、生育保险和工伤保险五项，其中前三项用人单位和职工都必须缴纳，后两项由用人单位缴纳，职工个人不需要缴纳。

第六，劳动纪律。劳动纪律是指劳动者必须遵守的用人单位的工作秩序和劳动规则。

第七，劳动合同的终止条件。劳动合同的终止条件是指劳动合同法律关系终结和撤销的条件。劳动合同双方当事人可以在法律规定的基础上，就劳动合同的终止进行约定，当事人双方约定的终止条件一旦出现，劳动合同就会终止。

第八，违反劳动合同的责任。为了对劳动合同的履行进行保护，双方必须在劳动合同中约定有关违反劳动合同的责任条款，包括一方当事人不履行或不完全履行劳动合同以及违反约定或法规条件解除劳动合同所应承担的法律责任。

除了上述八方面内容外，用人单位和劳动者还可以约定以下几方面的内容：试用期、培训、保守商业秘密、补充保险、福利待遇以及其他经双方当事人协商一致的事项等。

毕业生务必认真对待上面的“违反劳动合同的责任”条款，因为《劳动法》规定双方可以协商约定责任的认定、赔偿的范围、计算方法和承担方式。有些用人单位为了保证毕业生能在该单位长期工作，约定了很多提前解约的赔偿条款，毕业生提前辞职的赔偿责任不应当过高，一般不应当超过毕业生的年收入。

（三）签订劳动合同的注意事项

签订劳动合同是求职过程的最后一个阶段，也是整个求职过程的重中之重。劳动合同签订后，求职阶段虽告一段落，但依法签订的劳动合同会在合同有效期内以法律的形式约束双方。

1. 签订劳动合同前的注意事项

（1）积极发现问题

现在，很多求职者在应聘时仅留下一份个人求职材料，关于劳动合同的问题不闻不问，一无所知。经过考试或筛选后，才想起有关签订劳动合同的问题。这样既影响了对求职机会的把握，同时也浪费了时间。求职者应利用应聘机会，对招聘单位多提问题，为寻求一份理想的工作提供全面的参考。

（2）必须按照约定签订书面形式的合同

许多劳动纠纷都是因为没有签订劳动合同或是劳动合同的内容不详细、不合理而引发的，切勿为了省事而忽略了签订书面形式的劳动合同。现在，很多用人单位，尤其是民营、私营企业都存在着规模不大和资金紧缺的问题，有些企业并不乐意与新员工签订书面形式的劳动合同或是在合同的部分条款上进行口头约定。这种合同在后期一旦发生劳动纠纷，将会出现无从查证的情况。

（3）要仔细阅读合同内容

通过对劳动合同内容的浏览，求职者既可以看出用人单位的管理是否规范，又是对自己负责的一种表现。对用人单位出示的劳动合同范本，要浏览其内容，对有疑问之处，要询问招聘单位；对于无法接受的条款，要向招聘单位提出修改意见并进行协商，以确定是否接受该工作。

需要注意的是，不签合同不试用。《劳动法》规定，劳动合同中可以约定试用期（试用期最长不得超过 6 个月），但试用期应当包含于劳动合同期限内。即用人单位与求职者达到一致，就应签订劳动合同，用人单位可根据需要在劳动合同中约定短于 6 个月的试用期，不得把试用期独立于劳动合同之外。

部分用人单位利用求职者的无知和求职心切，不与求职者签订正式的劳动合同。试用期一到，用人单位就以试用不合格为由，辞去这批员工，再去招聘新员工，求职者被欺骗却又无可奈何。

2. 签订劳动合同过程中的注意事项

劳动合同是用人单位和求职者建立劳动关系、履行各自义务、维护各自权利的依据。由于求职者对劳动合同的重要性认识不足，对签订劳动合同的知识掌握不多，导致所签订的劳动合同存在不少漏洞。究其原因，一方面，是用人单位有意在劳动合同中加入一些不利于求职者的内容；另一方面，是求职者本身粗心大意、缺少经验等原因造成的。求职者在签订合同时，一定要认真核对，对以下几种不平等的劳动合同签订一定要慎重。

（1）模糊合同

模糊合同是指合同内容表述不清、模棱两可、概念模糊，对于合同的部分条款使用概括、笼统的语言填写，合同内容泛泛而谈，没有实质性内容。

（2）不全合同

不全合同是指用人单位事先按照劳动合同的范本印好合同，只等求职者在合同上签字或盖章。但求职者在签订合同时却发现，合同的内容与合同范本并不一致，甚至会有附加条款。求职者签订劳动合同前一定要让用人单位拿出原文，浏览无异议后再与用人单位当面签字盖章，以防某些用人单位利用签订时间的先后而在合同上动手脚。

（3）单方合同

单方合同是指用人单位利用求职者求职心切，只约定求职者有哪些义务、如何遵守规章制度、违反劳动合同要承担哪些责任等，关于求职者的权利，除了劳动报酬外，劳动期限、劳动条件、劳动保障等方面的内容只字不提。

（4）双份合同

双份合同是指有些用人单位慑于劳动主管部门的监督，为逃避检查，与求职者签订两份合同。一份是假合同，内容按照劳动部门的要求签订，以应付检查，实际上并不遵照执行；一份是真合同，用人单位从自身利益出发拟订，合同中规定的权利和义务极不平等。

（5）收费合同

个别用人单位利用签订劳动合同的机会，向求职者收取各种费用，如保证金、风险金等，这既不合理也不合法。求职者若有违反管理的行为，用人单位便扣留这部分钱款。按照相关规定，用人单位不得收取上述款项，一经查实，要处以 1 至 3 倍的罚款。

3. 签订劳动合同后的注意事项

劳动合同签订后，求职者便成为用人单位的一员，承担某种职务职责或某项工作，遵守用人单位的规章制度，完成劳动任务；用人单位按照求职者劳动的数量与质量支付劳动报酬，保证求职者依法享有各项合法权利。依法签订的劳动合同具有法律约束力，但并不是所有经双方签了字、盖了章的劳动合同都受法律保护。有些合同从订立的时候起就没有了法律效力，对用人单位和求职者没有约束力。比如以下几种情况：一是合同主体不合格，如不满 16 周岁的公民签订的劳动合同（除了法律有规定外）一律无效；二是采取欺诈、威胁等手段签订的劳动合同无效；三是严重违反程序签订的劳动合同，应该经劳动部门鉴证而没有报请鉴证的劳动合同无效；四是劳动合同不符合形式的，应当签订书面合同而没有签订书面合同的（除了法律有规定外）属于无效。如果求职者与用人单位签订的劳动合同属于以上情况的，应向劳动仲裁委员会或人民法院申请仲裁或诉讼，维护自己的合法权益。

国内企、事业单位劳动合同范本

【本节提示】

高校毕业生应当充分了解《就业协议书》和劳动合同的作用及有关法律效力，这有助于毕业生依法依规开展有效的自我保护，让自己获得更多的就业机会和更高质量的就业选择；同时要通过法律手段和措施来保证自己的付出与收获成正比，从而创造一个充实、成功的自我就业状态。

切记，成功乃是辛劳的报酬。——索福克勒斯

第三节　劳动争议的处理程序

【导读】

上海某高校毕业生在实习期间与用人单位签订了实习协议和《就业协议书》。在实习结束前，该毕业生对于公司的安排不满意，希望离开用人单位另寻工作，但用人单位却用《就业协议书》作为凭证，指出该毕业生违反了协议，要求该毕业生赔偿用人单位的损失（实习期间，公司给该毕业生进行了培训，并签了培训协议。现在该毕业生想毁约，公司要按照培训协议收取违约金 5000 元和住宿费 1100 元，而实际上在实习培训期间公司只提供了住宿，其他都未提供）。

在这种情况下法律保护的到底是学生还是用人单位?

讨论:《就业协议书》并不违反法律规定且是当事人的真实意思，受法律的保护，合同双方当事人应当严格按照合同的约定履行。如有某一方出现违约行为，应当按照合同约定的违约条款追究违约方的违约责任。两者都保护，但违约方要按照合同约定承担违约责任。

毕业生不应随意违约，因为违约行为对于以后的工作岗位有很大的影响，用人单位会参考你的履约行为。

我国处理劳动争议的程序通常包括协商、调解、仲裁和诉讼。

一、协商

劳动争议发生后，当事人首先应当协商解决。协商一致的，当事人可以形成书面和解协议。需注意的是，和解协议不具有强制执行力，需要当事人双方自觉履行。协商不是处理劳动争议的必要程序，当事人协商不成或不愿协商的，可以依法申请调解和仲裁。

二、调解

（一）调解组织

调解组织一般分为以下三种：一是企业劳动争议调解委员会，一般由职工代表、企业代表组成；二是基层人民调解组织；三是在乡镇、街道设立的具有劳动争议调解职能的组织。

（二）调解协议书

调解协议书由双方当事人签名或盖章，经调解员签名并加盖调解组织印章后生效，对双方当事人具有约束力，双方当事人应当履行。

（三）调解协议的履行

一方当事人不履行的，另一方可以依法申请仲裁。因劳动报酬、工伤医疗费、经济补偿或赔偿金事项达成调解协议，用人单位在约定期限内不履行的，劳动者可以持调解书向法院申请支付令。

三、仲裁

（一）劳动争议仲裁的原则

劳动争议仲裁的原则包括一次裁决原则、合议原则和强制原则。

（二）劳动争议仲裁的申请与受理

1. 申请

申请劳动争议仲裁的时效为 1 年。注意中断（主观事由）与中止（客观事由）的条件。

2. 受理

收到仲裁申请之日起 5 日内受理，受理后 5 日内送达仲裁申请书副本，10 日内提交答辩状。

3. 审理

申请人无正当理由拒不到庭或中途退庭，视为撤回申请；被申请人无正当理由拒不到庭或中途退庭，可缺席裁决。部分事实清楚的，可就该部分先行裁决。

4. 执行

当事人对仲裁裁决不服的，可自收到仲裁裁决书之日起 15 日内向人民法院提起诉讼。逾期不起诉的，仲裁裁决立即发生法律效力。一方当事人不履行的，另一方当事人可向人民法院申请强制执行。

四、诉讼

劳动争议的诉讼是指当事人不服仲裁委员会的裁决，在规定期限内向人民法院起诉，人民法院依法受理后，依法对案件进行审理的活动，还包括当事人一方不履行仲裁委员会已发生法律效力的裁决书或调解书，另一方当事人申请法院强制执行的活动。劳动争议的诉讼是解决劳动争议的最终程序。

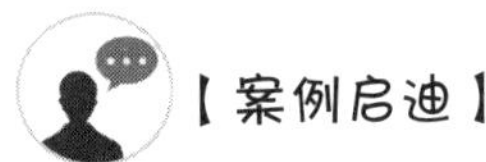

劳动者应当接受合理调岗

张某是某公司的员工，2014 年 10 月与公司签订为期 3 年的劳动合同，合同约定张某的岗位为管理岗位，并约定公司可根据经营情况，在合理条件下调整员工的工作岗位。

张某曾先后在公司担任综合部副经理和人力资源部副经理。2017 年 1 月，公司根据经营需要，通知张某调任后勤部副经理，工作地点和薪酬待遇不变。张某对于公司的决定不予同意，表示调整工作岗位需要双方协商一致，公司不能单方面调整。经几次协商未果，公司于 2 月 25 日书面通知张某，3 月 1 日前到后勤部副经理岗位报到。张某拒不服从，仍在人力资源部原办公室上班且有扰乱办公秩序的行为。

公司于 3 月 5 日以不服从工作安排为由，根据员工手册规定解除了双方的劳动合同。张某随即申请仲裁，要求公司支付违法解除劳动合同赔偿金 30000 元。仲裁委经审理，认为公司解除劳动合同的行为并无不当，驳回张某的仲裁请求。

【本节提示】

当事人要了解劳动争议的处理过程，了解就业法律法规，避免发生劳动争议，在出现劳动争议后，要学会通过法律途径解决问题。

世间没有一种具有真正价值的东西，可以不经过艰苦辛勤的劳动而能够得到的。——爱迪生

第四节　就业陷阱的防范

【导读】

口诀一：千万不要

不要把身份证、驾照、印鉴交给未就职的企业、公司。不管什么理由，你都不需要留下重要的证件，如身份证、驾照、户口簿等，以免成为偷税漏税的人；不要随便签名盖章；不要缴纳保证金、意外保险费；不要预付任何费用，如购买材料费、仪器费或训练费等。

口诀二：一定要

劳保健保费不可以少。虽然羊毛出在羊身上（就是雇主要付劳保健保费，当然是从你薪水里扣），你还是必须要求。瞪大眼睛看合同。

口诀三：防失身

地址诡异的（×巷×弄×号×室）就别去了。如果面试地点偏僻，难以判断安全与否，可以找熟人相陪一同前往，建议与遇到麻烦不会落跑的男生一同前往，毕竟两个女生一起还是稍显单薄。另外，临时更换面试地点或一次面试之后又安排其他地点进行第二次面试，也是很可疑，要小心。最好自己带水，不要随便喝饮料和搭便车。女服务生、女伴游、女导游、女接待、工商服务小姐……有可能是混人耳目的伪装陷阱，要多注意。熟人介绍的工作，也要提高警觉，周围的朋友或亲人有可能因为你不知道的个人恩怨或急需钱用而设计你。这类案例也层出不穷，总之要问清楚、多打听，觉得奇怪的就勇敢拒绝。

口诀四：防色情行业

诚征公关小姐，年轻貌美者佳，月收入数十万，待遇优，免经验（可先借贷），这类行业的广告也会改头换面，不管怎么样，对于“月收入数十万”“免经验”的工作要多加留意。对于工作的内容和地点，也要反复地询问清楚，留意对方言辞闪烁、含糊的部分，毕竟很少有工作是免学历又高收入的。

口诀五：防骗术

利用电话征才或信箱号码征人，不敢公开公司名称和地址的，要特别小心。对于民营职业介绍所，最好查证它是否有登记、合法立案，可以先电话联络。如果前往应征时才知道是一家民营职业介绍所，这时不妨假装是路过询问状况的人，以便对该公司的服务有进一步的了解。

对于即将迈出校门、投身各场招聘会的毕业生来说，有必要增强对用人单位的认识，提高对职场陷阱的辨别能力。

随着高校毕业生的增多，就业市场日趋饱和，高校毕业生的就业压力不断增大。在供需矛盾的影响下，各种就业陷阱也出现在就业市场上。很多毕业生对就业陷阱的认识不够清楚，在就业过程中往往会误入其中，使自己不能成功就业，甚至损害自身利益。尽管求职路上陷阱可遇，但不至于“防不胜防”，因此求职者务必在应聘时擦亮眼睛，慎而又慎。

求职陷阱一般是指犯罪分子利用求职者求职心切而采用的手段，用于骗取求职者的财物、个人信息或者免费劳动力等。那么，如何找到一份满意的工作而又不会掉入就业陷阱呢？

一、就业陷阱及其特征

（一）就业陷阱的概念

就业陷阱是指在就业过程中，用人单位借工作机会，发布虚假、模糊或夸大的招聘信息，以牟利或者其他意图为目的的招聘，违反求职者的个人意愿，使其额外支付财物，诱骗求职者进行违背法律道德的行为等。

（二）就业陷阱的特征

1. 虚假性

虚假性主要表现在用人单位以虚假宣传、承诺来取得求职者的良好期望。部分用人单位用高工资、高待遇来吸引求职者的注意力，比如某单位承诺高薪就职，但求职者入职后却告诉他待遇里包括了“五险一金”、食宿费等，是工资的总值。

2. 违法性和悖德性

违法性主要表现在违反了《劳动合同法》，有的甚至违反了《中华人民共和国刑法》。比如用人单位想留住人才，而在招聘之时采用比较隐晦的手段扣押学生的身份证、毕业证等证件，当学生有了其他好的工作选择时欲走难行，这就违反了《劳动合同法》第九条“用人单位招用劳动者，不得扣押劳动者的居民身份证和其他证件”。悖德性主要表现在用人单位利用社会对学生的认同和信任，诱骗学生从事推销劣质产品等工作，有悖社会公德，甚至走上违法犯罪道路。

3. 模糊性

模糊性主要表现在用人单位或个人在招聘信息中用词多含歧义，让求职者感觉是有利的，但他们自己解释时又完全变得不利于求职者。

二、就业陷阱的类型

（一）就业渠道陷阱

就业渠道陷阱主要是用人单位或个人通过招聘网站、QQ、微信、微博等渠道发布招聘信息，由于监控不严，使得信息的真实性难以核实。信息发布者往往利用这一点，发布具有很大诱惑力的职位信息，吸引求职者的注意，比如某公司打出“招聘储备经理”的广告，并且许以高薪，而且条件也不苛刻，很多符合条件的求职者蜂拥而至，而实际上却要做销售业务，所谓的高薪也要等一定年限或做到职务之后才能享受。

（二）工资待遇陷阱

这类用人单位或个人往往对求职者许以高薪，但是不签订任何书面合同，等到求职者领工资时，不是打折就是推脱，有的甚至以公司倒闭为由不发一分钱。另外，还有些用人单位或个人只许给求职者一个很高的工资总额和无据可查的升职加薪计划，而实际上这个总额包含保险金、养老金、失业金等，左扣右扣后，到手的工资所剩无几，而升职加薪的最终解释权都由用人者说了算。

（三）介绍人陷阱

在大学生的求职道路上，总有一些人很主动热情地给他们介绍好工作，而这些热情的背后都可能隐藏着无法预知的危机，比如我们常说的传销。相关研究表明：近几年，经工商部门查出、遣散的传销人员主要集中在18至25岁，其中刚毕业的学生占了相当大的比例，有的甚至是在校大、中专学生和初、高中毕业生。这类介绍人总是在大学生面前展示一种成功者的姿态，向大学生吹嘘自己工资高、工作轻、生活自由、发展空间很大，往往使缺乏生活经验的大学生上当受骗。

三、就业陷阱的防范

（一）端正就业心态

在校期间，大学生要刻苦学习，努力掌握专业技术知识，培养良好的就业能力，为将来的就业打下良好的基础。要相信“一分耕耘，一分收获”，不要随便相信高工资、高待遇、福利好、挣钱快的招聘消息，坚信不会有天上掉馅饼的好事，任何成功都是要经过努力后才能取得。

（二）增强法律意识

大学生要切实了解《劳动法》《劳动合同法》等相关法律，在自己的就业过程中增加就业陷阱的辨别力。另外，大学生要加强法律观念和维权意识，当权利受到侵害时，要敢于拿起法律武器来维护自身利益，不给违法分子任何可乘之机。

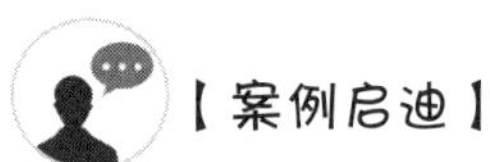

【案例启迪】

切勿“慌不择路”

小赵，22岁，今年7月刚从某网络信息学院毕业，看着周围的同学都已找到了满意的工作，自己几个月来却一直处于失业的状态，心中十分着急。应聘了多家单位，均以没有工作经验为由而婉拒他。他总觉得刚毕业的大学生在劳动力市场中“矮人一截”。

上个月，他看到了某网络公司招聘网络管理员岗位，并在介绍中说明“无经验也可”，小赵不假思索就到这家公司填写了登记表，对招聘公司的背景一概不问，面试人员跟他说什么他都答应，面试人员在面试过程中便提出要收取报名费、培训费等一系列费用。小赵由于急于想得到这份工作，便交了钱，也没留下任何票据，听从面试人员的话语，回家等消息。

但等了一个月，该公司仍然没有给他任何回音，他来到公司要求退钱，但由于拿不出任何凭据，只能无奈走人，工作没找到，连钱也被骗去了不少。

在应届毕业生求职旺季，不少学生求职心切，疯狂“海投”简历，对于所应聘单位的背景资料也不了解，就盲目前往；甚至不少学生为了表示自己的诚意，对企业提出的一些近乎苛刻的要求也照单全收。一些不法企业正是利用了应届毕业生的这种心理，设下种种圈套。

【本节提示】

毕业生就业难，难在他们对社会和自身缺乏了解。作为一名毕业生，要保持一种平静、阳光的心态，充分认清自我，增加辨别力；要加强自身学习，夯实基础，提升自己的实践能力；要多和老师、同学交流，为进入社会做好准备；要时刻保持高度的警惕性，防范各类就业陷阱。

【训练与思考】

1. 简述签订《就业协议书》和劳动合同时的注意事项。
2. 简述劳动争议的处理流程。
3. 简述目前较多的就业陷阱的存在形式及防范方法。

第十章 创业精神

◆ 学习目标 ◆

1. 了解创业精神的概念、特征和要素；
2. 理解创业者的使命与责任；
3. 掌握培养创业精神的途径；
4. 培养创业能力与创业素质。

◆ 案例导入 ◆

山德士退休后拥有的所有财产只是一家靠在高速公路旁的小饭店。饭店虽小，但颇具特色。饭店内最受欢迎也是客人最爱吃的一道菜就是他烹制的香酥可口的炸鸡，仅此就给他带来了一笔可观的财富。多年来，他的客人一直对他烹制的炸鸡赞赏有加。可是他万万没想到的是，由于高速公路改道，饭店的生意突然间一落千丈，最后只好关门。被逼无奈，山德士决定向其他饭店出售他烹制炸鸡的配方，以换取微薄的回报。

在推销的过程中，没有一家饭店愿意购买他的配方，并且还不时地嘲笑他。一个人在任何年龄被人嘲笑都不是件令人愉快的事，更何况到了退休的年龄还被人嘲笑，这就更令人难以接受了。而这恰恰发生在山德士的身上，他不但被人嘲笑，而且接连不断地被人拒绝。但他始终没有放弃，在没有找到买主之前，他开着车走遍了全国，吃住都在车上，就在被别人拒绝了1009次后，才有人买了他的配方。从此，他的连锁店遍布全世界，也被载入商业史册。这就是肯德基的由来。

人们为了纪念山德士，就在所有的肯德基店前树立一尊他的塑像，以此作为肯德基的形象品牌。俗话说："神枪手是一枪一枪打出来的。"缺乏坚持不懈的毅力或者认为自己不能得到自己想要的东西，这两者都是阻碍大多数人勇于改变的关键原因。如果你能紧紧抓住自己的目标并坚持不懈，那么很快你就会超过大多数人。记住，是你掌握着自己的生活。如果你一心想达到一个目标，就一定会有办法取得成功。

随着知识经济时代的到来，全球经济一体化的趋势不断加强，世界范围内人才竞争日益激烈，开展创业教育已成为当今世界各国教育改革的一股潮流，而创业精神的培养是创业教育的重要内容。近年来，随着中国高等教育进入大众化教育阶段，各大高校逐年扩招，高校毕业生人数迅速增加，而社会需求基本保持在扩招前的水平，大学生就业形势日趋严峻，很多大学生毕业后找不到称心如意的工作。面对这种形势，大学生选择自主创业，既是为自己找出路，为社会减轻就业压力，又是通过创业扩大就业，加速技术创新和科研成果的转化，进而创造更多的社会财富，推动社会经济发展，实现发展经济与扩大就业的良性互动。

信息时代，是一个技术变革、思想变革相当活跃的年代。知识储备在当今创业要求中的分量越来越重，资金的需求相对减少，有利于创业起步；同时交易成本下降，特别是互联网的出现，使成本几乎降为零，大大增加了创业成功的机会。因此，创业成了越来越多年轻人的追求和选择。

第十章

创业精神

当代大学生更加关注个性化发展，越来越多的学生以创业为目标，追求在最大程度上发展个性，实现自身价值。面对激烈的就业竞争压力，不少学生为了拓展职业发展空间，在夯实理论知识、掌握基本技能的同时，也迫切希望学习创业知识和培养创业能力。

本章主要介绍创业和创业精神的基本概念、创业者的使命感与责任感、创业精神与创业素质、创业精神的作用和培养等，让大学生对创业和创业精神有基本的了解，对创业者须具备的素质有明确的认知，并能通过学习和实践培养自身的创业精神。

创业要找最合适的人，不一定要找最成功的人！——马云

第一节　创业精神概述

【导读】

从前，有两个饥饿的人得到了一位长者的恩赐：一根鱼竿和一篓鲜活硕大的鱼。其中，一个人要了一篓鱼，另一个人要了一根鱼竿，于是他们分道扬镳了。得到鱼的人原地就用干柴搭起篝火煮起了鱼，他狼吞虎咽，还没有品出鲜鱼的肉香，转瞬间，连鱼带汤都被他吃完了。不久，他便饿死在空空的鱼篓旁。另一个人则提着鱼竿继续忍饥挨饿，一步步艰难地向海边走去，可是当他已经看不到远处那片蔚蓝色的海洋时，他最后的一点力气也用完了，只能带着无尽的遗憾撒手人间。

又有两个饥饿的人，他们同样得到了长者恩赐的一根鱼竿和一篓鱼。只是他们并没有各奔东西，而是商定共同去寻找大海。他们两人每次只煮一条鱼，经过遥远的跋涉，他们来到了海边。从此，两人开始了捕鱼为生的日子。几年后，他们盖起了房子，有了各自的家庭、子女，有了自己建造的渔船，过上了幸福安康的生活。

一、创业的基本内容

（一）创业的概念

《现代汉语词典（第7版）》关于“创业”的解释是创办事业。这里所谓的“创业”是广义上的创业，是指创业者的各项创业实践活动，其功能指向是成就国家、集体和群体的大业。狭义上的创业是指创业者的生产经营活动，主要是开创个体和家庭的小业。杰夫里·提蒙斯在《创业创造》一书中将创业定义为“创业是一种思考、推理结合运气的行为方式，它为运气带来的机会所驱动，需要在方法上全盘考虑并拥有和谐的领导能力”。在现代社会中，创业被普遍用于描述开创某种事业的活动，是指一切个人或团队开创自己的产业的活动，如开店、办厂、创办公司、投资生意等生产经营活动。在高等教育中，创业是指以所学知识为基础，以技术、工艺、产品、服务的创新成果为支柱，以风险投资基金为依托，开创性地提供有广阔前景的新技术、新工艺、新产品、新服务，直至孵化出新的高新技术企业甚至新产业部门的一系

列活动。

本书认为，创业是指创业者对自己拥有的资源或通过努力而拥有的资源进行优化整合，从而创造出更大经济或社会价值的过程。创业者不仅要有很好的财运，而且要贡献时间和付出努力，承担相应的财务、精神和社会风险。只有做到这些，才可以获得金钱的回报，达到个人的满足和实现经济的独立。创业具有以下四个特点：第一，创业是创造具有更多价值的新事物的过程；第二，创业需要贡献必要的时间和付出极大的努力；第三，创业需要承担必然存在的风险，涉及财务、精神、社会和家庭等；第四，创业的报酬包含金钱、独立自主、个人满足等。

（二）创业的类型

创业类型的选择与创业动机、创业者风险承受能力密切相关，会影响创业策略的制定，因而是探讨创业管理不可忽视的议题。克里斯琴·格罗路斯依照创业对市场和个人的影响程度，将创业分为复制型创业、模仿型创业、安定型创业和冒险型创业。

1. 复制型创业

复制型创业是指复制原有公司的经营模式，创新的成分很少。例如某人原本在餐厅里担任厨师，后来离职自行创立了一家与原服务餐厅类似的新餐厅。新创公司中属于复制型创业的比例虽然很高，但由于这类型创业的创新贡献太低，缺乏创业精神，不是创业管理主要研究的对象。

2. 模仿型创业

这种形式的创业，虽然对于市场也无法创造新的价值，创新的成分也很少，但与复制型创业的不同之处在于，创业过程对于创业者而言仍具有很大的冒险成分。例如某一纺织公司的经理辞掉工作，开设一家当下流行的网络咖啡店。这种形式的创业具有较高的不确定性，学习过程长，犯错机会多，代价也较高。这种创业者如果具有适合的创业人格特性，经过系统的创业管理培训，掌握正确的市场进入时机，还是有很大机会可以获得成功。

3. 安定型创业

这种形式的创业，虽然为市场创造了新的价值，但对创业者而言，本身并没有面临太大的改变，做的也是比较熟悉的工作。这种创业类型强调的是创业精神的实现，也就是创新的活动，而不是新组织的创造，企业内部创业就属于这一类型。例如，研发单位的某小组在开发完成一项新产品后，继续在该企业部门开发另一项新品。

4. 冒险型创业

这种类型的创业，除了对创业者本身带来极大的改变外，个人前途的不确定性也很高；对新企业的产品创新活动而言，也将面临很高的失败风险。冒险型创业是一种难度很高的创业类型，有很高的失败率，但成功所得的报酬也很惊人。这种类型的创业如果想要获得成功，必须在创业者能力、创业时机、创业精神发挥、创业策略研究拟定、经营模式设计、创业过程管理等各方面都有很好的搭配。

（三）创业的一般过程

创业需要经历一个从无到有创建事业的过程，这期间必须能够发现和评估新的市场机会，在此基础上制订创业经营计划，确定并获取创业资源，最后正式创办并管理新企业，这是创业要经历的四个阶段，也就是创业的一般过程。

1. 发现和评估新的市场机会

这是整个创业活动的起点，对创业成功与否有着关键意义。比如老王最初的创业构想是开一家手机店，但最终却由卖手机转为手机维修，这就是对当地市场进行分析和研究、对市场机会进行识别和评估的结果。因为当地市场卖手机的店已经不少，而做手机维修的人却相对较少，在此基础上辅以部分手机和配件的销售，无论投资额度、风险性都相对较小，同样也具有极大的市场。发现和评估新的市场机会，具体包括对市场机会的创新性、实际价值、风险与回报、个人能力和目标、市场竞争等方面的综合分析。

2. 制订创业经营计划

这一步是对已发现的市场机会的进一步谋划，是创业活动的基础。通过制订创业经营计划，创业者需要明确新企业或新开张的店铺主要从事哪些产品或服务，以此确定创业所需资源以及获得这些资源的途径和方法，制定生产经营的基本战略和策略，设计出基本的管理体制，做好财务规划和投资效益分析等。一份完善的创业经营计划，不仅对自己的创业活动有着极强的指导意义，也是说服投资者提供投资的重要文件。

3. 确定并获取创业资源

这是实施创业计划的第一步。创业者要对现有资源状况进行分析，区别创业的关键资源和一般资源，搞清楚资源缺口可能造成的影响和需要采取的弥补措施，想办法获取创业所需的资源，并在整个创业过程中加强对资源的控制和提高资源的利用效率。

4. 正式创办并管理新企业

到这一阶段创业就算是正式上路了，这一阶段包括选择适当的企业法律形式和正确的管理模式，明确创业成功的关键，及时发现运作中出现的问题和可能出现的问题，并完善相应的管理和控制系统，确保企业或店铺的正常运作和健康成长。

二、创业精神的基本内容

（一）创业精神的概念

创业精神也叫企业精神，是指在创业者的主观世界中，那些具有开创性的思想、观念、个性、意志、作风和品质等，它的本质是一种创新活动的行为过程，而非企业家的个性特征。创业精神的主要含义为创新，也就是创业者通过创新手段，更有效地利用资源，为市场创造出新的价值。虽然创业常常是以开创新公司的方式产生，但创业精神不一定只存在于新企业中。一些成熟的组织，只要创新活动仍然旺盛，该组织依然具备创业精神。

哈佛大学商学院认为创业精神就是一个人不以当前有限的资源为基础而追求商机的精神。从这个角度来讲，创业精神代表着一种突破资源限制，通过创新来创造机会和创造资源，而不是简单地体现在创造新企业上。因此，创业精神可以简单地概括为“没有资源创造资源，没有条件创造条件，用有限的资源创造更大的资源”。

“化腐朽为神奇”的旅行者

“聚众传媒”的创立

网景创始人、互联网最具传奇色彩的技术创新者和创业者安德森曾说：“创新通常非常简单，任何个人都有可能在不经意间完成。”虞锋正是因为在美国等电梯时的偶然发现，由大楼内的显示屏而想到了国内的巨大市场，从而创立了“聚众传媒”。

创业的“金点子”很可能就埋藏在你身边，只要你具有丰富的想象力和足够的警觉性，你就能迈开创业道路上至关重要的第一步。真正的创业者并不是追求个人的财富，而是追求个人的理想；真正的创业者把创业当作个人实现人生价值的一种方式；真正的创业者看重的是创业过程，在创业过程中，不断提升个人价值，而这种提升体现在对社会的贡献上；真正的创业者的激情来自他的事业给社会带来的积极影响。

选择了创业就是选择了面对更多的困难和迎接更多的挑战，而创业精神就体现在战胜困难与挑战的过程中。

（二）创业精神的误区

创业精神是指一种追求机会的行为，这些机会还不存在于资源应用的范围，但未来有可能创造资源应用的新价值。创业精神所关注的在于“是否创造新价值”，而不在于创办新公司，因此创业管理的关键在于“创业过程能否将新事物带入现存的市场活动中”，包括新的产品或服务、新的管理制度、新的流程等。因此可以说，创业精神是促成新企业形成、发展和成长的原动力。但在实际生活中，人们对创业精神却存在以下两个误解。

误解一：认为创业精神的传统观念往往与新兴企业或小型企业相关联。亚马逊网上书店出售的图书中，有 2400 册以创业精神为主题。但是，这些书籍几乎千篇一律以传授或传播创业知识为宗旨。然而，这样理解创业精神未免过于狭隘和片面。调查表明，大多数首席执行官认为创业精神还有其更为广阔的发展舞台。无论是对于小规模企业还是对于数千人规模的大型跨国企业而言，创业精神同样不可或缺。事实上，无论是上市公司、政府、私营企业还是非营利性组织，在所有经济部门中，无处不见创业精神的巨大身影。

创业精神的价值还以诸多不同的方式予以体现，如促使产品和服务的创新、开发全新的经营方式以及建立更为高效的公共服务等。人们注意到“社会企业家”的崛起，他们以提高社会效益为明确目标，而非一味地追逐商业利润。在接受调研的首席执行官中，有三分之二的人相信，国家公务员同新兴互联网企业雇员一样，也能在自己的岗位上发扬创业精神。

误解二：企业经理人，往往使人联想起孤胆英雄式的高大形象。其实，在大型企业中，发扬创业精神并不需要任何人，甚至是领导者本身具备所有这些特质。相反，员工能在企业的每一个角落，真真切切地感受到它无处不在。当员工携起手来、开动脑筋，便可产生创新思路的源泉，在此过程中每个人的特长在不同阶段都得到了充分发挥。

（三）创新精神的特征

创业精神是一种能够持续创新成长的生命力，一般可以分为个体的创业精神和组织的创业精神。个体的创业精神是指以个人力量开展创新活动，并创造一个新企业；组织的创业精神是指在一个已存在的组织内部，以群体力量追求共同愿景，从事组织创新活动，并创造组织的新面貌。对于创业精神特征的表述有很多种，本书理解的创业精神具有以下四个特征。

1. 高度的综合性

创业精神由多种特质精神综合作用而成，如创新精神、拼搏精神、进取精神、合作精神等，都是形成创业精神的特质精神。

2. 三维整体性

无论是创业精神的产生、形成和内化，还是创业精神的外显、展现和外化，都是由哲学层次的创业思想和创业观念、心理学层次的创业个性和创业意志、行为学层次的创业作风和创业品质三个层面所构成的整体，缺少其中任何一个层面，都无法构成创业精神。

3. 超越历史的先进性

创业精神的最终体现就是开创前无古人的事业，创业精神本身必然具有超越历史的先进性，想前人之不敢想，做前人之不敢做。

4. 鲜明的时代性

不同时代的人们面对着不同的物质生活和精神生活条件，创业精神的物质基础和精神营养各不相同，创业精神的具体内涵也就不同。创业精神对创业实践有着重要意义，它是创业理想产生的原动力，是创业成功的重要保证。

（四）创新精神的要素

创业精神包含多个要素，其中创新是核心。以创新为核心的创业精神包含三个主体要素：把握机会、甘冒风险和自我超越。以把握机会为基础的主动性是创业过程中不可或缺的因素；创业者与普通雇员的区别在于前者具有风险承担能力；而不断追求自我超越能够规避创业过程中遇到的“机会主义陷阱”，从而实现持续发展。

1. 把握机会

创业首先由机会启动，然而，要敏锐地把握商业机会却不是一件容易的事情。创业精神的发挥是会受到制约的，比如从外部而言，创业企业难以获得及时的信息和原材料，难以开拓营销渠道和市场；在组织内部，企业纵向和横向沟通有可能不顺畅，信息无法实现充分交流和共享，总部的战略决策可能在信息不充分的情况下被制定出来，这样的战略决策即使是合理的，各个职能部门的内部控制所导致的跨部门管理难度增大，也会使长期发展规划成为一纸空文。因此，在获取尽可能充分的信息的基础上，把握机会是成为创业者的首要任务。

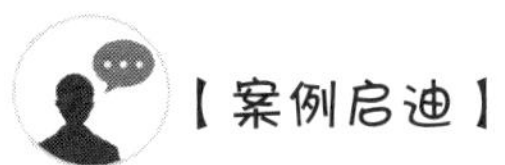

只有淡季的思想，没有淡季的市场

海尔集团董事局主席兼首席执行官张瑞敏认为“只有淡季的思想，没有淡季的市场”。一般来讲，每年的 6 至 8 月是洗衣机销售的淡季。每到此时，很多厂家就把商场里的促销员撤回去。张瑞敏就想：难道天气越热，出汗越多，老百姓反而越不洗衣服？调查发现，不是老百姓不洗衣服，而是夏天里 5 公斤的洗衣机不实用，既浪费水又浪费电。于是，科研人员很快设计出一种洗衣量只有 1.5 公斤的小小神童洗衣机，产品很快风靡全国，并出口日本和韩国。

然而，随着企业的发展，这种建立在个人基础上的把握机会的意识和能力，便会在更广阔的市场和更丰富的资源面前显得有些局限。这时，就需要建立一套完整的系统，在制度上保证机会的把握。具体包括：机会的发现和判断、机会的遴选与甄别、机会的准备和实施以及机会的扩充与优化。通过机会的改善与重构发现新的机会，从而在把握机会中形成一个正反馈循环。此外，还必须要有制度化、组织化、规范化的运作体系来支撑，才能保证企业长期的可持续发展。比如对机会进行全方位考虑、通过杠杆作用撬动各方面资源、发掘外部力量和独立研究机构、对机会的识别进行客观考察和建议等。

2. 甘冒风险

创业过程中，创业者会面临许多风险，这些风险主要来自以下几方面。

第一，内部技术风险。尤其在高新技术领域，创业者和投资者要面临技术的不确定性。比如在生物医药行业，一个完整的新药开发过程一般包括基础研究、临床前研究、临床研究、新药生产申请和生产投放五个阶段，整个过程的成功概率仅有 0.2%。

第二，内部管理风险。企业的内部管理、战略规划、组织结构的合理性至关重要，尤其是核心团队的合作和共同决策的有效开展，在相当程度上决定了企业的抗冲击能力和发展能力。

第三，外部市场风险。创业过程中有可能出现“市场失灵”，也就是技术先进的产品或服务，由于市场上某些因素的变化而无法得到用户的承认和接纳，从而在很长时间内被市场忽视甚至遗弃，面临的需求曲线偏低。

第四，资本风险。一般来讲，资本的策略是“捧大避小”，这是对创业者尤为不利的一个因素，也是风险投资对创业活动至关重要的原因。而且，即便获得了风险投资，如果创业企业运作不良、前景不佳或者行业整体发展态势不利，资本仍然有可能抽身而去，这种例子在 2008 年的视频网站、2011 年的团购网站行业屡见不鲜。

甘冒风险并不是说创业者必须“主动寻找风险，主动拥抱风险”，而是指要有敢于承担风险的胆识以及善于降低乃至规避风险的能力。在承担风险的过程中，创业者要考虑以下几个因素：首先，必须测量风险的大小和可能性以及可能带来的波动效应；其次，必须考虑为应对风险而能调动的资源数量，一个真正出色的冒险家懂得谨慎运用手头资源，因为资源永远是有限的；最后，风险识别和应对系统不应当建立在个人基础上，否则就很难保证可持续性。

风险来源于资产专用性，所引起的潜在损失难以通过纵向一体化的安排来进行规避，长期合约也难以做到完全规避风险。因此，必须寻找和利用各种资源，降低专用性资产所面临的风险；发挥创业者的个人能力，突破资产专用性壁垒，同时突破制度、规则的约束，实现边际创新；排除各种外部干扰，顶住压力，推动创业活动的前进。

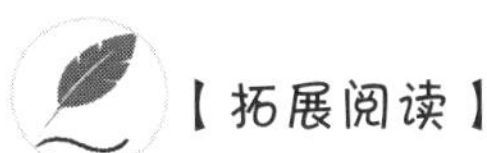

【拓展阅读】

四季沐歌发展策略的调整

2007 年之后，四季沐歌总裁李骏放弃城市优先策略，通过发展乡镇二级代理，建立村级网络的标准化代理系统，确立了基于农村市场的竞争力，使四季沐歌成为太阳能热水器行业中国市场的领军品牌。

3. 自我超越

从某种角度来看，创业者越是能敏锐地发现和把握机会，越是有胆识和能力化解风险，就越有可能落入机会主义陷阱，从而产生违约、欺诈、损害社会福利甚至触犯法律的行为。这样的创业是不可持续的，比如盛极一时的山寨手机等。因此，创业者必须追求自我超越，规避机会主义陷阱。

从本质上讲，自我超越的目的就是追求可持续发展。可持续发展是一种战略选择。实行可持续发展战略，就必须强调自主创新能力。通过不断创新，在变化的环境中保持竞争优势，同时避免或尽可能减少对社会、资源、环境等产生外部性问题的创新活动。这就是可持续创新，从根本上讲，就是以创新为手段，有效地整合多种资源，从而形成收益的可持续性。创业者可以通过以下几方面的努力来促进可持续创新。

第一，观念创新。要想成为一名创业者，首先需要的就是敢于走出经验的误区，大胆地进行创意并实践，从而捕捉到商业机会。

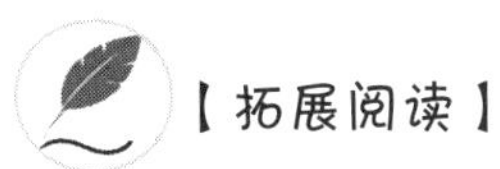

【拓展阅读】

走出经验的误区

将一个空桶装满大石头，此时小朋友会说：“桶已经满了。”少年会说：“桶里还可以加一些小石子。”青年会说：“还可以在放入小石子的基础上倒入细沙。”那么，这个时候桶真的已经满了吗？经验告诉我们的答案往往是“是”，但实际上再加入几杯水之后，你会发现桶仍然可以容纳得下。如果问在一个盛满水的杯子里还能不能添加东西，我想最普遍的回答是“不行”，也许少数别出心裁者会想到加入食盐、海绵等答案。但实验告诉我们，继续添加两盒回形针和若干枚硬币后，杯口的水仍然没有一滴溢出。

这就是所谓的经验主义，它导致我们凭借着以往的相同经验分析着不同性质的事物，得到千篇一律的答案。很多时候，这种经验实际上已经变成一种偏见，而偏见也往往会使很多商业机会擦肩而过。企业应当鼓励讨论和采用新的经营思想、新的经营理念、新的经营思路，在实践中形成新的经营方针、新的经营战略或经营策略。

【拓展阅读】

麦肯咨询的创新精神

麦肯咨询在云南省咨询行业的竞争中，积极探索运用新观念来改变当地人群的思维模式和传统观念，成为组织变革领域的领导者。他们发现，当地人的工作和生活方式对经济活动的开展产生了不利影响，比如轻松的心情、宽松的环境、舒适的生活、凡事无所谓的态度等。在旅游产业开发过程中，这些因素已经产生了实际的负面作用。因此，麦肯咨询在改造观念方面花费了很大的力气，并使客户有更好的体验和认知。

第二，机制创新。企业需要把各种创新活动制度化，从根本上保证创新活动的开展，包括组织、运营机制、企业文化等方面的规范化。

【拓展阅读】

资金和好的机制是企业发展的前提

1993年，美的集团首先进行体制改革，获批上市，成为中国第一家上市的乡镇企业。美的集团董事局主席、美的创始人何享健说：“上市，可以获得融资，有了资金，有了好的机制，企业何愁不能发展？”

第三，技术创新。今天的销售额、利润、市场份额并不能保证未来的成功。企业运用高新技术改造传统产业，增加产品的科技含量，促进产品的更新换代，提高产品的经济效益和质量效益，是技术创新的重要内容，也是现代企业在激励竞争中胜出的必然选择。

第四，营销创新。如果产品或服务无法销售出去，企业的生存和发展就无从谈起。尤其在中国市场，营销创新是企业在竞争中生存与可持续发展的必要手段，渠道、促销、产品定位、价格和成本等都是至关重要的因素。企业必须根据营销环境的变化，结合企业自身的资源条件和经营实力，寻求营销要素在某一方面的突破或变革，并实现和维持市场活动的可持续性，包括良好的客户关系、持续的服务优化等。

此外，从组织层面上，通过一定的组织形式来改善导致机会主义的环境也是一种较为积极的做法。用组织行为代替个人行为，通过柔性化制度安排，降低交易成本和管理成本，达到对机会主义的约束和控制。只要创业者的自我超越扩展到企业和整个经济世界中，就能成为自动履约机制的前提和基础，实现创业精神从自发到自觉的升华。

【本节提示】

创业精神是指在创业者的主观世界中，那些具有开创性的思想、观念、个性、意志、作风和品质等。创业精神是一种能够持续创新成长的生命力，一般可以分为个体的创业精神和组织的创业精神。个体的创业精神是指以个人力量开展创新活动，并创造一个新企业；组织的创业精神是指在一个已存在的组织内部，以群体力量追求共同愿景，从事组织创新活动，并创造组织的新面貌。

在年轻人的颈项上，没有什么东西能比事业心这颗灿烂的宝珠更迷人的了。——哈菲兹

第二节　创业者的使命感与责任感

【导读】

三鹿集团曾是中国奶粉行业的巨头，2006 年更是位居国际知名杂志《福布斯》评选的“中国顶尖企业百强”乳品行业第一位。经中国品牌价值评估中心评定，三鹿品牌价值达 149.07 亿元。然而 2008 年初，由于原辅材料的价格上涨，三鹿集团为了节约成本，采用三聚氰胺制成“蛋白粉”，导致全国多名婴儿罹患结石病，出现“大头娃娃”事件。事情发生后，田文华等多名原三鹿集团的高管被逮捕判刑，曾经风光无限的中国乳业巨头三鹿集团也走向破产。

一个真正的创业者最关键的是要对社会有使命感与责任感，不能为了赚钱而弄虚作假，销售假冒伪劣产品，更不能唯利是图，见利忘义，干出伤天害理的事情。一个创业者如果没有对社会有使命感与责任感，那么他充其量就是一部赚钱的机器，并可能是一部非常善于赚钱的机器。而一个对社会有使命感与责任感的创业者，一定有自己的理想，有立足于有益社会的理想，不会被单一的利益牵着鼻子走。纯粹为了追逐利益而去办企业与为了某个理想而去办企业，两者出发点不同，做事情的境界不同，对社会的贡献也不同。

一、创业者的使命感

法雷尔在《创业时代——唤醒你的创业精神》一书中第一个讲的就是使命感，他认为这是创业者素质中最重要的一点。“对我来说非常重要的一点是，感觉自己所做的事极有意义，远胜过建立公司或是财务上的回馈。我相信我们正在做的事对世界来说非常重要。”这正是所有创业者的优越性，他们确信在做一件很重要的事，并创造了大量的价值，或者退一步说，至少在岁月的沙滩上留下了自己的串串足迹；他们感觉肩负某种使命，这种使命感赋予他们难以置信的力量、渴望和自豪。

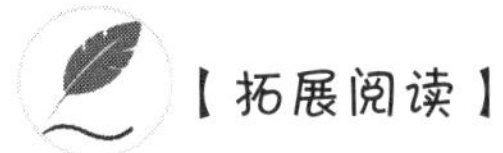

【拓展阅读】

使命感是企业发展的原动力

2001年，马云在纽约有幸参加了克林顿夫妇的早餐会。在那次早餐会中，马云与克林顿夫妇进行了一次愉快的交谈。克林顿说："美国无论是经济还是政治、军事在全世界都是一流的，没有可以模仿和借鉴的对象，那么美国到底应该怎么走？作为美国总统，应该把这个国家往哪儿带呢？依靠什么力量引导美国前进呢？答案很简单，是使命感引导美国向前走。"

听到此番言论，马云心里豁然开朗。他想到中国的互联网公司可以模仿雅虎、美国在线、亚马逊、阿里巴巴，但阿里巴巴能去模仿谁？一流的公司不应该是他人的复制品，所以阿里巴巴也要跟着使命感走！马云进一步确立了公司的使命感，那就是"让天下没有难做的生意"。在"让天下没有难做的生意"的使命感的牵引下，阿里巴巴制定了自己独特的价值观。在阿里巴巴，价值观是决定一切的准绳，招什么样的人、怎样培养人、如何考核人都要坚决彻底地贯彻这一原则。从此，不乏激情的阿里巴巴有了越来越明确的方向感。

面对"为什么阿里巴巴当时选择了电子商务，而不是当时其他人所看好的赚钱方式"的提问，马云的回答是："只有电子商务才能改变中国未来的经济，我坚信人们进入信息时代以后，中国完全有可能进入世界一流的国家。无论是政治、经济、军事还是文化。阿里巴巴成立的时候我说过，我们相信中国一定能加入世界贸易组织，而中国的腾飞又是以中小企业的发展为基础，我们用互联网技术武装它们，帮助它们腾飞，也帮助自己腾飞，公司也能赚钱。阿里巴巴的使命就是'让天下没有难做的生意'，让客户挣钱，帮助他们省钱，帮助他们管理员工。我们在作每一个决定之前，都会考虑到怎样去做才会使客户的利益更大化。我们提出'让天下没有难做的生意'以后，就把这个作为阿里巴巴推出任何服务和产品的唯一标准。我们的工程师和产品设计师把我们的产品设计得非常简单，以便让客户更容易操作，我们把麻烦留给自己，这就是使命感的驱动。"

正是"让天下没有难做的生意"的使命感，使阿里巴巴受到了众多客户的尊重。因为阿里巴巴这个平台，不仅解决了众多中小企业的问题，也为社会创造了很多的就业机会。

【拓展阅读】

工作可以体现自身的价值

比尔·盖茨在19岁的时候决定了他的人生目标，要让每一个家庭的桌子上都有一台电脑。如果他只是为了金钱而工作，那么他的动力不会持久。直到今天，他的财产已经多到花都花不完的程度，他还肯拿出那么多的时间去工作，因为他有完成工作的使命感。工作不仅仅是为了薪水，更重要的是体现自身的价值。

使命感，就是知道自己在做什么以及这样做的意义。一个企业的存在，并不仅仅是为了自身的生存。如果仅仅为了养活自己，那么这个团队的存在对社会就没有任何意义。

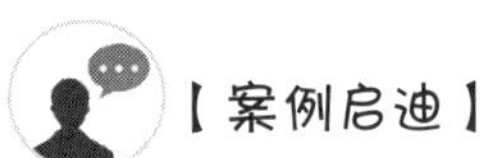
【案例启迪】

红军的使命感、荣誉感、责任感

红军在长征的路上可以说损失惨重，但是当红军胜利到达陕北的时候，人们都知道，中国还有希望，因为有很多决定中国命运的人才活了下来。在长征以后的战争岁月中，参加过长征的人成了军队的主力。长征，更为中华人民共和国的建设储备了足够的人才。中华人民共和国成立后，许多参加过长征的人，在重要的岗位上继续引导着人们走向胜利。更有许多当年的红军战士走到了非常平凡的工作岗位上，继续发挥着他们的能量。虽然权不高、位不重，工作很平凡，但是这些红军战士从未有过一句怨言，他们以自己是红军团队的一员而自豪。作为红军，他们有一种自发的使命感、荣誉感、责任感。

红军显然不是一支仅仅以生存为目的的团队，不论在何等艰难的情况下，他们都有自己明确的目标和崇高的使命。他们要赶走侵略中国的帝国主义，他们要拯救中国，他们要让人民成为真正的主人，这些目标和使命从来没有变过。

一个企业的存在，绝对不能以赚钱为唯一目标。除了赚钱外，企业还应该服务社会、创造文化和提供就业机会，把高质量的产品和服务以最低的价格提供给消费者。这些都是企业应该具有的目标，也可以说是企业的使命。一个企业如果从管理层到普通员工都能形成这样的使命感，那么这个企业最终一定会有大的发展。

仔细研究那些世界著名企业，我们会发现，任何一家企业都不是以赢利为自己的最高使命，它们大多把服务社会、造福人类、改变生活的崇高使命作为自己企业文化的核心。

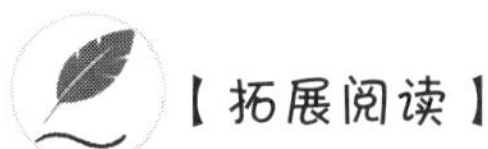

【拓展阅读】

公司的使命要靠员工去实现

在全球第一大医药企业辉瑞公司中，参与研究新药的很多员工，为的不是推出新药替公司赚钱，而是找到对人类有益的药品。对他们而言，职称和薪资不是最重要的，他们希望能为心中的使命感工作。同时，他们身上还有一种对公司使命的认同感。这种认同感最终表现在他们的工作中，公司的使命也通过他们的工作去实现。

（资料来源：曹荣瑞．大学生职业发展与就业指导［M］．上海：上海锦绣文章出版社，2012.）

个人英雄主义在当今社会已经行不通了，21 世纪打拼靠的是团队。有了一个优秀的团队，事业才能取得成功；每项工作必须要有组织、有计划，明确分工，互相协调。个人只是团队中的一员，个人要想取得大的成就，必须依靠团队的力量。当一个员工把自己的人生目标和企业团队联系在一起时，企业团队才能超越个人的局限，发挥集体的协同作用，进而产生一加一大于二的效果。因此，使命感并不仅仅是企业的事情，企业的所有事情最终都要落实到每个员工身上。使命感是员工前进的永恒动力。工作绝对不仅仅是一种谋生的工具，即使是一份非常普通的工作，也是社会运转所不能缺少的一环。

二、创业者的责任感

责任感是指个人对自己和他人、对家庭和集体、对国家和社会所负责任的认识、情感和信念，以及与之对应的遵守规范、承担责任和履行义务的自觉态度。从本质上讲，既要求利己，又要利他人、利事业、利国家和利社会。当自己的利益同国家、社会和他人的利益相矛盾时，要以国家、社会和他人的利益为重。创业者只有有了责任感，才能有驱使自己一生都勇往直前的不竭动力，才能感到许许多多有意义的事情需要自己去做，才能感受到自我存在的价值和意义，才能真正得到人们的信赖和尊重。

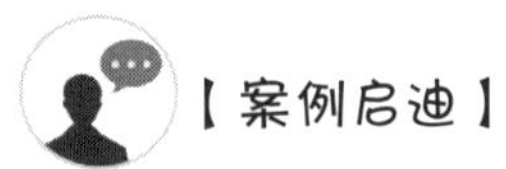

解决人们疼痛问题的企业家

有一位老总，曾经是上海航空局的副局长，一位从技术起家的官员，现在是一个非常低调的企业家，他做了一件什么事情呢？他要解决全世界人的疼痛问题。他是中国第一代自主研发飞机的主要设计者，提出"要想提高飞机效率，应该从叶片入手，叶片快速旋转会导致空心变冷、结露，并导致叶片变重"。他针对这个课题进行研究，找到了一种方法，这种方法可以用于治疗水肿。因此，全世界人民就有了福音。以目前的医疗水平，腰椎间盘突出还属于疑难杂症，同时腰椎间盘突出也给患者带来严重的疼痛。用他们企业生产的仪器，只需要一个月，六个疗程就可以治好。他为世界作了多少贡献？疼痛是对许多人的伤害，而这位企业家却将这个技术运用在腰椎间盘突出、前列腺炎等 13 种疾病上，成为世界上最大的非上市医疗设备供应商。这种为全世界人民解决疼痛问题的责任，驱使他不断寻找最佳的解决方法去解救或缓解他们。

什么是责任感呢？恩格斯把它定义为社会人的责任。在全国道德模范评选标准中，把"责任"放在第一位，它包括对亲人的责任，对社会的责任，对本职工作的责任。作为一个创业者，更要有社会责任感，恪守道德底线。

管理者不能没有责任感

拉卡拉的高级副总裁陈灏曾说道："管理者就像上坡时的驾驶员，你可以转向，可以加油，可以刹车，但绝不可以大撒把，哪怕是一瞬间的撒把，也可能是车毁人亡。管理者不能离身的责任感，必须如影随形，时刻铭记。"

纵观世界前 500 强企业，责任感一直在企业成功和发展过程中起着举足轻重的作用。只有企业家坚守自己的社会责任感，企业才能做好做大，否则终将昙花一现。

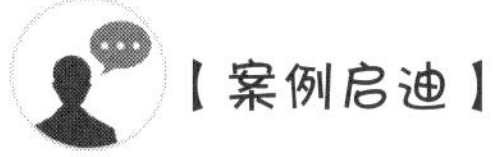

具有责任感的企业

巴斯夫股份公司（以下简称巴斯夫）是全球知名的化学公司，创建于 1865 年。它曾多次被《财富》杂志评选为最受赞赏的化学公司，从 2001 年开始连续数年被列入道琼斯全球可持续发展指数排行榜。

早在 1985 年，巴斯夫就进入了中国市场，可谓最早进入中国的外资企业之一。1999 年，巴斯夫在中华区的销售额是 6.9 亿欧元；2005 年，销售额是 28 亿欧元。如今，巴斯夫已是中国化工业最大的外资企业。

巴斯夫在全球都有一个统一的标准，它在承担责任方面的表现令人称赞。2001 年，德国政府出台新节能法规，要求新建筑物的采暖能耗降至“7 升”。巴斯夫利用其资源和技术优势，将德国已有 70 年历史的老建筑物改成德国第一幢“3 升”房。采暖能耗从 20 升降至 3 升，不仅为住户节约了大量采暖费用，而且环保效益十分显著，二氧化碳的排放量也降至原来的七分之一。由此，“3 升”房在德国得到大力推广。

从环境方面来看，巴斯夫十分注重责任关怀和生态效益分析。责任关怀是指巴斯夫在全球建立首批可持续理事会，全面贯彻国际化工界的责任关怀运动。巴斯夫早在 1992 年就提出“负责的行为”这一理念。在中国，巴斯夫的有关活动主要包括：对学校特别是大学的教育计划、社区顾问小组行动以及对供应商和承包商等第三方的审计等。生态效益分析可以说是巴斯夫的首创，这一战略工具可以让我们在产品开发、优化工艺以及选择最具生态效益的解决方案的过程中兼顾经济效益和环境效益。

从社会方面来看，巴斯夫十分愿意承担与其业务活动相关的社会责任，这些活动包括与员工、客户、供应商以及当地社区的互动。巴斯夫在可持续发展方面付出的不懈努力终于获得了回报，特别是得到了公众和利益相关者的认可。2005 年 12 月，巴斯夫在国内商业媒体《21 世纪经济报道》举办的“第二届中国最佳企业公民行为评选”中获奖。

创业者必须要有道德底线，而且必须要坚守道德底线。餐饮行业，食品安全就是道德底线；金融服务行业，资金安全、诚信无欺就是道德底线。如果我们不遵守道德底线，对破坏道德底线的行为予以容忍、默认甚至褒奖，总有人会自食其果。每个企业都有自己的经营理念，不同的经营理念会形成不同的企业文化，进而形成不同的企业战略与行为，并最终决定一个企业的成败与境界。

【拓展阅读】

这种行为已突破底线

2016 年 8 月，做校园洗衣服务的团队“宅袋洗”，从名不见经传到一夜之间被圈里讨论的原因在于，他们在接受一家创业媒体采访时，直言当初为拓展业务曾使出“馊主意”，即剪断大学宿舍楼下的自动洗衣机的电源线，进而实现所谓“强制试用”，获取了第一批用户，迎来了增长的开始。

这家公司的公关负责人徐丹在朋友圈进行了回应，从其语气来看，其不认为剪断电源线这样的行为有什么严重问题，而是“公关成绩”。甚至，这家公司可能还会为此窃喜——当年某课程表应用到 CCTV 吹牛之后，换来舆论的普遍质疑，却迎来 App 下载爆发式增长。

这种行为已突破底线，更重要的是，创业者以及报道创业者的媒体都不觉得这个事有什么问题，堂而皇之地将其“分享出来”。敢于揭短且不认为自己的短是短，让人无语。许多人对于这样的行为对此表示鄙夷、愤怒。有投资人表示，如果中国所有创业者都这样，那么中国就没有希望了。

有所为，有所不为，是为有为；无所不为，为所欲为，即便能风光一时，也绝不可能风光一世。这是一个亘古不变的真理，可惜近些年被我国的很多企业忽略了。

他们认为“强势即真理”，他们认为依靠资本的支持、不计成本的市场投入和对善良消费者的“忽悠”，就可以获得巨大的销量和利润；认为有了市场占有率，市场和监管部门就得“迎合”他们。这种观点和做法曾一度甚嚣尘上，也一度占据上风，但是问题终究是问题，假的终究成不了真的。随着媒体不断揭露出“添加剂事件”“信用欺诈事件”“流氓软件事件”等，很多曾经一度在聚光灯下风光无限的企业纷纷“受伤”，企业经营过程之中的不当做法纷纷暴露出来，这是必然的。企业经营理念的偏差必然会让企业的发展受到阻碍。

三、大学生创业者的使命感与责任感的培养

（一）使命感的培养

当代大学生是国家最新生、最具活力的群体之一，所以作为大学生，无论是不是创业者，身上都肩负着异于他人的历史使命和社会责任。而作为一名大学生创业

者，更要认清自己的历史使命。

首先，要实现中国梦，就必须凝聚中国力量。当代大学生的健康发展是中国力量的重要组成部分。在推进中国特色社会主义现代化特别是建设文化强国的进程中，大学生创业者更是承担着特殊的使命。大学生的健康发展是文化实力的重要组成部分，是社会文明的一个重要窗口。中国大学生肩负的使命被赋予新的时代特征，中国大学生的发展承载了中华民族伟大复兴的光荣梦想。面对机遇与挑战并存的复杂形势，当代大学生应有更加自觉而强烈的使命感。

其次，当代大学生应当志存高远，坚定崇高的信念，科学对待人生环境，积极响应国家关于建设社会主义和谐社会、环境保护、志愿服务、参军、到基层就业等各种号召，继承和弘扬中华民族的传统美德和优秀传统文化。大学生创业者应该心存忧患意识，自觉把自己的人生追求同国家和民族的前途命运联系起来。

最后，当代大学生要珍惜年华、刻苦学习，用人类创造的一切优秀文明成果武装自己，勇攀科技高峰，培养创新能力、实践能力和创新精神，提高人文素质和科学精神，掌握建设祖国、推进社会主义现代化建设的本领。要积极投身社会实践，开阔眼界，锤炼品格；要注意增进身心健康，促进思想道德素质、科学文化素质和健康素质协调发展；要在增长科学文化知识的过程中提升思想政治素养，努力做到知行合一，德才兼备。

（二）责任感的培养

同样，大学生创业者要认清当前的形势，承担相应的责任。责任问题是一个大题目，涵盖很广。责任又是有层次的，有作为一个公民的社会责任，有作为一个职业人的职业责任，有作为一个家庭成员的家庭责任。责任在某些方面具有道德意义，在某些方面又是一个法律概念。它们在很大程度上具有一致性，但在某些具体的情境下又存在矛盾。

当今社会是一个价值多元的社会，不同的价值观必然会影响到人们关于责任的观念和对于责任的态度。所谓价值多元，其实从范畴上来讲，不外乎是如何看待个人价值和社会价值的问题。如果只强调个人价值，那就会削弱社会责任。至于大学生的责任意识，如果从教育的视角来看待这个问题，当代大学生应该把个人价值和社会价值统一起来，在实现个人价值的同时，不要忘记社会责任，个人的发展离不开社会所提供的条件。

大学生创业者要加强社会实践，在实践中了解社会和了解他人，从而关心社会和关心他人，渐渐增强自己的社会责任感。尤其是在为实现中国梦而不懈努力的新时代，大学生创业者更应该深化对中国特色社会主义的认识，把握基本国情，围绕中华民族伟大复兴总任务，用聪明智慧为祖国建设铺路搭桥，在学好科学文化知识的同时，努力加强磨炼和提高修养。

创业精神所关注的在于“是否创造新的价值”，而不在于设立新公司，因此创业管理的关键在于“创业过程能否将新事物带入现存的市场活动中”，包括新的产品或服务、新的管理制度、新的流程等。创业精神指的是一种追求机会的行为，这些机会还不存在于资源应用的范围，但未来有可能创造资源应用的新价值。因此可以说，创业精神是促成新企业形成、发展和成长的原动力。

【本节提示】

年轻人创业，首先要有想法和规划，比如公司是要成为生产高科技产品的互联网技术公司，还是要成为为消费者提供资讯等服务的其他公司；公司生产的产品和提供的服务能为消费者解决什么问题等。如果只是为了赚钱而成立公司，那么结果往往都是失败。

不曾做过一番事业的人，不足以成为一个良好的顾问。——拿破仑

第三节 创业精神与创业素质

【导读】

法国一个偏僻的小镇，据说有一个特别灵验的水泉，常会出现神迹，可以医治各种疾病。有一天，一个拄着拐杖、少了一条腿的退伍军人，一跛一跛的走过镇上的马路，旁边的镇民带着同情的口吻说："可怜的家伙，难道他要向上帝祈求再有一条腿吗？"这一句话被退伍的军人听到了，他转过身对他们说："我不是要向上帝祈求有一条新的腿，而是要祈求他帮助我，教我没有一条腿后，应该如何过日子。"

一、创业精神和企业家素质

创业是极具挑战性的社会活动，是对创业者自身智慧、能力、气魄、胆识的全方位考验。一个人要想获得创业的成功，必须具备以下创业精神和企业家素质。

（一）勇于创新

一个企业要想成功，必须创新，想通过抄袭或复制别人来获得成功几乎不可能。近些年来，很多人有一种倾向，认为只要能够快速地跟踪和模仿美国的创新模式，就可以在中国成功。所以，美国出来一个高朋网，短短半年时间中国就陷入了千团大战，甚至有创业者公然喊出"创业拼的就是融资能力"，要晒一晒融资的账单来比一比实力。但是，世界上没有一个伟大的公司可以依靠模仿成功。

拉卡拉的创新

传统上，销售点终端只能刷卡付款给一个商户，拉卡拉创造性地开发出了中国第一个电子账单平台，将销售点终端和电子账单平台连接，形成了一种全新的"电子账单＋智能终端刷卡"的支付方式，开创了远程刷卡支付，让电子支付也像传统支付一样安全、简单、方便、灵活，打开了一个巨大的市场空间。

卡拉卡一举将全国二百八十多个城市的五万个便利店变成了拉卡拉的便利支付网点，让数千万消费者百步之内就可以完成缴费、还款、转账、充值等业务，拉卡拉的这个创举在众多同行的疑惑之中迅速成长起来。

创新与生存并不矛盾，创新是最好的生存之道。想创业首先要树立创新意识，只有创新才能找到企业的生存空间，为企业的发展赢得时间，才能打造出企业的战斗力。

很多人误以为模仿是一种最简单的方式，其实模仿是强者的权利，作为弱者和新来者是没有权利模仿的。所有的成功产品都是创新的结果，“商务通”的成功便在于此。即便是山寨手机，之所以能够大卖也是因为进行了很多创新。虽然这些创新在手机大佬看来也许不算什么，但是对于具体的消费者来说非常有价值，比如针对老年人的大字体、大声音，针对特殊人群的防水防震、超长待机等功能。

很多创业者认为初创公司规模小，生存压力大，为了生存只好模仿或抄袭。其实恰恰相反，创新是上天留给小公司的“撒手锏”，是上天留给小公司的生存机会。因为大公司规模大、层级多、计划性强、规章制度烦琐、求稳求规范，所以对市场的反应速度必然会慢。小公司如果敢于冒险，勇于创新，一旦创新成功，你获得的将是整个市场！

（二）敢于冒险

成功总是青睐那些具有探险精神的人。世上的机会分为两种：一种是我们看到了别人没有看到的事，然后我们做了且成功了，这种机会不是很多，也不是每个人都可以遇到；另一种是在别人不看好的时候就扑上去，这是最常见的，也就是俗称的冒险。

既非达官又非显贵的你，天上的馅饼凭什么会掉到你头上？你的机会只有自己去创造，在别人还没有看好的时候就扑上去，别人不做的事你扑上去，扑对了你就成功了，扑错了只要没死就再扑一次吧。成功总是青睐那些具备冒险精神的人，一个不冒任何风险的人将一事无成。他们回避困难，也失去了收获成功的机会。

事情有六成胜算就该扑上去

创办了包括拉卡拉、蓝色光标、考拉基金等在内的多家知名企业的孙陶然先生一贯主张事情有六成胜算就该扑上去，不要前怕狼后怕虎，犹豫来犹豫去。

他在主持“商务通”营销时，打破行业惯例，提出了两个概念：一个是先款后货，另一个是小区域独家代理制。当时没有人知道这些常规是谁制定的，大家只是说一直都是这样做的。他就提出质疑，既然连是谁定的这个“常规”都不知道，为什么要遵守？于是，他推出了要求货到付款、坚持行业内的代理商一家都不使用的方案。事实证明，这是非常重要的两个创新，是“商务通”成功的基石。

1994 年，他决定与《北京青年报》合作创办《电脑时代周刊》。当时，很多朋友反对他的做法，认为花那么大的价钱买断《北京青年报》的互联网技术版面是非常冒险的，因为过去的互联网技术厂商的“常规”是在专业媒体，比如在《计算机世界》《中国计算机报》上做广告，没有人在大众媒体上投放广告。而他坚持认为，随着时代的发展，电脑必将走入寻常百姓家，老百姓都看大众媒体，厂商自然会转向大众媒体。当时项目的投资和风险远远超过了公司能够承受的范围，集团老总问他有多大把握，他说六成，但是绝对应该做，因为如果等到有八成胜算就轮不到我们了。老总同意了，集团借给他 60 万元，他以 30% 的年息向十几名员工集资 40 万元，凑齐了 100 万，启动了这个项目。最后，他们成功了，几乎所有主流厂商都开始在大众媒体上投放广告，他们掘到了自己人生的第一桶金，中国的大众媒体也步入多版面、多内容时代。

所有的成功都是突破常规的结果。所谓常规，其实就是此前的成功者确定的游戏规则，更准确地说是他们赖以成功的方法。后来者如果想成功，就必须打破这些常规，否则根本没有成功的机会。打破常规需要冒险，所有的成功者都是敢于冒险的人，天鹅肉从来都是被第一个敢张嘴的癞蛤蟆吃掉的。

（三）灵敏的商业嗅觉

创业者的敏感是对外界变化的敏感，尤其是对商业机会的快速反应。商机对每个人都是均等的，它有时就在你身边。有商业头脑、对商机敏锐的人会及时发现，并紧紧抓住它；而缺乏商业头脑、对商机迟钝的人，会视而不见，错过发财的机会。一位成功的企业家说：“商机就像飘在天上的白云，它在每个人的眼前飘过，只有敏锐的慧眼才注意它，才盯住它。以深刻而敏锐的眼力或洞察力去发现商机，才是企业家精神的本质。”

从企业经营角度来看，或许可以这么说：市场不是缺少商机，而是缺少捕捉和创造商机的敏捷思维。敏锐的慧眼并不是天生的，它是经营者积累成功经验和储备商业知识的结果；它是经营者在长期的创业、经营活动中，善于观察，勇于思考，不断摸索出来的。

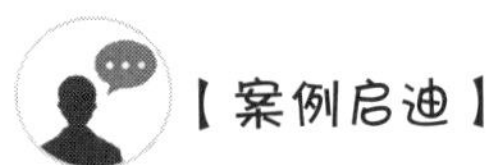
【案例启迪】

麦考尔是何等精明之人

美国麦考尔公司的董事长是个犹太人的儿子，他所经营的铜器名扬美国。有一年，美国政府为了清理翻新“自由女神像”的废料，在全国范围内招标。由于标价太高，好几个月都没有人应标。当时，正在国外旅行的麦考尔听说后，立即赶回纽约。在看过堆积如山的废料后，他当即签字买了下来。许多人暗地里笑他“干了一件蠢事”，都等着看他的“好戏”。他却分秒必争地组织工人对废料进行分类和处理：把废铜熔化，铸成小“自由女神像”；把水泥块和木头加工成底座；把废铅做成纽约广场的钥匙；把灰尘包成一个个小袋子，出售给花店。如此这般地“折腾”了几个月之后，这堆废料竟然变成350万美元，装进了他的腰包里。直到这个时候，那些准备看他“好戏”的人，才明白这个犹太人的儿子是何等精明。

敏锐的慧眼集中反映了经营者的商业智慧：一是对商机反应敏锐，在别人意识到它之前，你对它已经了解清楚；二是对商机看得深、看得远，不仅能及时发现明显的、暂时的商机，而且能发现隐藏的、长远的商机；三是对发现的商机投资快，决策果断，能够走在别人的前头，占据市场先机。

不能仅仅看到事物的表面价值，而要善于透过事物的表象挖掘它所蕴含的潜在商机。头脑灵活、思维敏捷也是台湾富豪王永庆成功的法宝。王永庆没有当官的爹妈，没有雄厚的家产，没有耀眼的家世，对他来说，出路只有一条，那就是自己创业做生意——开办米店。不搞政治、只搞商业、就有饭吃、就有出路，这就是王永庆头脑的灵活以及思维的敏捷之处。如今，他的事业已经遍布全世界。

（四）把握机遇

随着社会的飞速发展，各种新技术层出不穷，尤其随着互联网、物联网、快递、网络支付等的快速发展，灵敏的商业嗅觉可以帮你发现机遇。但是如果遇到事情瞻前顾后，犹豫不决，只会白白错过机会。所以，成功的创业者赢得财富的关键在于比一般人更能把握机遇。

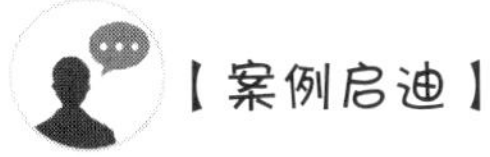

丁磊的选择

丁磊，网易公司首席架构设计师，于1997年6月创立了网易公司，将网易从一个十几个人的私企发展到今天拥有近300员工、在美国上市的知名互联网技术企业。

“2003年福布斯中国富豪榜”于2003年10月30日下午揭晓，丁磊名列榜首，他持有网易公司58.5%的股份，当前市值约合人民币76亿元。丁磊、张朝阳等在面对投资者时，最终的考评都来自业绩。如何获利成为笼罩在生存压力下的网站经营者们最大的问题。丁磊的选择是压缩经营成本、跳出传统意义的内容、率先投入短信业务和网络游戏业务中。在当时许多人看来，这是网易公司又一个烧钱的举措，尤其是短信业务，不仅单一交易收益少，还需要和运营商分成，能否实现收益上的增长，并不被人看好。但丁磊坚持这种积少成多的经营模式，认为这是一个低投入、高产出的获利途径。之后，网易绝大部分的精力都投入这两项业务中。曾经铺天盖地的“网聚人的力量，网易”广告开始从人们眼中消失。从网易公开的财务报告中可以看到，连续几个季度的总运营成本都维持在360万美元左右，比未盈利时期下降了40%多。成本缩减，但收益明显增加。

（五）激情

激情是中国创业者素质中最重要的一点，因为当今是一个激情竞争的时代，也是一个激情创造世界的时代。激情是一种强烈的情感表现形式，往往发生在强烈刺激或突如其来的变化之后，具有迅猛、激烈、难以抑制等特点。人在激情的支配下，常常能调动身心的巨大潜力。

创业者的激情与普通人的激情的不同之处在于，他们的激情往往超出了他们的现实，往往需要他们打破现在的立足点，打破眼前的樊笼，才能够实现。所以创业者的激情往往伴随着行动力和牺牲精神，这不是普通人能够做得到的。

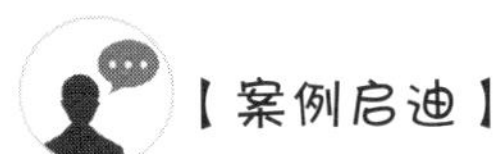

一定要福特独占鳌头

杰克·纳赛尔，曾是福特汽车公司总裁兼首席执行官，也是福特董事会的成员。

1999 年 1 月 1 日前，纳赛尔担任福特汽车业务部执行总裁和福特欧洲公司的董事长。他最大的爱好就是汽车，行事方式与底特律的同行迥然不同。纳赛尔从来不知疲倦。与他生活了三十多年的妻子珍妮芙以及他们的四个孩子可以作证。他每天只睡 4 至 5 个小时，并且只利用假日和周末到国外旅行，以免占用工作时间。他的同事则为他勾勒出这样的一幅画卷：一个人，像政客一样喜欢群居，像少年一样精力充沛，像 NBA 教练一样擅长建立一个协作的团队，像将军一样具有掠夺的本能。他对于满意的答案特别贪婪，只要没有找到这种感觉，他就会不厌其烦、穷追不舍地盯下去，直至满意为止。

其他事情他都可以不管不顾，但在让人们再次购买福特汽车时依然心情激动，他是铁了心的。他要让福特的每一个品牌都响亮，每一位顾客都满意，每一辆汽车驾驶起来都有趣。总之，一定要让福特独占鳌头。正是这种热心工作的态度，使纳赛尔一直被认为是使福特重振雄风的关键人物。他为福特公司工作了 33 年，1999 年担任福特总裁兼首席执行官以来，不仅使福特率先进入电子商务领域，而且又先后把沃尔沃和陆虎两大汽车公司纳入福特的旗下。他最重要的成就是使曾一度严重亏损的福特又重新开始赢利了。

（六）艰苦拼搏

每一个成功都是拼来的，成功无诀窍，成败有规律，创业必须遵循自然法则，放下身段、死缠烂打是前提。创业是一个试错的过程，只要不放弃，永远有机会，最终的胜利者一定是坚持到最后的人。

创业者在该放下身段时，要放下身段。逮住一个机会就死缠烂打，太把自己当回事会极大地限制你的成功。创业是从零开始的一次全新旅程，过去的身份、过去的业绩都已经成为过去。如果你不能忘记过去，还躺在过去的辉煌上流连忘返，你会跌很多很多跟头。

创业者要善于调整自己的心态。心态的调整是最难的一关，绝大多数创业者失败的原因都是心态问题。他们往往缺乏过程感，急躁冒进，总是幻想一战成功、一夜成功，恨不得一口吃个胖子；他们往往容易“小公司大做”，把小公司当作大公司来做，过分关注战略、规划、制度、流程等大公司的东西，把公司的事情复杂化，抬高了成本，降低了效率。

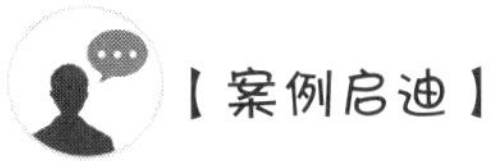

伟大是熬出来的

1983 年，马明哲被改革热潮吸引到深圳蛇口工业区，但当他怀揣梦想去申请公司营业执照时，却处处碰壁，几十次走访深圳各部门摸索开办保险公司的门径。被管理部门以“条件不成熟，不能开办商业保险业务”为由驳回，费尽波折二次申请依然受挫；“闯”进中南海，屡次折返北京商洽，得到基本同意。历经两年奔波、三次申请之后，直至 1988 年 3 月，凭着坚忍不拔的执着精神，马明哲终于拿到了公司营业执照。

当年越南的胡志明到中国请教战胜美国人的法宝，林彪说了一个字“熬”！一个字点出了长期对抗中获胜的关键。在漫长的竞争中，谁能活下来，谁就是最后的胜利者。互联网时代更是如此，从当年的三大门户到现在的千团大战，无不重复着一个真理，谁能扛过金融海啸，谁能扛过经济泡沫，谁就能活到最后，谁就是赢家。那些我们耳熟能详的大牌都是数十年历史在身，而那些已经死去的、当年和它们争奇斗艳的品牌，几乎无人知晓。

冯仑说：“伟大是熬出来的。”任何成功都不是按照一条设计好的道路一路前进的结果，而是试错的结果。当我们走了所有的弯路、碰了所有的壁之后，才能找到那条正确的路。

很多时候能否成功往往就在最后那“一哆嗦”。就如同登山，你只能自己爬，一个坡都少不了，一里路都短不了。没有人能替你，没有办法可以躲，所以抱怨是没有用的。你只有调匀呼吸，调好心态，一步一个脚印前进，不怕慢就怕站，只要坚持走，你终将登顶。登顶时，如果别人都放弃了或者牺牲了，你就是唯一的赢家。

（七）广博的人脉

都说创业难，创业真的难吗？其实并不难，只是你准备不够罢了。成功创业来自 70% 的人际关系和 30% 的知识。在创业的道路上，许多创业的朋友大多都是技术很好，知识很丰富，但就是路走起来很艰难，这是为什么？是因为他们的资源不够。他们忽略了创业中的一个可利用因素，那就是人际关系。创业的过程就像是一个人一生的“人物链”，你会与不同的客户打交道，如果你在创业的过程中，遇到困难，你可以立刻利用这些资源来解决。在创业资源中，人际关系占了很大一部分。所以想创业，你就必须广交朋友，积累各方面的资源。

为创业积累广泛的人脉

马云在电子工业学院当英语及国际贸易专业讲师的时候，为了贴补家用，就去外面的夜校做兼职老师。来听课的有很多都是做外贸生意的老板，这些老板都很敬佩马云，都把马云当朋友，这为马云日后的创业积累了广泛的人脉。

1995 年，马云创办中国第一家互联网公司中国黄页，那时人们都不懂互联网是什么东西，对马云的互联网理念完全不相信，以为他是骗子。马云为了发展公司业务，首先开始给身边的朋友打电话，要他们做网站。很多朋友对网站这个东西也是半信半疑的，但是为了给马云面子，也将就着做了几个，但一开始基本上都是免费给做的，毕竟再好的朋友也不能把钱往那水里扔。有一家朋友企业是最给面子的，好歹也象征性地给了 6000 元。这是中国黄页的第一笔收入。

中国黄页第一个正式的付费客户同样是马云的朋友，那是当时杭州的四星级宾馆望湖宾馆的老板。那个老板本来也不相信网站，但是也同样是给马云面子，签下了马云的单，数额是 20000 元。

在这个“创业改变命运”理念盛行的时代，每个人都应该有创业的意识和想法。尽管你现在还在给别的公司打工，但要想到以后创业艰难，刚开始肯定需要朋友的帮助，因此在生活和工作中就要有意识地去结交一些朋友。然而，很多人都习惯于被动，很少有人喜欢到一个场合主动交朋友。可是那些主动交朋友的人，他会交到更多的朋友。所以，一个有经验的创业者凡事必须主动出击，主动联络一些关系户，扩大人脉资源网。

（八）自我反省

在人们的意识里，一提到反省，似乎是老年人的事情，与青年人无缘，青年人就是要敢闯敢干，勇往直前，其实并不尽然。

作为一个创业者，遭遇挫折，碰上低潮都是常有的事，往往这种时候，反省能力和自我反省精神能够很好地帮助你渡过难关。曾子曰：“吾日三省吾身。”对创业者来说，问题不是一日三省吾身、四省吾身，而是应该时时刻刻警醒、反省自己。唯有如此，才能时刻保持清醒。反省不但要勇于面对自己、正视自己，而且要及时进行、反复进行。疏忽了、怠惰了，就有可能放过一些本该及时反省的事情，进而导致自己犯错。反省首先是对自身的所作所为进行思索和总结。自己说过的话、做过的事都是自己直接经历和体验的。对自己的一言一行进行反省，反省不理智之思、不和谐之音、不练达之举、不完美之事，往往能够得到真切、深入而细致的收获。

反省对于创业者而言，更具有重要性。走过的路短，很容易出现失误和差错；后面的路长，反省就更有必要和价值。反省也是对别人经验教训的思考和总结。个人的经验教训虽然来得更直接、更真切，但其广度和深度毕竟有限。要获得更加广博而深刻的经验，还要在反省自身的基础上，善于从别人的经验教训中学习。成本最低的财富是把别人的教训当作自己的教训。倘若创业者不仅能反省自己，还能反思别人，善于从他人的经验教训中得到启示，就更容易取得成功或避免失误。

创业者除了要善于反省，还要善于将反省的思考付诸实践，这样才有可能使过去的失误变成今后的成功，使过去的成功变为今后更大的成功，真正品尝到金秋的琼浆玉液，享受到大地赐予的丰收喜悦。

二、创业素质

创业素质是一种特殊的能力，这种特殊能力往往影响创业活动的效率和创业的成功。创业素质包括决策能力、经营管理能力、专业技术能力、交往协调能力和创新能力。

（一）决策能力

决策能力是创业者根据主客观条件，因地制宜、正确地确定创业的发展方向、目标、战略以及具体选择实施方案的能力。决策是一个人综合能力的表现，一个创业者首先要成为一个决策者。创业者的决策能力具体包括分析能力、判断能力和创新能力。大学生要创业，首先要对众多的创业目标和发展方向进行比较分析，选择最适合发挥自己特长与优势的创业途径和方法。

良好的决策能力是良好的分析能力加果断的判断能力。在创业的过程中，能从错综复杂的现象中发现事物的本质，找出存在的真正问题，分析原因，从而正确处理问题，这就要求创业者具有良好的分析能力。所谓判断能力，就是能从客观事物的发展变化中找出因果关系，并善于从中把握事物的发展方向。分析是判断的前提，判断是分析的目的。

（二）经营管理能力

经营管理能力是指对人员、资金的管理能力，它涉及人员的选择、使用、组合和优化，也涉及资金的聚集、核算、分配、使用、流动。经营管理能力是一种较高层次的综合能力，它的形成要从学会经营、学会管理、学会用人、学会理财、要讲诚信几方面去努力。

1. 学会经营

创业者一旦确定了创业目标，就要组织实施。为了在激烈的市场竞争中取得优势，必须学会经营。

2. 学会管理

第一，要学会质量管理，始终坚持质量第一原则。质量不仅是生产物质产品的生命，也是从事服务业和其他工作的生命，创业者必须树立严格的质量观。第二，要学会效益管理，始终坚持效益最佳原则。效益最佳是创业的终极目标。可以说，无效益的管理是失败的管理，无效益的创业是失败的创业。要做到效益最佳，就要求在创业活动中人、物、资金、场地、时间的使用都要选择最佳方案运作。做到不闲人员和资金，不空设备和场地，不浪费原料和材料，使创业活动有条不紊地运转。第三，要敢于负责。创业者要对本企业、员工、消费者、顾客以及对整个社会都抱有高度的责任感。

3. 学会用人

市场经济的竞争是人才的竞争，谁拥有人才，谁就拥有市场和顾客。一个学校没有品学兼优的教师，这个学校必然办不好；一个企业没有优秀的管理人才和技术人才，这个企业就不会有好的经济效益和社会效益；一个创业者不吸纳德才兼备、志同道合的人共创事业，创业就难以成功。因此，必须学会用人，要善于吸纳比自己强或有某种专长的人共同创业。

4. 学会理财

首先，要学会开源节流。开源就是培植财源，在创业过程中除了抓好主要项目创收外，还要注意广辟资金来源；节流就是节省不必要的开支，树立节约每一滴水、每一度电的思想。其次，要学会管理资金。一是要把握好资金的预决算，做到心中有数；二是要把握好资金的进出和周转，每笔资金的来源和支出都要记账，做到有账可查；三是把握好资金投入的论证，每投入一笔资金都要进行可行性论证，有利可图才投入，大利大投入、小利小投入，保证使用好每一笔资金。总之，创业者心中时刻装有一把算盘，每做一件事、每用一笔钱都要掂量一下是否有利于事业的发展、有没有效益、会不会使资金增值，这样才能理好财。

5. 要讲诚信

就创业者个人而言，诚信乃立身之本，“言而无信，不知其可也”。创业者在创业过程中，如果不讲信誉，就无法开创出自己的事业；失去信誉，就会寸步难行。诚信就是要言出即从、讲质量、以诚动人。

（三）专业技术能力

专业技术能力是指创业者掌握和运用专业知识进行专业生产的能力。专业技术能力的形成具有很强的实践性。许多专业知识和专业技巧要在实践中摸索，逐步提高、发展、完善。创业者要重视创业过程中专业知识的积累、专业技术的经验和职业技能的训练。对于书本上介绍过的知识和经验，要在加深理解的基础上予以提高、拓宽；对于书本上没有介绍过的知识和经验，要在探索的过程中详细记录、认真分析，进行总结、归纳，形成自己的经验特色。只有这样，专业技术能力才会不断提高。

（四）交往协调能力

交往协调能力是指能够妥善地处理与公众（政府部门、新闻媒体、客户等）之间的关系，以及能够协调下属各部门成员之间关系的能力。创业者应该做到妥当地处理与外界的关系，尤其要争取政府部门、工商部门和税务部门的支持与理解，同时要善于团结一切可以团结的人，团结一切可以团结的力量，求同存异、共同协调的发展，做到不失原则，灵活有度，巧妙地将原则性和灵活性结合起来。总之，创业者只有搞好内外团结，处理好人际关系，才能建立一个有利于自己创业的和谐环境，为成功创业打好基础。

协调交往能力在书本上是学不到的，它实际上是一种社会实践能力，需要在实践活动中不断学习和总结经验。这种能力的形成：一是要敢于与不熟悉的人和事打交道，敢于冒险和接受挑战，敢于承担责任和压力，对自己的决定和想法要充满信心和希望。二是养成观察与思考的习惯。社会上存在着许多复杂的人和事，在复杂的人和事面前要多观察、多思考。观察的过程实质上是调查的过程，是获取信息的过程，是掌握第一手材料的过程。观察得越仔细，掌握得信息就越准确。观察是为思考做准备，观察之后必须进行思考，做到三思而后行。三是处理好各种关系。可以说，社会活动是靠各种关系来维持的，处理好关系要善于应酬。应酬是职业上的“道具”，是为人处世和待人接物的表现。搞好应酬要做到宽以待人，严于律己，尽量做到既了解对方的立场，又让对方了解自己的立场。

（五）创新能力

创新是知识经济的主旋律，是企业化解外界风险和取得竞争优势的有效途径。创新能力是创业素质的重要组成部分，它包括两方面的含义：一是大脑活动的能力，即创造性思维、创造性想象、独立性思维和捕捉灵感的能力；二是创新实践的能力，即人在创新活动中完成创新任务的具体工作能力。创新能力是一种综合能力，与人们的知识、技能、经验、心态等有着密切的关系。具有广博的知识、扎实的专业基础、熟练的专业技能、丰富的实践经验、良好的心态的人容易形成创新能力，它取决于创新意识、创造性思维和创造性想象等。

创业实际上就是一个充满创新的事业，所以创业者必须具备创新能力，有创新思维，无思维定式，不墨守成规，能根据客观情况的变化，及时提出新目标、新方案，不断开拓新局面。可以说，不断创新是创业者前进的关键环节。

上述五方面的素质中，每一项素质均有其独特的地位与功能，任何一项素质都会影响其他素质的形成和发展，影响其他素质的功能和作用的发挥，甚至影响创业的成功。因此，一个未来的创业者，不仅要注意在环境和教育的双重影响下培养自己的创业素质，也要重视其整体结构的优化，在创业实践中不断提高自我的创业素质。

【本节提示】

企业经营者只有具备创业精神和创业素质，才能跟上时代发展的脚步，才能应对不断变化发展的市场，才能从容地应对企业的日常经营管理。一个好的管理者，可以在日常管理实践中，恰如其分地把握生产经营节奏，开展创造性生产经营活动。创业精神的内涵非常丰富，经营管理者在拥有创业精神的同时，必须具备很高的创业素质。

伟大的事业是根源于坚韧不断地工作，以全副精神去从事，不避艰苦。——罗素

第四节　创业精神的作用与培养

【导读】

有一天，龙虾与寄居蟹在深海中相遇，寄居蟹看见龙虾正把自己的硬壳脱掉，只露出娇嫩的身躯。寄居蟹非常紧张地说："龙虾，你怎可以把唯一保护自己身躯的硬壳也放弃了呢？难道你不怕有大鱼一口把你吃掉吗？以你现在的情况来看，连急流也会把你冲到岩石上去，到时你不死才怪呢？"

龙虾气定神闲地回答："谢谢你的关心，但是你不了解，我们龙虾每次成长，都必须先脱掉旧壳，才能生长出更坚固的外壳。现在面对的危险，只是为了将来发展得更好做准备。"

寄居蟹细心思量一下，自己整天只找可以避居的地方，而没有想过如何令自己成长得更强壮，整天只活在别人的庇荫之下，难怪永远都限制自己的发展。

创业精神作为一种积极的思想观念和精神状态，对个人的进步和社会的发展具有十分重要的推动作用。因此，新时期大学生思想政治教育必须着力在大学生中弘扬和培育创业精神、创新精神。既要与时俱进，更新教育目标、内容和方法，推动学科自身的发展，又要以同样的进取精神引导大学生紧跟时代步伐，寻求变革、适应变革，为大学生今后的创业提供精神动力和支持。

一、创业精神的作用

创业精神有利于创业者和创新者开创事业。创业道路不可能一帆风顺，对于创业者而言，创业精神是创业的动力源泉，也是创业的精神支柱，创业者凭借创业精神在创业活动中努力成就和开创事业；对于创新者而言，凭借创业精神不断开创各项工作和事业，必将促进他们的职业发展。

（一）有利于个人应对挑战

人的一生中要面对众多挑战，凭借创业精神，一方面有利于个人在任何环境下都能迎接挑战，解决问题，不断赢得来自各方面的肯定赞许和良好评价；另一方面，在面对挑战时，不会像平庸者那样反应迟钝或模仿别人行事，而是充当先行者，从容应对挑战，并从中发现和把握获益的机会。

（二）有利于经济增长

创业精神将在新时期发挥更大的作用，有利于加快转变经济发展方式，促进经济社会又好又快发展。一些著名的学者认为，在过去的30年里，美国出现了创业革命，创业精神和创业过程是美国经济发展的秘密武器；创业者和创新者已经彻底改变了美国和世界的经济，证明将创业精神投入创业活动或创新事业中，会不断创造出更大、更多的财富和价值，促进经济增长。

（三）有利于社会进步发展

社会为创业者和创新者提供了一个广阔的展现舞台，而发扬创业精神的创业者或创新者在这个舞台上积极行动并回报社会。创业或创新活动可以增加就业岗位；也可以创造和应用新产品、新技术、新成果，为客户带来更大的好处，不断改变和提升人们的生活和工作方式；还可以为社会带来更多的财富，推动社会发展和进步。

二、大学生创业精神的培养

良好的精神品质是创业成功的前提和条件，一个人对于创业的理解和追求是在后天的生活实践中陶冶训练出来的。高校只要通过正确的途径，创建良好的环境和氛围，对于大学生创业精神的培养就会起到很好的促进作用。

（一）开展创业教育，激发创业精神

通过理想教育端正创业目标，有目标才有动力，有理想才有追求。可以说，创业目标就是人生目标的浓缩，也是人生理想的现实体现。高校应广泛深入地开展创业教育，使大学生树立创业理想，增强大学生的创业意识，使他们愿意创业且乐于创业。高校可以通过创业思想教育帮助大学生端正创业态度，树立正确的人生观和价值观；可以通过创业理论教育使大学生明确创业的目的和意义，从而将创业理想转化为自己的自觉行动，积极主动地投身创业实践；可以通过创业典型教育激发大学生的创业欲望，让他们创业有动力，学习有典型，追赶有目标。

（二）营造校园文化，宣传创业精神

校园文化是学生成长的外部环境，它具有陶冶、凝聚、激励和导向功能。良好的校园文化能够塑造学生的优秀品质，提高学生的精神状态。目前，我国校园文化重视学生的主体作用，强化自我意识，鼓励学生在实践中发挥才干，但把对自我价

值、自我实现等问题的思考融入社会价值、集体价值观等方面还做得不够。相当一部分学生的人生价值观导向模糊以及学生开拓能力和创新能力差，未在校园中形成一股弘扬创业精神的风气和文化。

学校可以利用广播、电视、校刊、校报、板报等宣传工具，大力宣传创业的重要意义，宣传创业的经验和成功创业的典型，树立勇于创业的榜样，弘扬创业精神，在校园形成讲创业、想创业、崇尚创业、以创业为荣的校园舆论氛围，形成鼓励创新、开拓进取、宽容失败、团结合作、乐于奉献的校园创业文化氛围。

（三）强化模拟实践，培养创业精神

良好创业精神品质的形成重在实践训练，积极的实践能带来及时的反馈和成就感，也能带来节节成功的喜悦。切切实实地投入创业实践中，定能磨炼出坚强的创业心理品质。创业实践为创业能力的表现和发挥提供了时间和空间相统一的社会平台。学生通过身临其境地去思考、去操作、去体验，于活动中体验真实感受，强化创业意识，确立创业信念。学校可以通过创造条件让学生亲身感受一个经营者面对市场竞争的精彩和残酷，承担风险和责任，全面提高学生的经营管理素质和能力。

创业实践模式可分三种形式：一是利用实习期间进行创业实践训练，主要方式有参观、访问、社会调查等。参观和访问应是有明确主题的创业意识类专题活动，如访问某个创业成功人士，请他介绍创业的奋斗历程等。二是尝试创业模式，即利用假期到公司打工或参与别人的创业活动，也可尝试营销、竞技类的实践活动，还可以结合专业优势和个人特长举办各种培训班或开发、设计新产品等。此外，实践活动通过吸引校外相关专业学生和本校外专业学生的参与，为学生间交流、沟通提供平台，达到培养学生综合素质的目的。三是模拟性实践，可以参加创业实践情景的模拟，进行有关创业活动的情景体验或拟出创业计划、创办虚拟公司等，如“ERP企业沙盘模拟大赛”“跳蚤市场”“模拟营销策划大赛”“模拟创业设计大赛”等。

（四）树立榜样形象，引导创业精神

榜样的力量是无穷的，他人的创业行为和成就是一笔宝贵的财富。古往今来，创业成功者具有一些共同精神品质：自信、热情、专注，喜欢独立思考，具有强烈的好奇心和探索精神，敢于创新、竞争和冒险，意志坚定，不怕挫折，情绪稳定等。高校可采取以下举措：一是借鉴历史上的创业榜样，编选创业成功的案例，让大学生明确创业目标、激发创业热情和树立创业志向；二是学习现实生活中的创业榜样，各行各业的创业典型是大学生学习的活教材，通过“请进来、走出去”的方式，让大学生耳濡目染，受到熏陶；三是教师应成为创业的榜样，教师具有创业的成功经历，不但对学生起到示范作用，而且还可以迁移到教学之中，这会给大学生创业者很大的启示和感染。

（五）开展心理指导，提升创业品质

心理指导是在专门人员的指导下，参与者自己练习、实践、锻炼的方法，实质上是一种特殊的教育过程。高校应积极开展创业心理指导，首先，可以开设心理指导课程，如《心理与情商教育》《心理训练》《大学生创业心理品质的陶冶》等，以此传授心理知识，并将心理知识内化为大学生的心理品质；其次，开展心理咨询活动，帮助大学生分析创业过程中出现的心理问题，进行咨询指导；最后，进行自我修养指导。如何挖掘和开发自己的心理潜能？如何培养自己的创业心理品质？最关键的还是要通过自我修养才能达到。

综上所述，创业精神是创业个体与有价值的商业机会进行结合的催化剂，是民族精神的重要元素。创业精神的培养和传承是当前高等院校面向全体学生开展创业教育的重点，也是弥补传统教育弊端的重要途径。

【本节提示】

良好的精神品质是创业成功的前提和条件。一个人对于创业的理解和追求是在后天的生活实践中陶冶训练出来的。学校通过正确的途径创建良好的环境和氛围，对于创业者创业精神的培养会起到很好的促进作用。

【训练与思考】

1. 现代大学生创业应具备哪些创业精神和创业素质？

2. 分组讨论大学生创业典型案例中成功与失败的经验，每组 3 至 5 名同学，选出一名小组代表，在班级内代表本组进行总结式发言。

第十一章
创业与人生发展

◆ **学习目标** ◆

1. 了解中国经济转型对创业的意义；
2. 理解创新型人才应具备的素养；
3. 结合创新创业教育，合理制定人生规划。

◆ 案例导入 ◆

邱璧璇，2014 年 9 月进入清华大学美术学院信息艺术设计系攻读艺术硕士学位。硕士在读期间，她跟随导师做了很多创新设计的项目，与戴姆勒－奔驰、西门子、微软研究院、百度人工智能研发团队等进行过多次艺术与科学的碰撞。在学校成立服务设计研究所虚拟现实（以下简称“VR”）实验室时，她作为核心创始成员参与众多基于 VR 开发的项目。她于 2016 年末成立“北京清牛文化科技有限公司”并担任首席执行官，以 VR 产品内容研发为主，自主研发基于 VR 的 C919 模拟驾驶科普互动体验项目。

随着我国科技的发展，也影响了邱璧璇的创业品牌“清牛 VR”的业务范围。邱璧璇说：“2014 和 2015 年是 VR 概念最热的时候，我们当时就想通过 VR 技术来制作产品。”但随着 2017 年出台了《新一代人工智能发展规划》，业界普遍认为，人工智能将会成为下一个科技领域的风口。邱璧璇强调，“在参加今年的第三届‘互联网＋’大学生创新创业大赛时，我们就尝试将人工智能技术应用到医疗领域。以后如果技术更新迭代，我们也会将最新的技术加入我们的内容呈现中”。

像邱璧璇这样在校期间选择创业的大学生还有很多。《2017 年中国大学生创业报告》由中国人民大学牵头发布，其中有关创业数据显示：大学生创业意愿持续高涨，26%的在校大学生有强烈或较强的创业意愿，与 2016 年相比，上升了 8 个百分点，更有 3.8%的学生表示一定要创业。很多大学生在本科之前就对创业产生兴趣，七成大学生在本科期间开始创业。

“不管是什么专业，都有同学在创业。”这是高校创业导师和有创业意向的同学们对创新创业的认识。此外，各类创新创业大赛的蓬勃发展也从另一个侧面展现了大学生创业的火热。共青团中央等单位每两年组织举办一次“挑战杯”中国大学生创业计划竞赛。2018 年，第八届“挑战杯”共收到逾 2200 所高校的逾百万名大学生、15 万余件作品报名参赛。教育部举办的“互联网＋”大学生创新创业大赛辐射面广，影响力大，指导性强。2019 年，第五届中国“互联网＋”大学生创新创业大赛邀请 100 个国家和地区的大学生团队参赛。截至 6 月 10 日，大赛参赛项目数已达 77.2 万个，参赛人数达 331.9 万人。由此可见，各个高校为大学生创新创业提供的支持和助力也十分重要，其中最突出的是高校对创业教育的重视。

投入创业大潮的大学生们对自己的选择大多也有着很清晰的思考。《2016 年中国大学生创业报告》显示：七成以上在校大学生的创业动机出于自我价值实现需要。其中，中国 31%的在校大学生创业主要是为了“追求自由自在的工作和生活方式”，18%的大学生创业是想“实现个人理想”，10%的大学生则是因为“发现好的商机”。

第十一章
创业与人生发展

如今，在这个“互联网 +”时代，有太多成功的创业案例激励着年轻一代大学生，理想、自由、兴趣都凸显出新一代大学毕业生强烈的自我意识。在创业旅程上，除了大学生自身努力外，学校亦要担负起学生创业征途上的引路人角色，如何引导学生做好创业规划，使创业教育与创业实践有机融合。只要拥有一颗想创业的心，机会永远都会有；选择在商海中遨游的大学生，一定可以大显身手、得尽风流。

伴随着知识经济的迅猛发展，人类经济正迈向知识经济时代。知识经济已经成为当今世界最有发展前景的经济形式。它不同于以往传统的有形产品的制造和技术工艺的传播，这种无形的知识信息交易正在快速发展。作为一种新型的富有生命力的经济形态，只有掌握创新创业能力，才能提高竞争力，实现国家经济的持续健康发展。

提高大学生创新创业能力与个人发展关系密切。高校通过分析目前大学生创新创业教育的现状，提出提高大学生创新创业能力的对策；把大学生创业教育纳入高校课程体系，使之全程化、全员化；科学地将大学生创新创业教育与职业生涯规划教育有机结合；对引导大学生人生目标的理性规划和提升大学生创业核心竞争力具有积极的现实意义。

本章节通过讲解我国经济转型中的四次创业热潮，剖析了创新型人才的重要性及培养方式，旨在让学生了解创新创业与职业生涯规划的关系和作用，投身创新创业的伟大实践中。

人的一生总会面临很多机遇，但机遇是有代价的。有没有勇气迈出第一步，往往是人生的分水岭。——丁磊

第一节　经济转型与创业热潮

【导读】

我国经济转型在从部分领域转型进入经济社会全面转型的进程中，先后形成了四次创业热潮，充分激发了市场经济的活力。经济转型不仅是创业热潮兴起的深层次原因，更是与创业热潮相互推进、共同发展的。在这一进程中，创业活动被赋予了重要的意义。

一、经济转型

（一）经济转型的概念

经济转型是指一个国家或地区的经济结构和经济制度在一定时期内发生的根本变化。经济转型是经济体制的更新，是经济增长方式的转变，是经济结构的提升，是支柱产业的替换，是国民经济体制和经济结构发生的一个由量变到质变的过程。

经济转型不是我国特有的现象，任何一个国家在实现现代化的过程中都会面临经济转型的问题。即使是市场经济体制完善、经济非常发达的西方国家，其经济体制和经济结构也并非尽善尽美，也存在着现存经济制度向更合理、更完善的经济制度转型的过程，也存在着从某种经济结构向另一种经济结构过渡的过程。

（二）经济转型的分类

经济转型有多种分类方法，常见的划分标准有转型的状态和转型的速度。

1. 按转型的状态划分为体制转型和结构转型

体制转型是指从高度集中的计划再分配经济体制向市场经济体制转型。体制转型的目的是在一段时间内完成制度创新。

结构转型是指从农业的、乡村的、封闭的传统社会向工业的、城镇的、开放的现代社会转型。结构转型的目的是实现经济增长方式的转变，从而在转型过程中改变一个国家和地区在世界和区域经济体系中的地位。

2. 按转型的速度划分为激进式转型和渐进式转型

激进式转型是指实施激进而全面的改革计划，在尽可能短的时间内进行尽可能多的改革。大多数学者把俄罗斯和东欧“休克疗法”的经济改革称为激进式转型。激进式转型注重的是改革目标。

渐进式转型是指通过部分的和分阶段的改革，在尽可能不引起社会震荡的前提下循序渐进地实现改革目标。大多数学者把中国“摸着石头过河”的经济改革称为渐进式转型。渐进式转型注重的是改革过程。

（三）经济转型的特点

1. 阶段性和长期性的统一

在谈到经济转型时，我们往往把某个时期经济在体制和结构方面的变化称为经济转型。因此，在制订转型计划时往往会以时间多长、发生什么样的变化来衡量是否完成经济转型，其实这只是阶段性的经济转型。从长期经济发展实践来看，经济本身时时刻刻都在追逐质和量的提高，这种质和量的缓慢变化本身就是经济转型。习惯上，我们把某个时期经济发生的较大变化称为经济转型，即阶段性经济转型。

2. 激进型和渐进性的交叉

经济转型往往表现为时而激进，时而渐进；在某些领域激进，在其他领域渐进。经济体制的变化必然带来经济结构的调整，而经济结构的调整也需要经济体制的创新，体现了经济转型的激进性和渐进性的交叉。

3. 政府行为和企业行为的互动

在经济转型中，政府和企业是推进经济转型的两种不同的力量。企业是推进经济转型的基本动力，而实现经济转型又离不开政府作用的发挥。两者一个是内因，一个是变化的条件。只有两种力量结合，双方互动，才能更加有效地实现经济转型。

4. 区域性和国际化的结合

经济转型通常是区域性经济发展措施，而区域性经济发展又不得不考虑国际经济发展潮流。在全球经济一体化的时代，经济转型必须紧跟当前科技发展步伐，把握世界经济发展动向。

（四）中国式经济转型

目前，中国进入了经济转型的新阶段，社会制度的创新和社会秩序的确立成为中国经济转型的主要难题。在市场经济体制下，社会主义市场经济体制已经基本确立。市场化利益主体和市场化行为日趋成熟，市场体制自身的局限和弊端，比如市场失灵、市场缺失、市场抑制以及市场化主体行为的不理性都开始出现。因此，加速制度变迁和制度创新步伐，利用明确而又稳定的制度安排促进利益主体资源配置和效率的发挥，利用政府宏观调控的力量消除新体制导致的经济不稳定性都成为下一阶段改革的重要内容。

在农村经济上，农业增长和农民增收、农村剩余劳动力转移、农村生产生活环境改善成为 21 世纪突出的中国问题。“三农问题”的根本就是在市场经济竞争中弱势产业和落后经济难以实现突破性的发展，尤其面对国际、国内市场的竞争挑战，会越来越处于不利的发展局面。市场经济以放为主的转型实践证明，中国未来的农业前途还在于通过工业反哺农业，走组织化的现代生产道路。在国有企业和所有制结构的调整方面，中国正在面临核心竞争力、自主创新能力和公有制主体地位的艰难抉择。这个阶段的难题也成为转型深化期中国经济转型模式研究的主题。

二、创业热潮的兴起

（一）创业热潮的概念

创业热潮是指在一定的时期内，由于政策调整或社会需求等条件发生变化为某一地区提供了大量的创业机会，使得某一特定群体大规模从事创业活动的现象。

（二）中国创业热潮的发展

我国改革开放以来经历了四次创业热潮，具体内容如下。

1. 第一次创业热潮

第一次创业热潮发生于 1978 至 1984 年。党的十一届三中全会确定了改革开放的经济发展战略，1980 年第一个个体工商户在浙江温州诞生，“万元户”成为当时的代名词。由于“文革”结束后，800 万知青返城，就业成为社会问题。机关单位安置有限，知青只能靠摆地摊或从事理发、修鞋、磨刀、修伞、修家具、卖小吃等行业维持生计，人们管这叫“练摊”。

为了缓解就业压力，解决温饱问题。1979 年 2 月，中共中央、国务院批转了第一个有关发展个体经济的报告，允许“各地可根据市场需要，在取得有关业务主管部门同意后，批准一些有正式户口的闲散劳动力从事修理、服务和手工业者个体劳动”。“个体户”因此应运而生。

1980 年，温州章华妹成为第一个拿到个体工商户营业执照的人，她以卖纽扣为生。安徽人年广久靠卖瓜子致富，雇工从 12 人到 105 人，震惊全国，人们怀疑“年广久是资本家复辟”，从而引发“个体户雇多少人才是剥削”的辩论。

个体户的出现，激活了一个封闭已久的经济体对物质的渴望。王石、任正非、张瑞敏等中国第一代企业家亦在这时“倒腾”出第一桶金，并借助时代的机遇，成就各自非凡的事业。

这次创业热潮有以下特征：创业人员多为农村人口和城镇无业人员，经营方式为个体工商户，经营行业一般都是传统行业，如饭馆、商店、加工厂、长途贩运等。当时，城市绝大多数的人还受计划经济的影响，认为“铁饭碗”是终身保障，有安全感，只有找不到工作的人才干个体户，个体户有钱也被人看不起；商品经济不发达，物资缺乏，钱也好赚，一些人率先成为“暴发户”，很快积累了财富。横店集团的徐文荣、傻子瓜子的创始人年广久和木匠出身的亿万富翁张果喜，都是这一阶段涌现的创业典型。

2. 第二次创业热潮

第二次创业热潮发生于 1985 至 1992 年。1984 年 10 月，党的十二届三中全会提出了“有计划的商品经济”的改革模式，改革的重点由农村转向城市，创业人员增加，私营经济不再是“资本主义的尾巴”，一大批有文凭、有稳定工作的人走上自主创业之路，“下海”一词成为当时的热门词。1987 年，潘石屹放弃石油部管道局“铁饭碗”，揣 80 元南下广东。冯仑原是国家体改委下属研究所的干部，后被派往海南省筹建改革发展研究所，但到达海南不久，冯仑与潘石屹等四个同伴成立公司，开始做起房地产买卖。

1992 年初，中国改革开放总设计师邓小平南巡时指出计划和市场都是经济手段，明确提出三个有利于标准。邓小平南巡进一步打破了人们的思想禁锢，激发人们跳出体制、投身市场经济之海的热情。

这一代的创业者中，诞生了俞敏洪、郭广昌、王传福等后来的业界大佬，而他们所领导的企业，也逐渐成长为奠定中国经济竞争力的基石。

本次创业热潮的特征如下：形成“全民经商”之势，在大学校园出现了“练摊”的学生；创业者所从事的主要是服务业和科技产业等。被誉为“亚洲最佳商业人士”的柳传志、“WPS 之父”的求伯君及声名显赫的史玉柱等都是在这一时期开始创业的，可谓是这个时代的创业英雄。

3. 第三次创业热潮

第三次创业热潮发生于 1992 至 2002 年。这十年里，以邓小平南方考察为发展契机，我国经济进入了一个新的阶段。1999 年，第九届人大第一次会议通过的《中华人民共和国个人独资企业法》降低了企业经营者做“老板”的门槛，“1 元钱”办企业成了媒体头版头条。此外，经济体制的改变，让人们解决了生存问题；而科技的发展，却改变了人们的生活方式。

中国的互联网元年，在 1997 年开启。中国互联网络信息中心曾在 1997 年 11 月发布第一次《中国互联网络发展状况统计报告》（以下简称《报告》），并形成半年一次的报告发布机制。《报告》指出全国共有上网计算机 29.9 万台，上网用户数 62 万。

1996 年 10 月，美国麻省理工学院的博士生张朝阳创办了爱特信公司。1998 年 2 月，他在中国“克隆”雅虎，推出中文网页目录搜索的软件，名叫“搜狐”。

1998 年 6 月，26 岁的丁磊设想网民们应有自己的信箱，于是在广州创办网易公司，写出了第一个中文个人主页服务系统和免费邮箱系统。

1998年10月，29岁的软件工程师王志东领导的四通利方获得第一笔风投，该网站体育论坛因帖子《大连金州没有眼泪》而备受关注。1999年，四通利方开办新闻频道，并收购华渊资讯网，网站更名为“新浪网”。

1998年11月，马化腾成立了深圳市腾讯计算机系统有限公司，那时ICQ很火，QQ却默默无名。

1998年，雅虎进军中国，成为1998—1999年连续两年网民网页首选。

1999年，马云在经历两次创业失败后，确定要成立一家为中国中小企业服务的电子商务公司，域名就叫阿里巴巴。

1999年，刑明把1996年从股市赚来的钱投资在3个网站项目上，其中一个叫“天涯社区”。

1999年8月，22岁的小伙子孙鹏与另外4位网友一起建立个人网站——红袖添香。如今，这个纯文学网站，拥有完善的投稿系统、个人文集系统、媒体联络发表系统和原创书库。

尽管经历了2000年互联网泡沫的惨烈溃败，但互联网时代的步伐并未减缓。百度、腾讯、阿里巴巴正是在这一时期迅速崛起，成为中国新兴经济的代表。而其所代表的互联网，将在未来以“颠覆一切”的形象，改变着整个中国的经济结构。

本次创业热潮的特征如下：政府机关、事业单位的“下海”人员猛增，下岗人员中以创业实现再就业的人员有所增加，所创办企业规模较大，创业者所从业的范围涉及金融、房地产、教育等。从这个时期开始，新创的企业不再仅仅集中在劳动密集型、粗放式的产业，一大批高新技术新企业诞生并迅速在行业内取得优势地位，成为我国技术创新的重要力量，同时也加快了科学技术从实验到应用的转化。在高科技企业兴起的同时，原有的作为创业代表的温州企业提出了“二次创业”的概念，在全国企业界迅速得到响应。

4. 第四次创业热潮

第四次创业热潮发生于2002年至今。2002年，党的十六大提出，进一步健全现代市场经济体系，全面建设惠及十几亿人口的更高水平的小康社会。

本次创业热潮的特征如下：高科技领域成为创业热点，大批“海归”创业成为非常引人注目的一个特色，比如百度公司董事长兼首席执行官李彦宏、亚信科技（中国）公司董事长丁健、中星微电子公司董事长邓中翰等；大学生创业逐渐地被社会所接受。十多年来，我国的高等教育迅速发展，大学生的人数也急剧增加，其就业面临严峻的挑战，大学生创业对于提升就业率和维护社会稳定有非常重要的意义。

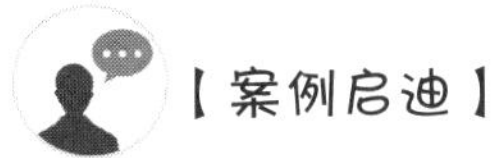

赖海鹏的创业之路

赖海鹏操盘的深圳坤略互联股份有限公司（以下简称“坤略互联”），由传统的地产咨询顾问公司演变而来，他与18位合伙人于2015年对公司进行了股份制改革，开发了一款名为“坤略学院”的App，定位于地产知识学习与分享平台，迅速吸引了超过10万名垂直领域用户。坤略互联还针对企业客户开发了名为“坤略云展”的SaaS平台，为房地产企业近70个专业岗位的经验知识传承提供载体。

坤略互联学习优步模式，希望通过众筹的方式，找到地产行业10年以上的专家，以访问、讲座的形式，梳理和制作成标准化或个性化的地产知识内容，并通过线上、线下的渠道推送给行业内有需求的企业与个人。此举不仅能激活与连接行业内闲置的智力，还能连接一个全新的知识分享生态圈。

2016年，坤略互联即将挂牌新三板。与此同时，他还将筹办一所地产商学院，聚焦房地产转型，主讲“地产＋互联网”“地产＋金融”转型方面的内容。赖海鹏透露，这家地产商学院不会邀请官员和教授上课，只邀请一线操盘人员分享经验。他说：“因为最完善的理论，都抵不过最前线的实践。”

三、经济转型与创业热潮的关系

（一）创业热潮的推动

21世纪以来，随着时代的发展，在国家各项政策的推动下，一波强劲的创业春潮也迅速奔涌。越来越多的年轻人开始前往北京、深圳、上海等大城市，实现自己的奇思妙想，各类创业孵化模式开始兴起，“创客空间”“创业咖啡”“创新工场”等遍地开花，成千上万的创业投资机构活跃在各个领域，为创业者提供办公场所，还提供相关的创业服务。

几年前，人们听到更多的还是“国企热”“公务员热”，如今“创业热”扑面而来。这一转变的背后，代表着我国商事制度改革的全面推进。自2013年实施商事制度改革以来，我国营商环境得到进一步优化，为新兴中小企业的发展提供了良好的机遇和发展空间，民间创业热情高涨，企业活力逐步释放，市场主体快速增长。2018年1月至11月，全国新设市场主体1939.8万户，同比增长11.6%，其中新设企业604.2万户，同比增长10.1%，日均新设企业1.81万户。

中国经济转型升级造就了创业大环境。改革开放四十多年来，中国经济取得了巨大成就，国民经济结构发生重要变化。市场化经济改革的成果不断积累，中国民营经济蓬勃发展，国有经济的转型需求日趋强烈。进一步激活民间资本和民营经济，提升国有企业的经营效率，带动全要素生产率的全面提升，已经成为中国经济可持续发展的核心命题。

政策面的托举为创业注入源源动力。2013 年 10 月 25 日，李克强总理主持召开国务院常务会议，部署推进公司注册资本登记制度改革，改善了企业登记环节高昂的设立成本、复杂的程序以及法律不确定性，降低了市场准入门槛，也对企业理性投资和诚信经营提出了更高的要求。2014 年 9 月 25 日，全国企业信用信息公示系统（河南）上线运行，企业年度报告公示制正式实施。2018 年 9 月 18 日，国务院发布《关于推动创新创业高质量发展打造“双创”升级版的意见》，对深入实施创新驱动发展战略、进一步激发市场活力和社会创造力、推动创新创业高质量发展以及打造“双创”升级版提出了各项意见。为鼓励创业，国家还出台了很多新政，支持发展“众创空间”等，大力激发创业创新的动力。

推动科技创新，吸引企业创业。近年来，科技创新成为我国实力最关键的体现。将科技与创新创业相结合，就能激活国家经济的新产业，同时创业的组织方式也在发生变化，企业的工作方式不再拘泥于固定的办公地点，这使得创业已经成为大众生活的一部分。此外，科技创新能力体现出国家的创新能力，只有不断提升自主创新能力，我国的经济建设和社会发展才能迈上新台阶。

（二）经济转型与创业热潮的关系

知识经济时代已经到来，中国经济正加速向知识经济时代转型，传统的创业思想、企业经营模式、经济结构从某种程度来说已经发生了较大改变。创业创新思想在经济发展中的地位和作用更加突出，逐渐成为经济发展的主要动力。

1. 经济转型是创业热潮兴起的内在驱动力

中国经济体制转型的过程为创业热潮提供了大量的创业机会。第一，近年来的经济国际化改革，使中国经济在加速工业化、城市化和市场化的同时，也提供了大量的创业机会，更加积极主动融合，尤其表现在高新技术产业中。第二，当前国家经济转型正如火如荼地进行，市场各领域都开始涌现出各类中介机构，承担一部分原政府承担的社会职能和经济职能。中介机构创办者在政府监督下承担这些职能，有利于在市场中引入竞争机制，防止垄断，加快完善社会主义市场经济体制，完善公务服务体系，同时也在促进经济与社会发展、促进市场商品和生产要素流动等方面发挥重要作用。

2. 创新创业与经济发展转型相辅相成

在知识经济时代下，创业热潮的兴起使计算机、网络等通信手段更加发达，人们能更便捷、更广泛、更及时地实现资源共享。同时，大规模发展的创新创业活动也进一步推动了经济转型，促进了经济社会发展和市场环境优化。

3. 经济转型的过程与创业热潮还在持续

当前，我国的经济转型已进入全面转型阶段，发展模式、发展要素、经济结构等都在加速转变。全球经济一体化也在推动着我国工业化、城市化和市场化的步伐，同时大数据时代也代表计算机、互联网等通信设备的广泛应用。由此可见，经济转型的过程与创业热潮正相互推动，一直持续下去。

【拓展阅读】

创新创业创造是推动经济转型升级的重要力量

在各级政府和全社会的共同努力下，我国创新创业创造生态环境日益优化，市场主体活力不断增强，创新创业成果大量涌现，创业带动就业活力不断显现，创新创业创造已经成为推动经济转型升级的重要力量和促进就业的重要支撑。

一是创新创业环境日益优化。随着“放管服”改革持续深化，“不见面审批”“最多跑一次”“一门式一网式”等一批便捷政务服务大量涌现，创新创业政策体系不断完善，营商环境不断优化。世界银行《2019 年营商环境报告》显示，2018 年我国营商环境总体评价跃居全球 46 位，比上年提升 32 位。

二是创业带动就业活力不断显现。创新创业支撑高质量就业的作用更加明显，创新创业活动既直接创造更多就业岗位，又通过带动关联产业发展增加就业岗位。2018 年，全国新登记企业 670 万户，全年日均新设企业 1.8 万户，同比分别增长 10.3% 和 8.43%，市场主体数量突破 1 亿大关，全国城镇新增就业 1361 万人。

三是创新创业科技含量更加凸显。创新创业更加突出科技导向，创业活动推动科技创新呈现百舸争流之势，培育壮大新动能的作用更加显现。2018 年，全国高新技术产业和战略性新兴产业增加值同比增长 11.7% 和 8.9%。

四是创新创业平台不断健全。各地将支持创新创业的重点更多转向打造创新资源共享平台，开放型的创新创业公共服务体系初步形成，120 家“双创”示范基地逐渐成为区域创新高地，众创空间数量超过 6900 家，科技企业孵化器超过 4800 家，国家电网、阿里巴巴等一批大企业发挥龙头带动作用，促进大中小企业融通发展。

五是以创业投资为代表的创业资本投入不断强化。创业投资活动在税收支持、规范监管的外部条件支撑下，进一步向实体经济、战略性新兴产业和早期阶段集聚。截至 2018 年底，创业投资机构管理资本量约为 2.4 万亿元，居世界第 2 位。截至 2019 年 4 月底，国家新兴产业创业投资引导基金已决策参股 356 只创业投资基金，累计支持 4445 家新兴产业领域的早中期、初创期创新型企业。

六是创新创业氛围日益浓厚。“双创”活动周、“创响中国”等活动成功举办，各类创新创业大赛遍布全国，在全社会营造了浓厚的创新氛围，掀起了创新创业创造热潮，有力涵养了创新创业文化，厚植了创新创业理念。

四、创业活动的功能与属性

从社会角度来看，创业可以增加社会财富，促进经济发展和社会繁荣；可以提供更多就业岗位，缓解社会就业压力；可以实现先进技术转化，促进科技创新和生产力提高等。从创业者的角度来看，一方面，创业可以让其发挥聪明才干，实现人生价值；另一方面，也可以实现个人对物质的追求，为自身带来财富，更能回报社会，贡献自己的一份力量。创业活动一般被认为是一种社会行为，它主要具有创新性、风险性、利益性和艰难性。

（一）创新性

创业者主要是将自己的创新理念投入实际过程中，其中涉及的几乎是新事物，面临的也将会是新难题。因此，在解决问题的过程中，需要创业者完全运用自己的智慧和能力，结合创新思维来妥善安排。

（二）风险性

任何一项创业活动都是有风险的，创业道路并不是一帆风顺的，它可能给创业者带来成功的喜悦，也可能给创业者带来失败的打击，而往往这种打击不仅是沮丧、失意，更可能是财产的损失等。因此每一位创业者在创业初期都要深入考虑风险问题，如果不考虑到创业风险就毅然决然选择创业，那可能就不会成为一名成功的创业者。

（三）利益性

创业者往往是怀揣创业梦想开始自己的创业活动，也许是出于多种目的，但根本的动力还是获利。这不仅是创业者的共同心愿，还是人们判断创业活动是否成功的重要标准。

（四）艰难性

任何创业过程都是艰难的，每一位创业者在创业过程中都会碰到诸多困难，并需要一一克服。往往需要经过多年的艰苦奋斗，甚至倾注大量的心血，创业才能成功。

五、知识经济时代赋予创业的重要意义

（一）知识经济时代的概念

知识经济是指以知识为基础的经济，是与农业经济、工业经济相对应的一个概念，是一种新型的富有生命力的经济形态。知识经济时代是指以知识运营为经济增长方式、以知识产业为龙头产业、以知识经济为新的经济形态的时代。

（二）知识经济时代赋予创业的重要意义

1. 创业是国家发展战略的需要

党的十八大以来，党中央、国务院高度重视创业创新工作，把创业摆在显著位置。统筹推进各类人才队伍建设，加快实施人才强国战略，确立人才引领发展的战略地位；关心青年，鼓励他们创业并提供更多创业机遇，对于提高自主创新能力、建设创新型国家具有重要的战略意义。

2. 创业是增加就业的必然要求

创业是就业的基础和前提，就业离不开创业，以创业带动就业。任何一个社会，创业者越多，生产要素组合就越丰富、活跃，就业也就越容易。

3. 创业是知识经济时代技术创新的主要表现形式

知识经济的兴起，使知识上升到社会经济发展的基础地位。知识成了最重要的资源，"智能资本"成了最重要的资本，在知识基础上形成的科技实力成了最重要的竞争力，知识已成了时代发展的主流，尤其是以高科技信息为主体的知识经济体系，其迅速发展令世人瞩目。

4. 创业是解决社会问题的有效途径之一

当前，我国进入全面建成十几亿人口的更高水平小康社会的关键时期，创业带来的技术创新和科技突破，是社会发展的主要动力。

六、大学生创业热潮的经济动因

由于经济体系的转型，整体的创业环境不断改善，社会转型也基本完成。在市场经济大潮的冲击下，"创业带动就业"政策的出台为社会带来了大量的创业机会，越来越多的大学生开始选择自主创业，大学生创业开始逐渐成为社会关注的焦点。

大学生能够成为创业人群的主力军，其原因在于大学生的突出优势。一是大学生有较高的文化水平和较丰富的专业理论知识，这为其创业提供了技术支持；二是大学生具有创新精神，对社会上的新鲜事物有足够的包容度，并且大学生敢于挑战传统观念；三是大学生对未来充满希望，他们也有足够的信心和毅力，敢于面对创业路上的挑战，不惧失败，敢于尝试。

大学生创业能够带来许多机会，但我国大学生创业的实际情况却并不乐观，存在着成功率低、维系时间短等问题。这些现象表明，在大学生创业的道路上除了有突出优势外，还存在着很多制约因素，其自身原因占主要部分。

（一）制约大学生创业的自身因素

第一，创业意识不足。尽管创业可以实现自身价值，但大多数学生容易在寻求稳定工作和选择创业之间徘徊不定，而往往稳定工作的吸引力更大。

第二，社会经验不足。很多大学生只有理论，缺乏实践，这导致他们在创业时面对管理等难题缺乏经验。

第三，对创业的理解过于片面。现在很多有创业想法的学生，对于自己的创业只有一个大概的框架，没有形成一个周密可行的计划。同时，很多大学生往往过于毛躁，急于求成，忽视了创业过程的艰难险阻，缺乏面对艰苦创业道路的毅力。

第四，创业者能力的欠缺。创业除了要求创业者有独特的创业理念外，还要有精准的风险分析能力，把握行情，深入了解市场。同时，还要具备一定的组织领导能力，懂得人际交往、灵活变通，在创业过程中能带领团队共同面对困难、解决困难。此外，在创业过程中难免会遇到难题，要求创业者有积极的心态和强大的心理承受能力。

（二）制约大学生创业的外部因素

除了自身因素外，外部环境因素是大学生创业环境内的一大难关。外部环境因素主要有以下几点。

第一，资金不足。大学生创业中，资金是十分重要的因素。没有足够的资金，会使很多想法无法实施，错失良机。

第二，家庭观念的影响。许多父母还是对子女抱有“找稳定工作”的观点，他们认为，拥有一份风险低、发展稳定的工作是最正确的选择，创业中的苦难与挫折不是自己子女可以承受的。

第三，创业政策不能落实。虽然国家制定了许多相关政策积极鼓励大学生创业，但当政策落实到地方时，往往有些地方政府、单位、高校对实施政策的态度并不积极，并没有采取有力措施，将政策落到实处。

当下经济发展迅速，涌现出更多的创业机会，大学生创业也是其实现自身价值、创造财富的一个重要方式。同时，越来越多的媒体开始关注大学生创业，各地政府相继出台了相应的优惠政策大力扶持大学生创业，更多的企业也开始关注大学生创业，并愿意为好的创业项目投入资金。但不可否认的是，创业风险也是客观存在的。面对越来越火爆的“大学生创业热”，我们鼓励有想法的大学生主动创业的同时，更应该引导他们冷静思考。创业活动是一场持久战，不能急于求成。

王学集的传奇人生

王学集，1982 年出生于浙江省温州市泰顺县龟湖镇。当时还在泰顺中学就读的王学集一接触互联网，便爱上计算机，很快计算机就成了他的兴趣和爱好。

高考填志愿时，看到信息与计算科学专业，王学集心想这和计算机硬件沾个边，却没料到这是应用数学的一个别名。尽管刚开始对专业有点小失望，但王学集在大学期间却没有一门课“挂红灯”，甚至还在全省数学建模比赛中获得了一等奖。

2004 年底，王学集和搭档陈燎罕、林耀纳发布了 PHPWind 论坛程序。随着互联网的关注点从门户转向社区，博客和论坛也迎来了一波发展浪潮。

当时，王学集因英语差 3 分考研落榜，而考研成功的好搭档陈燎罕则放弃了读研，伙伴们一起成立了杭州德天信息技术有限公司，专门为大型社区建站提供解决方案。

2007 年，中国站长大会上，王学集成为年度十大新锐站长。在接受媒体专访时，他坦诚地说道：“PHPWind 的成功来自我们的专注。”2008 年 5 月，杭州德天信息技术有限公司被阿里巴巴以约 5000 万人民币的价格收购，王学集成为阿里云的第一任负责人。此后，王学集带领阿里云成为国内云计算的行业标杆，他本人也先后在阿里资本和手机淘宝担任重要职位。

2012 年，王学集入选福布斯“中国 30 位 30 岁以下创业者”，他和青春作家郭敬明、聚美优品陈欧、美团王兴等人成为“全国十大年轻大学生创业成功案例”。他们的创业故事一直激励着许多“创客”。

2014 年 5 月，王学集、陈燎罕、林耀纳以及两位阿里资深主管先后离职，共同创立了涂鸦科技。依靠做产品、搭平台和技术积累三方面的优势，2014 年 12 月底，涂鸦科技的第一款产品爱相机 App 上线了。2015 年，涂鸦科技又上线了一款智能 SD 卡，用户可以将 SD 卡中的照片自动传至云端或者同步到其他设备，方便查看、编辑和整理。短短的一年多时间里，涂鸦科技完成了 A 轮千万美金的融资。

【本节提示】

创业道路并非一帆风顺，创业并不适合每个人，尤其是对刚刚走出校门的大学生以及正在求学的大学生。大学生在面临选择创业还是就业时，需要理性分析自身是否具备创业条件，切不可因心血来潮、一时兴起而丧失了其他机会。各大高校更需要冷静看待这种创业热潮，积极鼓励有条件、有准备的大学生创业，要帮助他们从自身角度分析自己适不适合创业，这远比大力宣传创业本身更重要。

想象力比知识更重要，因为知识是有限的，而想象力概括着世界上的一切，推动着社会进步，并且是知识进化的源泉。严格地说，想象力是科学研究的实在因素。——爱因斯坦

第二节　大力培养创新型人才

【导读】

创新型人才是当今世界最重要的战略资源。大力培养创新型人才，已成为各国实现经济发展、科技进步和国际竞争力提升的重要战略举措。切实树立科学的人才观，树立人才是第一资源的理念，把创新型人才培养作为人才工作的重中之重。注重实际创新能力的培养，不唯学历；尊重人才的成长周期，不急于求成。倡导人人都可以创新成才，推动我国由人才大国向人才强国转变。

一、创新型人才的概念

创新是以新思维、新发明和新描述为特征的一种概念化过程。它的原意包含了三层意思：改变、更新和创造新的东西。创新型人才主要与创新活动联系在一起，创新包括三方面内容：创新主体、创新客体和创新成果。与此相对应的就是创新型人才必备的三个条件：创新型人才的素质、创新对象的范畴和创新成果的质与量。

创新型人才的素质是指创新型人才拥有的创新思维、创新能力、创新品质和相应的知识等，通过对这些的综合运用，对创新对象发生作用。创新对象的范畴既包括未知领域也包括已知领域，对未知领域的探索就是发明创造，而对已知领域的探索就是改革更新，最后产生创新成果。这些成果又可以作为已知领域的创新对象被进一步创新，不断推陈出新。如此反复，周而复始地形成创新的无限循环过程。总之，创新型人才是指综合运用自身的创新素质，不断为社会进步或科技发展作出突破性贡献的人。

二、创新型人才的特征

通常认为，创新型人才是指具有创造性精神和创造性能力，掌握创新方法，具

备创造性人格，能顺利地完成创造性活动，并富有创造性成果的人才。从系统论的观点来看，创新人才是由彼此联系、不同素质构成的有机整体，并作为整体发挥作用。由创造性精神构成的意向驱动系统属于“想到要去创新”，由创造性能力构成的技术支撑系统属于“知道怎样去创新”，由创造性人格构成的意志维持系统则属于“能够坚持创新”。这一切都必须有科学的创新知识结构作为基础。由此可见，作为创新人才，其最优化的结构必须是知识、智能与个性的有机统一。因此，创新型人才的素质结构主要由创新知识结构、创造性精神、创造性能力和创造性人格四大要素构成。这四大要素在创造实践活动中均有独立的地位和功能，其作用和价值无法由其他因素替代。

综合国内学术界的一些观点，创新型人才具有以下基本特征：第一，思考问题具有高度的敏感性。创新型人才不仅能很快注意到某一情境中存在的问题，并设法寻求新的解决途径，也能在貌似平淡无奇的事物中发现一些奇特的不同寻常之处并展开思考。第二，思维具有灵活性。创新型人才可以轻易摆脱惯性，摆脱原有的思维定式，根据不同的信息修正自己对问题的认识，具有极强的适应性。第三，认识具有新颖性。创新型人才思想活跃，能够经常提出不同寻常且又可以被人们所接受、认可的观点。第四，人格特征鲜明。创新型人才具有较强的个性和独立性，有较强的成就动机，期待取得成功。

三、创新型人才的发展模式

人才培养是高校的核心使命，高校是培养人才的重要基地。但长期以来，如何培养高素质创新型人才是困扰我国高等教育发展的一个突出问题。我国已启动建设世界一流大学和一流学科工作，在这项重要任务面前，高校必须解答好“培养怎样的创新型人才”和“怎样培养创新型人才”这两个课题。

创新型人才有两个维度，一个是“人”，一个是“才”。长期以来，高校更多地注重“才”的培养，而不同程度忽略了对“人”的培养。高校培养的是创新“人”，不是也不应是创新“工具”。在“人”与“才”的培养上不能厚此薄彼，更不能本末倒置，而应做到内在统一，形神兼备。创新型人才之“形”，就是着眼于“才”的培养，培养学生的创新思维和创新能力，使其想创新、会创新、能创新；创新型人才之“神”，就是着眼于“人”的培养，培养学生的创新精神和创新人格，让创新成为思想自觉和行动自觉。前者是创新型人才的显性标志，是“体”；后者是创新型人才的潜性特质，是“魂”。高校要以培养形神兼备的创新型人才为目标，实现学生创新思维、创新能力、创新精神和创新人格的有机融合，实现“才”与“人”的紧密结合，实现“体”与“魂”的深度契合。

构建人才培养新模式，将创新型人才“育”出来。培养模式简单化是不少高校人才培养存在的突出问题。对于人才培养特别是创新型人才培养，应坚持培养目标多元化和培养过程多样化，坚持立德树人，因材施教，让学生学思结合、知行统一。在教学上，以学生为主体，给学生更多的选择权和自主权，促进学生个性发展；在办学上，以教师为本位，在教学基本要求和培养目标范围内，鼓励教师自主创新教学内容；在资源配置上，以学生为中心，强化制度保障和政策激励，确保最优质的教育资源进入一线教学。

营造人才培养新生态，将创新型人才“润”出来。创新型人才的培养，除了“硬件”，还离不开创新文化这个“软件”。经验表明，创新型人才不是管出来的，也不全是教出来的，而是在浓厚的创新文化中“润”出来的。高校应将创新作为自身文化追求和文化精神的重要内容，营造海纳百川、兼容并包的创新文化氛围，厚培创新型人才成长的沃土。具体来说，应以创新引领高校文化建设，潜移默化地影响学生的思维模式和行为方式，努力为学生营造全方位、多层次的创新生态。摒弃生产“定制品”的工业思维，树立培育“生长品”的生态思维；打破学生“接受—复制”的惯性思维，培养学生“创新—发展”的思维方法，让学生不迷信权威、不墨守成规，不断激发他们的创新潜能。培养学生创新的人格力量，让他们将创新意识、创新能力内化为创新精神、创新人格，实现创新的自由自觉。

四、培养创新型人才的重要性

党的十九大报告提出，“加快建设创新型国家”“创新是引领发展的第一动力”“培养造就一大批具有国际水平的战略科技人才、科技领军人才、青年科技人才和高水平创新团队”。

（一）创新型人才培养模式存在的问题

改革开放以来，我国人才总量不断增多，高层次人才队伍不断壮大，人才结构不断改善，人才培养成效显著。但面对全球科技日新月异的发展和我国经济转型升级的新要求，我国的创新型人才培养模式还存在一些突出问题。一是人才培养体制不健全、导向不科学，存在重学历轻能力、重学术成果数量轻质量等现象；二是高端人才匮乏，缺乏掌握核心技术和自主知识产权的人才，在全球产业竞争和国家安全方面存在隐患；三是人才分布不均衡，西部地区的人才竞争力和人才使用效益较低；四是企业尚未成为技术创新人才培养的主体，企业内专业技术人员的比重较低，研发能力与发达国家企业相比还有很大差距。

培养创新型人才，直接关系创新型国家的建设。只有加强创新型人才的培养，才能实现我国发展从主要依靠物质资源投入向主要依靠科技进步和人力资本提升转变。在信息时代，互联网大大降低了知识获取与信息复制的成本，教师已不可能以书本知识的拥有者和学术的垄断者自居；学生不是“知识内存”，更不是“考试机器”，而是未来的创造者。这些新形势和新变化要求我们构建基于互联网的创新型人才培养平台，探索科学的创新型人才培养模式，使创新型人才培养平台成为培养创新型人才的摇篮和服务创新型人才的基地。

（二）创新型人才培养平台的创新

创新型人才培养平台不同于传统的大学与科研院所，应在教育理念、培养模式、管理体制等方面积极创新。

第一，创新型人才培养平台应以良好创新生态系统取代行政化教育体制。在互联网环境下，学习与实践的广度和深度突破了课堂、校园、地区甚至国家的界限。创新型人才培养平台应通过互联网技术手段和协同创新运作模式来吸引并整合全国乃至全球一流学术机构和企业、社会组织的力量，形成“读活书、活读书”的学习环境，实现“干中学、学中创”的创新生态。

第二，创新型人才培养平台应拓宽人才培养的视野。坚持“英雄不论出处”“不拘一格降人才”，让社会大众都有平等接受高质量教育的机会，特别是享有创新创业教育的机会，而不能让经济能力的高低影响受教育的机会。

第三，创新型人才培养平台应以开放包容、自由探索、相互尊重的态度打破学科壁垒，建立开放的跨学科人才培养模式。通过这个平台，让各类人才跨越学科界限，促进基础研究与应用研究协同，营造交叉学科研究的良好氛围，培养“道术兼修”的交叉学科创新型人才。从某种意义上说，创新型人才培养平台就是互联网与实体教育融合后的“创新学堂”，它努力服务尽可能多的人，使人们能够在这一真正开放创新的平台上学习，有利于我国在创新型人才的培养上掌握主动权。创新型人才培养平台应与大学、科研院所密切合作，但必须保持相对独立性。

（三）构建创新型人才培养平台的注意事项

构建基于互联网的创新型人才培养平台是一项系统工程，不可能一蹴而就，当前尤其需要注意以下几方面。一是必须立足我国国情，坚持实事求是原则。人才培养需要符合国情，形成自己的特色模式，不能简单地模仿国外的教育模式。二是坚持以学生为本、道德为先、能力为重的教育理念。基于互联网的创新型人才培养平台，不能只注重能力培养而忽视人格培养，因为没有健全人格的人难以成为具有国际竞争力的优秀人才。创新型人才培养平台应努力培养知行合一、德才兼备的创新人才。三是弘扬艰苦奋斗、久久为功的精神。构建基于互联网的创新型人才培养平台，需要摒弃那些限制和阻碍创新型人才培养的僵化模式、陈旧思维和不良风气，这必然是一个久久为功的过程。

切实树立科学的人才观，树立人才是第一资源的理念，把创新型人才培养作为人才工作的重中之重；各方协同培养创新型人才，充分调动学校、企业、社会的积极性，各展所长，形成合力；进一步优化人才资源配置，抓住经济发展方式转变和产业结构调整机遇，优化整合存量人才资源，建立健全激励机制，激发各类人才创新的活力和动力；不断优化创新型人才的成长环境，为创新型人才成长提供宽松的社会环境，推动我国由人才大国向人才强国转变。

培养创新型人才的关键点

2018 年 5 月 17 日，中国工程院院士、华中科技大学原校长李培根在 CCTV-2《中国经济大讲堂》演讲时谈到创新教育，他认为创新教育的关键点可以从以下四方面进行思考。

一、培养学生的“超越”意识

李培根认为，培养学生的超越意识，首先是培养学生超越现实的需求。现在大学生搞创新创业活动，基本上就是功利需求。中国的大学生中，真正意识到这种超越现实需求的人非常少。目前，我们国家原始的、颠覆性的、引领性的创新，跟发达国家来比还是有比较大的差距。李培根在演讲时说：“我们有责任，要让年轻人在他们的学生时代，培养他们的一些意识。不能陷入实用主义、工具主义。”

二、给学生充分的自由

李培根在演讲过程中谈了一个观点：创新和自由是紧密联系在一起的。李培根说：“自由可以从两方面看：首先是目的，这个人对便利的追求，实际上就是对自由的追求；另一方面，从过程、氛围看，搞创新活动，没有过程、氛围自由，创新能力的培养都会受到很大的限制。”李培根认为，大学生在创新活动过程中，一定要非常重视这个过程自由、氛围自由。没有这种自由，思想不可能活跃，只有这个思想活跃创新才容易迸发。只有这种自由的氛围，学生才不会盲从权威。

三、用善意关注社会问题

李培根在演讲时说道：“创新的内心世界，是需要情怀的，这个情怀首先是善，善非常重要。”李培根举了比尔·盖茨的例子，他说：“我很佩服比尔·盖茨，他并不是搞教育的，但是他号召大学生要关注人类社会的重大问题。微软有一个创新杯，2012 年乌克兰一个学生团队在微软创新杯获得世界冠军，他们做了手套。里面有一些传感器、陀螺仪等。它的目的就是让聋哑人跟我们正常人交流。当我们听不懂的时候，它就自动把它翻译成我们普通人能够听懂的语言，就是更便于聋哑人在社会上的交流。”李培根认为，我们的大学生们对社会的关注问题还是少了一些。

四、要具有批判性精神

“在创新教育中，我们还需要一个很关键的东西，那就是批判性思维。”李培根说，“我认为这是中国学生非常欠缺的，批判性思维是对思维方式进行思考的一门艺术，当然实际上我觉得也是一种情怀，这种情怀就是培养学生的素养，我们教育要有好的手段，批判性思维是非常好的。”

创新是要植根于人的存在意义。在创新的同时还需要文化上的升华。从某种意义上说，这是一个更长远的事，有待于政府、工业界、学界的共同关注。

【本节提示】

现如今，“创新型人才”“创新型国家”“创新型城市”“创新型企业”“创新型社会”等类似词语不断见诸报端，这预示着我们正渐渐地意识到创新型人才的重要性。建设创新型国家和创新型社会，需要一大批创新型人才；要想在未来世界的竞争中拥有一席之地，也需要创新型人才。可以这么说，时代呼唤创新型人才。

创业是非常艰苦的，而且需要一个渐进的过程，真正开始自己创业本身就是一种磨炼的开始。——景新海

第三节　创新创业与职业规划

【导读】

党的十八届三中全会通过的《中共中央关于全面深化改革若干重大问题的决定》指出，要"建立创新人才培养机制""健全促进就业创业体制机制，实行激励高校毕业生自主创业政策"。这凸显了创新创业型人才培养的重要性和紧迫性，必须把培养造就创新创业型人才作为建设创新型国家的战略举措。当前，许多高校积极开展全面系统的创新创业教育，并融入职业生涯规划教育中，以提高大学生的核心竞争力。

一、创新创业教育概述

创新能力是指运用知识和理论完成创新过程、产生创新成果的综合能力。创新能力主要包括创新意识、创新思维、创新技能和创新人格。创业能力是指在各种创新活动中，凭借个性品质的支持，利用已有的知识和经验，新颖独特地解决问题，提出有价值的新设想、新方法、新方案和新成果的本领。创新型人才应具有扎实深厚的专业知识、敏锐的观察力、较强的学习能力、动手实践能力、科学研究能力、开拓创新能力、组织领导能力、管理协作能力、沟通与交往能力、环境适应能力和献身精神等。

（一）创新创业教育的概念

创新教育的提出，要求教育者以欣赏的眼光看待学生，使每个学生的潜能都能得到发挥。每一个学生都是一片有待开发或进一步开垦的土地，教育者应视之为教育的资源和财富，加以挖掘和利用，通过创新教育，把学生存在着的多种潜能变成现实。在实践中，教育者应坚信，所有学生的创造潜能同样深厚，在"创新"面前，没有后进生与尖子生的差别，关键在于你怎样去开采挖掘。教育者应善待每一位学生，努力开发每一位学生的创造潜能。

创新创业教育是我国建设创新型国家一系列战略举措的重要组成部分。对于高校来说，应把创新创业教育作为创新办学体制机制、全面推进综合改革的重大课题，作为全面提高人才培养质量、建设一流大学的重大机遇，作为服务国家发展战略的自觉行动，全面加以推进。大学生创新创业教育的重点在于积极培养学生的创新意识和创新能力。

创业教育是指在现代教育思想指导下，立足于经济和教育的渗透结合，通过优化教育、资源组合，把教育学、经济学、社会学、人才学、创造学、心理学等有关学科的内容和方法有机结合起来，通过学校、企业等多种渠道，帮助青少年树立创业意识、激发创业精神、掌握创业知识和提高创业能力，使创业教育成为具有开创性个性的未来新兴企业、产业和职业岗位创造者的教育。

广义的创业教育是指培养开创性个性的教育，是一种素质教育。狭义的创业教育是与培训、增收、解决自我生存的能力联系在一起的。在高等教育领域，创业教育不仅包括创业知识和技能教育，还包括相关的品质和素养教育，就是在大学生素质教育的基础上，更加注重创业素质培养。创业教育的宗旨是提高大学生的创业精神和创业能力，增强大学生自我创业的意识，促使其形成创业的初步能力和掌握创业的基本技能。

（二）创业意识的培养

1. 创新意识的培养

创新意识是创业意识的核心内容，是指个体从事创新活动的主观意愿和态度。创业教育要激发大学生强烈的创业意愿，并把创业意愿转变为创业行为；要启迪大学生的创新思维，根据市场需求，运用所学知识开发出新产品和新技术。

2. 竞争意识的培养

竞争是企业生存和发展的必要手段，竞争也是创业者立足社会、走向市场不可缺少的精神，因此要注重培养大学生的积极、良性的竞争意识。

3. 风险意识的培养

创业与风险并存，因此创业教育的风险意识教育就是指导大学生建立风险意识，培养大学生做好风险评估，对市场的发展趋势和未来行为有一个预判，对可能出现和遇到的风险有充分的认识和准备。

4. 商业意识的培养

商业意识对于创业者捕捉商业机遇具有至关重要的作用。大学生的商业意识可以通过对商品经济活动的耳濡目染来培养，也可以通过学习商业知识来培养，更主要的是要在经营实践中不断提高。只有随时了解市场动态以及把握市场的运行规律和方式，才能逐渐提高商业意识。

（三）大学生创新创业能力的培养途径

1. 建立健全创新创业教育工作机制

推进创新创业教育是一项系统工程，需要充分调动各方面资源。高校应结合自身实际情况，成立创新创业教育工作领导小组，统筹协调高校创新创业教育资源，形成学校整体规划、职能部门协调配合、院系落实主体责任的创新创业教育工作格局。高校还可以与政府和创投机构开展合作，积极吸引和对接社会资源，不断探索产学研结合、高校与企业等多方协同开展创新创业教育工作机制。

2. 形成分层次、有针对性的教育体系

高校应将学科优势转化为创新创业教育优势，在专业教育教学中渗透创新创业教育的理念和内容，构建“面向全体、结合专业、梯次递进”的创新创业教育体系。针对低年级学生，可以开展创新创业通识教育，开设学科前沿、创业基础等通识类必修和选修课程，注重创新创业基本素质的培养；针对有创业兴趣的学生，可以开展创新创业启发式教育，注重创新创业实践实训，引导学生积极参与各类创新创业大赛，提高学生的实践能力；针对有强烈创业意愿并希望付诸实施的学生，可以开设创客班，注重创业实战能力、企业管理能力、市场营销能力的培养，重点支持战略性新兴产业领域的创新创业。

3. 建设创新创业实践平台

高校应提供创新创业实践平台，为学生开展各类科技创新活动提供场地、设备、指导教师等方面的支持，支持学生参加国内外各类创新活动。高校还可以依托学科专业优势，集聚高校、政府、企业、社会等多方资源，根据创业团队在不同发展阶段的需要，建立创新创业服务孵化平台，让学生在项目推进的不同阶段入驻不同的孵化平台。此外，高校还应建立一支高素质的指导团队，聘请创业导师对学生创业实践进行指导，提高创业的成功率。

4. 营造有利于创新创业的氛围

推进创新创业教育，需要在高校营造有利于创新创业的浓厚氛围。一是强化创新引领。在高校树立创新为魂、创新引领创业的理念，引导学生开展创新基础上的创业，特别是鼓励学生将个人创新创业方向与国家重大战略需求对接。二是激发师生活力。高校要重视创新创业文化建设，激发学生创新创业热情，调动广大教师参与创新创业教育的积极性，形成创新创业的内生动力。三是注重典型示范。高校要注重凝练特色、打造品牌，与政府、企业和社会组织携手共建创新创业示范区，形成典型示范的辐射效应，带动更多师生进行创新创业。

【拓展阅读】

大学里应当培养的八种素质

从迈进大学校门的第一天开始，你就拥有了一个全新的未来和生活。一切都从零开始。那么，你在大学里应当培养什么样的素质呢？

第一，应当培养独立思考和批判性思维的能力。独立思考和批判性思维之所以重要，关键在于我们每一个人都是一个独立的个体，具有独立的人格和思想，是此后从事一切工作和事业的基础。

第二，应当培养宽广的视野。培养宽广的视野包含着以下几层含义：首先，它意味着你必须见过足够多的东西；其次，你必须见过足够好的东西；最后，在全球化时代，你还必须能够在不同的文化背景下解读和处理各种复杂的问题。

第三，你应当奠定扎实的基础。扎实的基础同样也包含以下几层含义：首先，它意味着你必须花的时间足够多，学得足够深、足够难；其次，它意味着你必须阅读大量的文献，甚至是原典文献，真正的基础实际上来源于此；最后，它意味着你必须受过系统的训练，训练是否系统，结果大不一样，系统的训练会有效培养你的洞察力、敏感性和缜密的思维，使你看上去有一种厚重的感觉。

第四，你应当学会选择的能力。生活在现代社会的人必须具备两种素质：一种是你要学会处理复杂问题的本领，另一种是你要学会在众多的机会中选择一个最适合你的机会。

第五，你应当掌握思维的方法。掌握思维的方法就是能够适应瞬息万变的形势，具备面对新的挑战和创造性解决问题的能力。所谓授人以鱼，不如授人以渔，你必须在大学里掌握“捕鱼”的方法。

第六，你应当具备想象力和创新精神。人类文明史上的所有伟大创造，都来源于想象力和创新精神，这是一个国家和民族前进的根本动力。中国进入老龄化社会以后，现有的劳动力竞争优势将全部丧失，那时候，决定国家和个人地位的就只能是想象力和创新精神了。

第七，你应当学会沟通和交流。我们已经进入一个高度复杂的现代社会，专业化分工的程度越来越高，任何人都不可能单独完成某项工作，必须依靠团体的协作。你必须学会宽容、学会表达、学会交流，能够使用清晰的语言简单明了地阐明你的观点，并让他人能够了解、理解、接受你的思想和意见。

第八，你应当树立远大的理想。心有多大，你的事业就会有多大。改革开放以来，我们拼命地向前奔跑，但很少有人能停下来想一想我们为什么这么跑，最终的目标是什么。

上述八种素质，只是基本条件。要想真正成为社会公认的人才，还必须经过生活的艰难历练。但关键的问题还是选择，尤其是对大学生活的选择。

二、创新创业与个人职业生涯发展

联合国教科文组织指出："创业教育，从广义上来说，是指培养具有开创性的个人，它对于拿薪水的人同样重要，因为用人机构或个人除了要求受雇者在事业上有所成就外，正在越来越重视受雇者的首创和冒险精神、创业和独立工作能力以及技术、社交、管理技能。"

时代对创业素质和能力的要求并不限于自主创业者，而是对未来劳动者的共同要求。因为即使就业，也会面临原有企业的内部创业，更有自己的职业转换。因此，当代大学生必须具有从业和创业的双重能力，具备多方位的职业转换能力和自主创业能力，才能适应未来的社会经济环境。这既是社会进步对人们的要求，也是人们自身发展的必然趋势。

创新创业教育能培养和提高大学生的创新创业能力，而大学生职业生涯规划教育可以有效帮助大学生进行职业定位，二者存在有机联系，并相互作用。大学生创新创业要依靠科学的规划，而职业生涯规划教育能帮助学生克服和规避创新创业中的艰难险阻，提高创新创业的成功率。事实证明，将创新创业教育与大学生职业生涯规划相结合，能够有效提高大学生的综合素质和核心竞争力，是促进就业、提高就业质量的重要途径。

（一）创新创业教育与职业生涯规划的关系与作用

1. 充分认识自我能力

创新是国家发展的动力，而大学生作为创新的核心力量，是国家进行技术创新的基础。教育的最根本目的就是实现学生的全面发展，促进学生综合素质的提升。学生在校期间进行职业生涯教育，对于促进其全面发展具有较为重要的意义，可以帮助学生树立正确的创业目标。学生可以识别自己的兴趣爱好，然后通过科学规划对自己的职业情况进行全方面定位，最终制定适合自己的可行性创业方法，对创业进行更科学的管理。

2. 为创新创业做好准备

职业生涯规划教育对大学生创新创业教育具有重要的意义，职业生涯规划有助于培养学生积极的创业活力和科学的创业规划。学生根据规划内容制定符合发展的目标，了解自身的专业发展前景。创新创业能力的提高要依赖于职业生涯规划，只有职业规划合理和职业定位准确，大学生才能突破从众心理，捕捉机遇，敢于创新，大胆创业。学生在教师的引导下积极应对各项职业发展的需要，不断完善适应经济发展的各项规划，培养思想政治素质、身心素质和专业的科学素质，进一步提升自身能力。

3. 提升创业的适应性

在职业生涯规划的过程中，教师将职业教学的方法全面展示给学生，结合学生在校期间的课程和个人能力，对步入社会后的就业创业进行全面规划；并引导学生展开适合自身的实践活动，根据就业规划来培养自身能力，不断提升创业方面的技巧和能力，制订适合自己发展的创业计划。

（二）融合创新创业教育与大学生职业生涯规划的途径

1. 更新就业观念，激发创业激情

我国整体就业形势依旧十分严峻，在学校教育过程中，首先需要解决的就是大学生的就业观念问题，要打破墨守成规的思维方式，激发学生的创业激情，培养其主动迎接挑战的能力。

2. 以赛促学，以赛促练

高校要结合不同学科和专业，鼓励学生参加各类学科竞赛和创业大赛，充分依托和利用全国、省、校级大学生“挑战杯”创业计划大赛这一类平台，培养学生崇尚科学、追求真知、勤奋学习、迎接挑战的精神，让广大学生实现自我发展。不要为了争名次而忽视了参与竞赛的初衷，培养学生的创新创业意识和个人能力才是根本，培养出创新创业人才才是收获。

3. 建立实践平台，鼓励参与实践

教学实践基地是高校开展教学改革、进行科学研究、毕业生就业实习、服务社会等工作的一个多功能场所。在做好校内创新创业孵化基地的顶层设计、完善服务保障措施后，积极发展校外实践基地，是校内实训基地的延伸与补充，是大学生创新创业能力提升的有效平台。

学校要不断拓展大学生暑期社会实践的内涵和外延，并根据专业建设需要，制定和明确大学生在校期间要完成的创新创业实践学分；充分利用好假期，与企业联合开展创新创业实践活动；实施校内导师与企业导师跟踪指导制，提高大学生创新创业实践能力。广大学生利用假期走进企业进行顶岗实习或实践，与企业“无缝隙”对接职业岗位，不仅能提升学生的动手实践能力和理论认知能力，还能更好地提升职业适应能力，完成由学生到职业人的角色转换，提高职业认同感。同时，企业也可以借此机会更加全面了解学生，实现双向选择。

【案例启迪】

斯派尔冰淇淋美食连锁店

斯派尔冰淇淋美食连锁店的创始人张晓斌是南京财经大学财政与税务专业的大四学生，他风趣地说：“现在工作不好找，与其找个不满意的工作，还不如给自己打工。”张晓斌的搭档是同学张冬冬。开店前，他们对大成名店周围的客流量进行了详细的统计和分析，并对开店的成本进行了精密的预算。同时，他们经历了预料不到的艰辛。“开店前，我们自己去买原料、设备。为了节约成本，脚上都跑出了血泡。有时忙了一整天都顾不上吃顿饭。”张晓斌说。

谈及开店感受，张晓斌很乐观：“有人觉得，我们上了4年大学出来就开个小店，太不值得。其实，利用我们所学，比如我们对税务和财务知识很熟悉、对办理营业执照和税务登记政策的了解，加上国家对大学生自主创业的相关优惠政策，我们相信一定会取得成功！”

从连锁加盟入手，选择简单易行的行业，如餐饮、网吧等不需要复杂技术以及特殊职业资格的行业，是目前大学生创业热门项目。大学生愿意尝试自主创业、解决就业问题是值得赞赏的。在大学阶段有这样的尝试，通过这种手段去接触社会、了解市场，懂得客户需求和资源配置等，是很好的学习途径，为自身的能力和知识做些积累，也为以后的择业、人生规划打下基础。但是，我们应该看到，从这些行业入手，并没有真正体现大学生的自身价值，一个大学生具备的技能和知识积累没有在这样一个行业中得到充分的发挥。如果安于现状，只求解决温饱问题，满足眼前的利益而不求发展，那么人生之路的高度将就此停止。我们希望看到大学生用自己的智慧和能力，真正能够从小商业入手，积累资金和社会资源，以求在今后得到更大的发展空间。

【本节提示】

大学生创业服务市场是一个极有潜力的市场，其具备良好的社会资源条件，如政府资源、高校资源、企业资源等。在校期间，大学生为了实现自身的价值，希望能够尽早接触社会。此时，大学生创业服务市场可以为学生提供实践基地以及接触社会和了解市场的途径，满足学生的需求，并且为他们将来的人生规划奠定基础。同时，组建高校创业联盟，集合大学生群体的力量，可以获取更多的社会资源和支持，从而得到更大的发展空间。在多方推动下，大学生创业服务市场在优良的外部条件和优越的市场氛围下，必将蓬勃发展。

【训练与思考】

1. 谈一谈你对创新型人才与国家发展之间关系的看法。
2. 根据自己的职业生涯规划，制定一份创业计划书。

参 考 文 献

［1］詹姆斯·博格．身体语言：教你超强读心术［M］．林伊玫，译．重庆：重庆出版社，2010.

［2］曹荣瑞．大学生职业发展与就业指导［M］．上海：上海锦绣文章出版社，2012.

［3］卡斯滕·拉思讷，卡斯腾·斐泽，维尔纳·G·法依克司．创业者手册［M］．胡蔚，译．北京：中信出版社，2000.

［4］柴旭东，戚业国．基于隐性知识的大学创业教育研究［J］．高等教育研究，2014（8）.

［5］崔东红．创业·创新·创富［M］．北京：中国经济出版社，2006.

［6］邓雪梅．职业道德与法律［M］．天津：天津大学出版社，2011.

［7］拉里·法雷尔．创业时代：唤醒个人、企业和国家的创业精神［M］．李政，杨晓非，译．北京：清华大学出版社，2006.

［8］郭强．职业道德与职业生涯［M］．上海：上海人民出版社，2011.

［9］焦金雷．大学生就业与创业指导［M］．西安：西安交通大学出版社，2018.

［10］金晶．职业素质养成丛书：职业核心能力养成训练［M］．北京：高等教育出版社，2013.

［11］金晓龙．大学生创业能力的培养［J］．商业经济，2010（11）.

［12］劳动和社会保障部培训就业司，中国就业培训技术指导中心．职业意识训练与指导［M］．北京：中国劳动社会保障出版社，2004.

［13］李肖鸣，朱建新，郑捷．大学生创业基础［M］．北京：清华大学出版社，2009.

［14］通识教育规划教材编写组．职业生涯规划与就业指导［M］．北京：人民邮电出版社，2010.

［15］盖里·西茂，等．如何实现你的职业理想［M］．刘川，周冠英，译．西安：陕西师范大学出版社，2004.

［16］司琼辉．就业与创业指导［M］．银川：宁夏人民出版社，2010.

［17］宋振杰．员工岗位成才六大关键能力［M］．北京：中国工人出版社，2012.

［18］孙陶然．创业 36 条军规［M］．北京：中信出版社，2012.

［19］郃葆清．大学生就业与创业指导［M］．北京：高等教育出版社，2010.

［20］王葵．职业形象内涵的探讨——职业形象中的审美符号［D］．西南大

学，2011.

［21］王根顺，王仲玥．创新型人才智能特点及开发探讨［J］．中国石油大学胜利学院学报，2008（4）．

［22］向多佳．职业礼仪［M］．成都：四川大学出版社，2006.

［23］学习型员工·素质工程教研中心．素养比能力更重要［M］．北京：企业管理出版社，2016.

［24］闫路平，谢小明，唐伶俐．大学生职业生涯发展规划与就业创业指导［M］．西安：西安交通大学出版社，2014.

［25］尹凤霞．职业道德与职业素养［M］．北京：机械工业出版社，2012.

［26］张敏强．大学生职业规划与就业指导［M］．广州：广东高等教育出版社，2005.

［27］张天启，张欢．大学生职业素质教育［M］．上海：上海文化出版社，2013.

［28］张怡筠．工作其实很简单［M］．石家庄：河北教育出版社，2007.

［29］张再生．职业生涯开发与管理［M］．天津：南开大学出版社，2003.

［30］《职业生涯与就业指导丛书》编委会．大学生职业生涯与就业指导［M］．西安：世界图书出版西安有限公司，2012.

［31］中华人民共和国教育部高等教育司，全国高职高专校长联席会．职场必修：高等职业教育学生职业素质培养与训练［M］．北京：高等教育出版社，2005.

［32］朱建新．创业管理［M］．北京：高等教育出版社，2015.

［33］朱建新，韩芳．创业基础教程［M］．上海：上海教育出版社，2017.

后　记

上海科学技术职业学院作为“上海市特色高等职业院校”，历来重视学生职业素养教育、就业教育与创新创业教育。“十二五”期间，学院以“中国梦与青年价值取向”为主线，引导学生思考对家庭、社会和国家应有的责任和担当，构建思想政治教育立体化模式，不断深化素质教育。学院在“十三五”发展规划中提出，“将学生的创新意识培养和创新思维养成融入教育教学全过程，探索跨专业交叉培养创业创新人才的新模式。”“坚持专业技能与通识教育并重，高度重视学生职业素养的培养，强化通识素质课程的改革，形成常态化、常效化的职业精神培育机制。”

学院成立了由董大奎院长担任组长的“职业素养与就业创业指导”课程建设小组，搭建了相应的组织架构，教务处、学生工作处、招生就业处及有关院系共同参与，教务处为牵头部门。作为学院执行教育部《高等职业教育创新发展行动计划（2015—2018年）》（以下简称《行动计划》）的重点项目之一，课程建设始终坚持目标导向、问题导向和需求导向，集全院之力攻坚克难，理顺工作体制与机制，完善教育形式与内容，有效整合课程资源，全面提升课程教学质量，做到边实践、边探索、边总结、边出成果。

课程建设小组按照《行动计划》关于“加强文化素质教育，坚持知识学习、技能培养与品德修养相统一，将人文素养和职业素质教育纳入人才培养方案，完善人格修养，培育学生诚实守信、崇尚科学、追求真理的思想观念”的要求，从建设师资队伍、调整培养方案、开发校本教材、开拓教学资源、创新教学模式、落实保障措施等方面入手，挤出课时、挤出资源、挤出教师，做到教学计划、教师、教材、课时“四落实”，推进了课程建设的速度，提升了课程建设的水平。经过近四年的探索实践，学院已基本形成职业素养、就业创业教育工作的长效机制，实现了项目立项时提出的“教师教学水平持续提升、学生职业素养切实提高、职业素养文化氛围有效改善”建设目标。

本书由董大奎提出总体框架，并担任指导、策划及审定工作。编撰由许福生全面负责，撰写了编写大纲，并最后统稿。2017年的校本教材编撰人员分别为许福生、方益珍、吴育红、梁宇琳、王鹏、许云峰、梁鑫、陈泓旭、左阿琼和张仲铭。梁鑫在教材的资料收集、信息检索等方面做了许多具体的工作。2019年，课程建设小组组织对教材进行了全面修订，计划正式出版，参与修订的人员如下：第一章至第六章分别是许福生、方益珍、吴育红、梁宇琳、孙星和许云峰，第七章和第十章是曾喜平，第八章和第九章是陈泓旭，第十一章是张仲铭。同时，教务处的陈春兰、穆蓁蓁为本书的修改、校对与协调倾注了大量心血和精力。令人感动的是上述编撰人员并未就此止步，而是继续在探索中前行，协同进行教学实施设计，致力于让学生有效地学习、成功地学习，打造学生乐学、教师乐教的特色课程。

本书在编写过程中得到了学院领导、有关部门与院系负责人及教师的大力支持，在此一并表示由衷的感谢！

这是一次全新的探索与实践，书中难免有不当之处，恳请读者批评指正。

许福生

2020 年 6 月 20 日

关于本书版权事宜的启事

本书中所涉及案例、拓展资料等大部分已获得授权，但因条件限制有些仍未能联系到原作者。请这些作者看到本书后直接与上海教育出版社联系，以便寄上样书和稿酬。

图书在版编目（CIP）数据

职业素养与就业创业指导 / 许福生主编. — 上海：上海教育出版社，2020.11
ISBN 978-7-5720-0471-1

Ⅰ. ①职… Ⅱ. ①许… Ⅲ. ①职业选择 – 高等职业教育 – 教材 Ⅳ. ①G717.38

中国版本图书馆CIP数据核字(2020)第248762号

责任编辑　公雯雯　袁　玲
封面设计　陆　弦

职业素养与就业创业指导
许福生　主编

出版发行　上海教育出版社有限公司
官　　网　www.seph.com.cn
地　　址　上海市永福路123号
邮　　编　200031
印　　刷　上海叶大印务发展有限公司
开　　本　787×1092　1/16　印张 21.25　插页 1
字　　数　404 千字
版　　次　2021年3月第1版
印　　次　2021年3月第1次印刷
书　　号　ISBN 978-7-5720-0471-1/G·0340
定　　价　65.00 元

如发现质量问题，读者可向本社调换　电话：021-64377165